"十四五"时期国家重点出版物出版专项规划项目

食品科学前沿研究丛书

杂粮功能成分及其精深加工技术

任贵兴　杨修仕　秦培友 等　著

科学出版社

北　京

内 容 简 介

本书系统介绍了燕麦、荞麦、藜麦、薏苡、谷子、高粱、大麦、绿豆、红小豆、芸豆、蚕豆、鹰嘴豆、豌豆等主要杂粮的营养及功能成分，重点阐述了杂粮中功能成分的生物活性与健康效益，并对其加工技术进行了详细介绍。

作为一本理论与实践相结合的专业书籍，本书内容丰富、实操性强，可为从事杂粮加工研究与生产的科研人员、企业技术人员以及食品相关专业的师生提供参考。同时，本书还可为关注杂粮营养与膳食健康的消费者提供重要的科学知识和消费参考。

图书在版编目（CIP）数据

杂粮功能成分及其精深加工技术 / 任贵兴等著. --北京 ：科学出版社，2024. 11. --（食品科学前沿研究丛书）. -- ISBN 978-7-03-079544-1

Ⅰ. TS21

中国国家版本馆 CIP 数据核字第 2024NE1413 号

责任编辑：贾 超 郝 聪 / 责任校对：杜子昂
责任印制：徐晓晨 / 封面设计：东方人华

科 学 出 版 社 出版
北京东黄城根北街 16 号
邮政编码：100717
http://www.sciencep.com

北京市金木堂数码科技有限公司印刷
科学出版社发行 各地新华书店经销
*

2024 年 11 月第 一 版 开本：720×1000 1/16
2025 年 1 月第二次印刷 印张：17
字数：340 000
定价：138.00 元
（如有印装质量问题，我社负责调换）

丛书编委会

总主编：陈　卫

副主编：路福平

编　委（以姓名汉语拼音为序）：

前　言

　　杂粮具有营养价值丰富、健康效益突出等特点，在世界许多国家均有种植和消费。我国是杂粮大国，杂粮种植面积和产量均居世界前列。随着经济社会的发展，生活方式及饮食结构的改变导致"三高"等慢性疾病的发病率日益上升，消费者对健康膳食的需求愈加强烈，杂粮在农业生产和食物消费中的地位变得愈发重要。

　　在科技部、农业农村部等的大力支持下，我国杂粮产业技术发展迅速，在杂粮功能成分挖掘、生物活性评价及功能产品开发方面取得了重要进展。杂粮中酚类、多糖、蛋白质、多肽、皂苷等功能成分不断被发掘鉴定。杂粮的降血糖、降血脂、降血压、减肥、抗癌等健康功效陆续被证实。发芽萌动、发酵、酶解、挤压、微波等现代食品加工技术以及提取分离纯化等化学手段在杂粮加工中的应用，极大地改善了杂粮的加工特性，丰富了杂粮产品的功能特性，有力地提升了杂粮加工附加值。

　　当前，国内外有关杂粮加工及营养功能的研究报道较多，但全面系统介绍不同种类杂粮功能成分、生物活性及精深加工技术的专著还较少。为了让更多从业人员深入了解杂粮加工及营养功能的相关知识与技术，中国农业科学院杂粮营养与功能团队及功能因子利用与生物合成团队基于多年杂粮科研工作的积累，组织杂粮领域国家现代农业产业技术体系岗位科学家等相关人员撰写了这本集理论知识与实用技术于一体的关于杂粮功能特性与加工技术的专著，希望能够为相关从业人员及有膳食健康需求的消费者提供参考，同时为提升我国杂粮加工技术水平和推动杂粮产业高质量发展增砖添瓦。

　　本书共 14 章，系统介绍了 13 种主要杂粮的营养及功能成分，重点阐述了杂粮中功能成分的生物活性与健康效益，并对其加工技术进行了详细说明。其中，第 1 章由中国农业科学院麻类研究所杨修仕副研究员和中国农业科学院作物科学研究所任贵兴研究员（已退休，现为山西大学特聘教授）共同完成；第 2 章及全书统稿由杨修仕副研究员完成；第 3 章由成都大学邹亮教授完成；第 4 章由北京市农林科学院农产品加工与食品营养研究所研究员完成；第 5 章由贵州大学文安燕博士和秦礼康教授共同完成；第 6 章由河北省农林科学院生物技术与食品科学研究所刘敬科研究员和刘俊利老师完成；第 7 章由山东第二医科大学薛鹏教授完成；第 8 章至第 14 章由郑州轻工业大学朱莹莹博士完成。本书的出版得到了中国农业科学院科技创新工程、国家重点研发计划项目（2020YFD1001400、2023YFD1600705）、国家食用豆产业技术体系（CARS-08-G20）及河北省重点研发计划项目课题（19227527D-01）的资助。本书的部分内容包含了上述项目的若干研究成果。在撰写过程中，作者还参考了大量的科研资料，在此，向这些文献的作者致以衷心的感谢。

　　受知识和经验所限，本书必然存在不足之处，望广大读者给予谅解，并恳请读者提出宝贵意见以促进我们工作水平的提升，作者将不胜感激。

作　者

2024 年 8 月

目　　录

第1章 绪 论

1.1 杂 粮 概 述

杂粮通常是指区别于主粮的粮食作物。杂粮种类繁多，可分为谷物类杂粮和豆类杂粮两大类。谷物类杂粮主要包括燕麦、荞麦、藜麦、薏苡、谷子、高粱、大麦（青稞）等，而豆类杂粮主要包括绿豆、红小豆、芸豆、蚕豆、鹰嘴豆、豌豆等。杂粮具有生态适应性强、营养价值丰富、健康效益突出等特点，在全球许多国家和地区均有种植，是农业生产和居民食物消费的重要组成部分。

杂粮在全球的分布范围十分广泛。俄罗斯是燕麦、荞麦、大麦等杂粮的主要产地。印度是薏苡、谷子、鹰嘴豆等杂粮的主要产地。美国的高粱产量居全球第一，同时它也是芸豆、荞麦、红小豆等杂粮的主要产地。加拿大的豌豆、燕麦等杂粮的产量居全球领先地位。南美洲的秘鲁和玻利维亚则贡献了全球 85% 以上的藜麦产量。此外，波兰、澳大利亚、西班牙、乌克兰、巴西、缅甸、尼日利亚、埃塞俄比亚等均是重要的杂粮产地。

我国是杂粮大国，杂粮种类十分丰富，种植面积和产量均在全球占有重要地位。我国是第二大荞麦主产国，约占全球产量的 27%。我国的绿豆、红小豆、蚕豆等豆类杂粮产量均居世界前列。我国藜麦种植面积突破了 2.11 万 hm^2，种植规模已超过藜麦原产国厄瓜多尔，位居世界第 3 位。杂粮对耕地的质量要求不高，在边际土地即可种植，且由于种植效益较好，近些年在脱贫攻坚和乡村振兴中发挥了重要作用，已发展成许多地区重要的富民产业。当前，山西、河北、内蒙古、黑龙江、陕西、甘肃等地区已形成了一批集杂粮种植、加工、销售于一体的龙头型杂粮企业，有力推动了我国杂粮产业的高质量发展。

1.2 杂粮功能成分及其健康效益

随着居民膳食结构及生活习惯的改变，多种慢性疾病的发病率逐年上升，消费者对健康饮食的需求与日俱增。基于对食物营养与膳食健康的日益关注，杂粮受到越来越多消费者的青睐，其营养健康价值逐渐被大众认识和接受。杂粮大多高蛋白、低脂肪、高纤维，含有多种维生素和矿物质，具有热量低、血糖生成指数低等特点。同时，杂粮中还含有酚类、多糖、活性多肽、皂苷等功能成分，具有抗氧化、降血糖、降血脂、降血压、抗癌、抑菌等多种功效，可满足不同人群的健康需求。

1.2.1　杂粮中的酚类物质及其生物活性

酚类物质是杂粮中广泛存在的一类功能成分。在燕麦、荞麦、藜麦、鹰嘴豆、绿豆等杂粮中，均有种类丰富、含量可观的酚类物质。燕麦中的燕麦生物碱，荞麦中的芦丁、槲皮素和山柰酚，藜麦中的咖啡酸、阿魏酸和对香豆酸，鹰嘴豆中的鹰嘴豆芽素 A 和芒柄花素，绿豆中的牡荆素和异牡荆素等，均是非常重要的酚类物质，表现出了多种功能活性。燕麦生物碱的抗氧化和抗炎活性十分突出，芦丁、槲皮素等则表现出了优异的降糖功能，鹰嘴豆芽素 A 可改善糖耐量、降低血脂水平，而牡荆素等具有清热解毒的功效。

1.2.2　杂粮中的多糖及其生物活性

多糖是杂粮中的一类重要活性成分，包括由相同单糖组成的同多糖，如淀粉、纤维素，以及由不同单糖组成的杂多糖。已有研究证实，藜麦、绿豆、红小豆、鹰嘴豆等杂粮中含有的水溶性多糖具有增强免疫、抗炎、调节血脂、抗癌等功能。

膳食纤维是一种不能消化吸收也不能产生能量、但能在肠道发酵的多糖，是杂粮的重要功能成分。膳食纤维可提高肠道菌群的多样性，且可被肠道微生物利用，产生短链脂肪酸等代谢产物，起到调节血脂、血压的作用。膳食纤维分为可溶性膳食纤维与不溶性膳食纤维。苦荞中含有 3.4%～5.2%的膳食纤维，其中可溶性膳食纤维占膳食纤维总量的 0.68%～1.56%。β-葡聚糖是一种可溶性膳食纤维，可以使人产生饱腹感，有减肥的功效。β-葡聚糖在杂粮中的含量较为丰富。例如，燕麦中的 β-葡聚糖含量约为 4%，而大麦中的 β-葡聚糖含量最高可达 10%。此外，抗性淀粉也被联合国粮食及农业组织（Food and Agriculture Organization of the United Nations，FAO）列为膳食纤维，荞麦、大麦、高粱、蚕豆等杂粮中都存在抗性淀粉，它可降低杂粮的升糖指数，延缓餐后血糖的升高速率。

1.2.3　杂粮中的蛋白质与多肽及其生物活性

杂粮中含有较为丰富的蛋白质。例如，藜麦的蛋白质含量可高达 16%，而豆类杂粮中的红小豆、芸豆、蚕豆、豌豆等的蛋白质含量超过 20%。杂粮蛋白中的氨基酸较为全面，特别是含有赖氨酸等水稻及小麦的限制性氨基酸，如藜麦和荞麦中的赖氨酸可分别达到 $760mg \cdot 100g^{-1}$ 和 $560mg \cdot 100g^{-1}$。杂粮蛋白具有多种功能活性，如苦荞蛋白可降低胆固醇，红小豆蛋白和芸豆蛋白具有降糖活性。杂粮蛋白酶解后可制备出活性多肽，表现出更为丰富的生物活性。例如，燕麦多肽、荞麦多肽、青稞多肽均能有效降低餐后血糖浓度。裸燕麦球蛋白源多肽可以有效提高 D-半乳糖诱导衰老小鼠的体质量及脏器指数，具有较强的自由基清除能力。鹰嘴豆肽、豌豆多肽可以增强环磷酰胺造成的免疫低下小鼠的免疫功能。藜麦多肽则具有降血压和调节肠道菌群的作用，可调节收缩压和舒张压恢复至正常水平。

1.2.4 杂粮中的皂苷及其生物活性

皂苷也是存在于多种杂粮中的一类重要功能成分。例如，燕麦、藜麦、红小豆、鹰嘴豆中均含有皂苷，主要包括三萜皂苷、甾体皂苷等类型。燕麦皂苷具有抗氧化、抗肿瘤、抗菌等功能。藜麦皂苷虽然是导致藜麦味苦的主要成分，但同时也具有抑菌、抗氧化、抗炎、增强免疫等功能。红小豆中的三萜皂苷表现出抗氧化、抗炎、神经保护等作用。鹰嘴豆皂苷则具有降血糖和降血脂的功效。

1.2.5 杂粮中的其他功能成分

除此之外，杂粮中还有多种特殊的功能成分。例如，荞麦和绿豆中的 D-手性肌醇等糖醇类化合物，具有促进肝脏脂代谢、抗氧化、抗衰老、抗炎等生理功能。藜麦中的 20-羟基蜕皮激素是一种植物甾醇，在调控空腹血糖水平和控制体重方面具有应用价值。大麦中的 γ-氨基丁酸是一种非蛋白类氨基酸，在抗焦虑和抑郁、降血压、改善睡眠等方面具有良好功效。薏苡仁中含有的薏苡仁酯、薏苡素等功能成分，已在临床上应用于癌症的辅助治疗。

1.3 杂粮精深加工技术现状与展望

1.3.1 杂粮精深加工技术现状

杂粮是传统的粮食作物和食品加工原料，在我国有着悠久的食用和加工历史。从产品形式来看，杂粮加工制品可分为初级加工产品、传统加工食品、现代加工食品、功能食品、日化产品、药品等。由于富含膳食纤维、酚类等多种功能成分，且较少含面筋蛋白，多数杂粮食品存在口感欠佳、不易加工等缺陷。近年来，国内外研究人员利用发芽萌动、发酵、酶解、挤压、微波等现代食品加工技术，以及提取制备等技术手段，极大地改善了杂粮的加工特性，提升了杂粮食品的适口性，丰富了杂粮产品的功能性，提高了杂粮加工附加值，推动了杂粮加工业的高质量发展。

1. 发芽萌动技术

发芽萌动是一种简便、高效地提升杂粮营养功能特性，并降低抗营养物质含量的加工技术。通过优化发芽温度、湿度、时间、光照等工艺条件，调控杂粮种子在萌发过程中的生理生化过程，可实现抗营养物质的消减、营养物质消化率的提升以及功能成分含量的增加。例如，苦荞经过一定条件萌动后，其黄酮类物质含量显著增加，而胰蛋白酶抑制剂活性和芦丁降解酶活性降低甚至消失，且萌动后的苦荞拥有更均衡的氨基酸比例。对薏苡仁进行发芽处理，可提高其 γ-氨基丁酸和薏苡素含量，增强薏苡仁对高脂血症小鼠的降脂和抗氧化作用。发芽处理可改变藜麦淀粉结构，降低淀粉相对结晶度，增加直链淀粉溶出率，降低淀粉的回生率和峰值黏度。添加 20%发芽藜麦粉制成的面条具有较好的营养品质、加工品质和感官品质。而鹰嘴豆发芽萌动后，异黄酮和多酚类植物化学素含量大幅提高，尤其是芒柄花黄素和鹰嘴豆素 A 含量可提高 100 倍以上，但植酸和皂苷含量显著降低。杂粮萌发过程中脂肪含量通常呈下降趋势，其主要原因是脂肪酶被激活，脂肪被水解成甘油和脂肪酸。在发芽过程中，随着植酸的分解，杂粮中矿物质元素的生物有效性也能得到提升。

2. 发酵技术

发酵是传统的食品加工手段，也是提升杂粮加工附加值的重要技术。发酵技术可应用于制作杂粮白酒、杂粮黄酒、杂粮啤酒、杂粮酸奶、杂粮饮料等食品中，也在杂粮青贮饲料加工方面得到广泛应用。发酵可以促进杂粮功能成分的释放，改变功能成分的化学结构，增强其生物活性，丰富产品的风味。例如，红曲霉发酵可提升薏苡仁中薏苡仁酯、薏苡素、洛伐他汀、红曲色素、生育酚、谷维素、植物甾醇等功能成分的含量，增强其抗氧化和抗血栓作用。对谷子、高粱等进行发酵处理，可促进结合酚类化合物的释放，增加酚类物质的生物可及性，提高蛋白质和淀粉的消化率。发酵改性还可以改变芸豆膳食纤维的微观结构、空间位置和颗粒大小，提高不溶性膳食纤维的持水性、持油力及吸附性，增强可溶性膳食纤维的抗氧化性。利用植物乳杆菌对鹰嘴豆粉进行发酵，可促进结合酚类化合物的释放，提高抗性淀粉和总游离氨基酸的含量，降低棉籽糖、胰蛋白酶抑制剂等抗营养因子的含量。

3. 酶解技术

酶解通常是指根据不同酶的水解特性，针对不同底物进行特异性选择，将大分子物质转换为小分子物质的过程。杂粮的酶解加工主要涉及利用蛋白酶、淀粉酶、纤维素酶等对杂粮中蛋白质、淀粉、纤维素等大分子物质进行水解。酶解可促进杂粮中功能成分的形成，提升营养成分的消化性能，改善杂粮产品的冲调特性。利用蛋白酶对燕麦、藜麦、红小豆、绿豆、芸豆、豌豆等杂粮进行酶解，可以制备出具有抗氧化、降血压、降血脂、增强免疫等功能作用的活性多肽。在燕麦乳加工过程中，通过对淀粉进行酶解，既可以降低乳液的黏度，还可以增加乳液的甜度。利用不同蛋白酶对脱脂后的小米进行酶解处理，可提升必需氨基酸的含量，提高蛋白质水解物的溶解度，改善发泡特性，降低小米中植酸盐等抗营养因子的含量，提高矿物质的生物利用度。

4. 挤压膨化技术

挤压膨化技术是借助挤压机螺杆的推动力，将物料向前挤压，物料受到混合、搅拌和摩擦以及高剪切力作用而获得和积累能量，达到高温高压，并使物料膨化的一种高新技术。该技术在杂粮冲调粉、休闲食品等领域得到了广泛应用。挤压膨化可使杂粮中淀粉分子间的氢键断裂而发生糊化，提高淀粉的水溶性，同时蛋白质在高温、高压、高剪切力作用下变性，消化率明显提升。例如，挤压膨化可使燕麦、鹰嘴豆等淀粉的结构更为疏松，降低糊化温度和最终黏度，改善冻融稳定性，提高消化率。经挤压加工后，薏苡仁中的淀粉、蛋白质、纤维素及脂质含量均降低，水溶性指数和吸水率增加。挤压膨化还可以促进杂粮中功能成分的转化及功能活性的提升。例如，挤压后谷子蛋白水解物的抗氧化能力增强，而在一定条件下的挤压处理可使红小豆蛋白的空间结构发生改变，并显著提升其降糖活性。

5. 微波技术

微波技术在杂粮加工领域的应用主要是指利用电磁波频率为 1～300GHz 的微波对杂粮进行加热处理，通过使杂粮分子间产生高频振动引起分子间高速摩擦，迅速提升物料温度，以实现灭酶、熟化等目标。微波加工可提升杂粮中淀粉的水解率，影响营养功能成分的含量，降低抗营养因子水平。例如，利用微波处理40s后燕麦片中的总酚、总淀粉、快消化淀粉含量显著增加，峰值黏度降低，回生值增加。对浸泡后的高粱进行微波熟化处理，可大幅缩短其蒸煮时间。微波处理薏苡仁可降低薏苡仁的硬度，且预熟化后薏苡仁的弹性、胶黏性和咀嚼性均明显增强。此外，微波技术也可作为杂粮功能成分提取过程的辅助手段，以缩短提取时间，提高目标提取物的纯度。

6. 超微粉碎技术

超微粉碎技术是通过将杂粮颗粒粉碎至 10～25μm 级别，得到具有界面活性的超微粉体，从而显著改变杂粮原料的组分与微观结构，改善其理化性质与功能特性。超微粉碎技术主要应用于杂粮冲调粉、杂粮面条等产品中。常规粒径的杂粮粉通常口感较粗糙，溶解性差，不易熟化。经超微粉碎后，其溶解性和分散性显著提高，并且能最大限度地保留原料的营养及功能成分，提高活性物质的溶出率。例如，苦荞经超微粉碎后，破损淀粉含量增加，糊化特性提升，以苦荞为原料制作的全苦荞面条食味品质也可得到改善。在利用超微粉碎技术加工豌豆及青稞膳食纤维后，其比表面积增大，溶胀性和持水、持油能力增加，抗氧化活性也得到提升。

7. 功能成分提取制备技术

杂粮富含多种功能成分,利用现代提取分离技术手段可实现功能成分的富集,为开发相关功能产品提供原料。水提醇沉、醇提水沉等常规溶剂提取法是较常见的。在提取过程中辅以超声、微波等技术手段,可提高功能成分的提取效率。近年来,超临界CO_2流体萃取技术也在杂粮功能成分提取中得到应用,它具有环境友好、不破坏功能成分结构、提取效率高等特点。利用该方法提取的薏苡仁油已被开发成国家中药二类新药,可应用于肺癌、肝癌、胰腺癌等癌症的治疗。利用超临界萃取法提取白芸豆中的 α-淀粉酶抑制剂,提取率可提升至 12%,远高于常规提取方法。

1.3.2　杂粮精深加工技术展望

食品科学的发展要坚持以人民健康为中心。《国民营养计划（2017—2030年）》指出，加大力度推进营养型优质食用农产品生产，开发利用我国丰富的特色农产品资源，针对不同人群的健康需求，着力发展保健食品、营养强化食品、双蛋白食物等新型营养健康食品。杂粮作为富含蛋白质及功能成分的粮食作物，在我国健康食品产业中的地位将越来越突出。

近年来，我国杂粮精深加工技术已取得了长足的进步，但从整体上来看，多数杂粮产品仍存在食用方便性不高、功能成分含量不清、健康作用缺乏临床数据支撑等不足。杂粮精深加工产品在功能成分挖掘鉴定、定量分析、功效评价、食用便利性等方面仍有较大的提升空间。展望未来，杂粮精深加工在以下几个方面有很好的市场前景。一是专用杂粮粉的加工。根据不同加工用途，通过分析杂粮粉的加工特性和营养元素，复配开发专用杂粮粉。例如，面条、饺子、面包等专用杂粮粉，可直接用于家庭烹饪，无需消费者自行配比杂粮粉与普通面粉的烦琐过程，可大幅提升杂粮粉的食用便利性。二是富含杂粮蛋白的产品加工。在"碳达峰、碳中和"的时代背景下，开发植物蛋白替代肉类和奶制品是有效降低碳排放的重要举措。燕麦、藜麦、芸豆、豌豆、红小豆等杂粮富含蛋白质，且含有活性多肽、生物碱、黄酮等功能成分，利用挤压膨化、发芽萌动等加工技术提升杂粮功能活性，结合近红外、液相色谱、液相色谱-质谱等检测技术对功能成分进行定量分析，进而可将其应用于杂粮蛋白饮料、功能型植物肉等植物蛋白产品的开发。三是杂粮功能酿造产品加工。以燕麦、藜麦、谷子、高粱、绿豆等杂粮为主料，辅以药食同源的桔梗、人参、西洋参、桑葚等，利用特殊菌种和工艺，可以加工出风味浓郁、富含功能成分的杂粮酿造加工产品，结合体外及体内功能评价，开发抗氧化的功能黄酒、提高免疫的功能酱油、降糖的功能醋等健康作用明确的杂粮功能产品。

杂粮加工业作为我国大力发展的产业之一，对促进乡村产业振兴具有十分重要的意义。在未来的产业发展中，需要进一步锚定人民生命健康等国家重大需求，深入分析市场消费需要，不断提升杂粮精深加工技术水平，推动杂粮加工产业发展再上新台阶。

第 2 章 燕 麦

2.1 燕 麦 概 述

燕麦是禾本科燕麦属的一年生草本植物，英文名为 oats。燕麦是栽培历史悠久的作物，在世界谷物生产中占有重要的地位。燕麦从最初的杂草、牧草、饲料发展为可食用的谷物，已成为一种举世公认的健康食物。为了更好地认识燕麦的基本情况，本节将从燕麦的分类、起源与分布、加工利用等方面进行概述。

2.1.1 燕麦的分类

燕麦通常可根据所携带的染色体倍数、外稃特性、栽培情况、播种季节以及用途等进行分类。按照所携带的染色体倍数，燕麦可分为二倍体、四倍体和六倍体三类。按照外稃特性，通常可分为带稃型燕麦（即皮燕麦）和裸粒型燕麦（即裸燕麦）两种类型。按照栽培情况，燕麦可分为野生种和栽培种两大类。按照燕麦用途，可分为食用燕麦和饲用燕麦。世界燕麦总产量中的大部分都被用于饲料，而食用燕麦占总产量的20%左右。

此外，按照播种季节，燕麦可分为春燕麦和冬燕麦两种。全球大多数燕麦栽培品种为春燕麦。春燕麦一般春季播种，夏季收获，生长期约90天，属于早熟品种。冬燕麦一般10月播种，来年6月收获，生长期约200天，属于晚熟品种。一般早熟品种适宜收获籽实用作粮食，晚熟品种适于用作饲料。

2.1.2 燕麦的起源与分布

燕麦的起源尚未有定论，通常认为小亚细亚可能是燕麦的起源地，而我国是世界公认的大粒裸燕麦的起源地。燕麦在我国有超过2500年的栽培历史，最早的记载可见于西汉时期的《史记》等史料。

燕麦属于长日照作物，适宜种植在高纬度、冷凉的地区。燕麦的种植范围十分广泛，全球有超过40个国家种植，其主产区在北纬40°以北的北半球燕麦带及澳大利亚、新西兰等南半球地区。北欧、加拿大、俄罗斯、澳大利亚等地种植的多为皮燕麦，而我国普遍种植裸燕麦，它占我国燕麦种植总面积的90%以上。据FAO[1]统计，2021年，我国及全球燕麦种植总面积分别约为 $1.63\times10^{5}hm^{2}$ 和

$9.56×10^6 hm^2$，总产量分别约为 $6.00×10^5 t$ 和 $2.26×10^7 t$。

我国燕麦主产区为华北、西北、西南等区域，具体包括内蒙古阴山地区、河北坝上地区、山西燕北地区、吉林白城地区、宁夏六盘山地区、甘肃定西以及四川大凉山地区等。

2.1.3　燕麦的加工利用

燕麦是传统的粮饲作物，其籽粒可为人类食用，而燕麦全株可用作家畜饲料。燕麦籽粒富含蛋白质、淀粉、脂肪等营养物质，同时还含有膳食纤维、生物碱等功能成分，可用于加工成各种燕麦食品。燕麦初加工产品包括燕麦片、燕麦粉、燕麦粒等。以燕麦为主要原料，辅以其他食用原料可加工出燕麦面条、燕麦面包、燕麦饼干、燕麦糕点、燕麦饮料、复合燕麦粉等产品。此外，利用现代植化技术将燕麦中的 β-葡聚糖、燕麦生物碱等功能成分提取后，可加工成具有调节血脂、抗氧化等功能作用的保健食品。

除食品用途外，燕麦在日用品、化妆品等领域也得到了开发利用。燕麦淀粉、燕麦蛋白质、燕麦脂肪、燕麦多酚等成分可用于生产洗发水、爽肤水、香皂、爽身粉等日化品。燕麦皮壳还可用作食用菌培养基、可降解材料的原料以及用于生物质能源等领域。

2.2　燕麦营养成分

燕麦具有较高的营养价值。与水稻、小麦、玉米等常见的粮食作物相比，燕麦的蛋白质和脂肪含量更高，而其淀粉含量相对较低，血糖生成指数也相对较低。燕麦中的维生素 B、尼克酸、叶酸及维生素 E 的含量较高，钙、铁、磷、硒等元素高于小麦和大米。本节将对燕麦的主要营养成分及其组成和功能特性进行介绍。

2.2.1　蛋白质

1. 燕麦蛋白质的组成

燕麦中蛋白质的含量根据品种、产地不同而存在较大差异，含量变幅为12%~23%。根据 Osboren 分类法可将燕麦蛋白质分为四类，其中球蛋白含量最高，为56%~63%，谷蛋白次之，占23%，清蛋白和醇溶蛋白各占11%和9%。

燕麦蛋白质的氨基酸组成较为全面，共含有18种氨基酸，其中包含人体必需的8种氨基酸，且各氨基酸组分的比例也较为合理。燕麦蛋白质必需氨基酸含量可达 $344mg·g^{-1}$，接近 FAO 推荐值（$360mg·g^{-1}$）。与小麦、大米、荞麦、小米、高粱等谷物相比，燕麦蛋白质中赖氨酸和苏氨酸含量较高，且其氨基酸模式更接近 FAO 和世界卫生组织（World Health Organization，WHO）（FAO/WHO）的推荐标准[2, 3]。

燕麦蛋白质的消化率高达 90.3%～94.2%，生物价值为 74.5%～79.6%，蛋白质净利用率可达 69.1%～72.4%，且其蛋白质效率比（2.25～2.38）与酪蛋白（2.5）相当。燕麦蛋白质的消化率校正氨基酸评分高于杏仁和小麦蛋白质，但低于大豆和豌豆蛋白质[4]。

2. 燕麦蛋白质的提取制备

燕麦蛋白质不含麸质，因此患有乳糜泻的人群可以食用燕麦蛋白质产品。尽管燕麦中的蛋白质含量十分可观，但以燕麦粉为主要原料生产制备的面包、谷物棒、酸奶、饮料等食品仍然存在蛋白质含量不足的缺陷。近年来，随着食品工业技术装备水平的发展，燕麦分离蛋白质已实现商业化生产。通过在相应的燕麦基产品中适量添加燕麦蛋白质，可以解决产品蛋白质含量不足的问题。此外，燕麦分离蛋白质还可进一步用于开发各种高值化产品。

燕麦分离蛋白质可以通过化学试剂提取法、酶提取法以及复合提取法制备得到。在化学试剂提取法方面，通常使用碱提酸沉法来制备燕麦蛋白质。其一般工艺流程为燕麦→粉碎、预处理脱脂→碱液浸提→离心→酸沉→离心→沉淀洗涤→干燥→燕麦蛋白质。碱提酸沉法具有易于操作、生产成本低的特点，但制备的燕麦蛋白质由于化学结构受到一定破坏，其溶解性不佳，且通常纯度不高。在酶提取法方面，一般工艺流程为燕麦→加酶提取→灭酶→离心→上清液调等电点沉淀→离心→沉淀物水洗至中性→干燥→燕麦蛋白质。采用不同酶提取燕麦蛋白质的得率、纯度等存在较大差异。常用的提取燕麦蛋白质的酶有碱性蛋白酶、复合蛋白酶、中性蛋白酶等。采用酶提取法的燕麦蛋白质溶解性和纯度通常高于碱提酸沉法。在复合提取法方面，研究较多的有超声波辅助酶提取法、碱提-酶提两步提取法。通过融合不同提取方法的优势，可提高燕麦蛋白质提取得率至 86% 以上、蛋白质纯度达 72% 以上[5]。

3. 燕麦蛋白质的加工特性

燕麦蛋白质具有多种加工特性，包括凝胶能力、乳化性能、持水能力、脂肪结合能力、发泡性能等。因此，燕麦蛋白质可以在食品中用作增稠剂、乳化剂、质地改性剂和稳定剂。燕麦蛋白质的溶解性与提取方法相关，通常燕麦蛋白质的等电点 pH 为 4～6，当体系的 pH 在此区间时，燕麦蛋白质的溶解度最小[6]。燕麦中清蛋白、球蛋白、谷蛋白、醇溶蛋白的持水性和持油性分别在 2.0～2.5 mL·g^{-1} 和 1.3～3.2 mL·g^{-1}，其中谷蛋白的持油性最强，而清蛋白的持水性最好。燕麦蛋白质的起泡性与体系的 pH 也存在较大关联，在偏离等电点后，随着 pH 升高，起泡性先增大后减小，且随着蛋白质浓度的增加，起泡能力和泡沫稳定性均有所增强。燕麦蛋白质在浓度 5%以上时形成凝胶，在菊粉的诱导下形成的凝胶强度可明显增强。然而，由于燕麦蛋白质易发生变性，天然燕麦蛋白质在液体或半固体产品中的功能应用受到一定限制。通过对燕麦蛋白质结构进行化学修饰和酶修饰，可改善燕麦蛋白质的功能特性。例如，胰蛋白酶、碱性蛋白酶或葡萄糖苷酶处理可降低燕麦蛋白质的分子量，增加其溶解性和发泡性。

2.2.2　脂肪

1. 燕麦脂肪的组成

燕麦中脂肪含量为 3.7%~8.8%，平均值可达 6.3%，高于小麦、大米、玉米等常见谷物。燕麦脂肪主要分布在胚乳中，可占脂肪总量的 80%以上。燕麦脂肪属于优质脂肪，含有丰富的不饱和脂肪酸。燕麦中的脂肪组成主要为亚油酸（24%~53%）、油酸（19%~53%）、棕榈酸（13%~28%）、亚麻酸（1%~5%），四种脂肪酸总量约占燕麦脂肪的 95%以上。此外，还含有少量的月桂酸、花生四烯酸和二十碳不饱和脂肪酸等。由于亚油酸含量高，燕麦脂肪具有调节血脂、调节血压、预防血管硬化等生理功效。

燕麦油脂中含有 L-α-磷脂酰胆碱（29.9%）、L-α-溶血磷脂酰乙醇胺（20.4%）、L-α-磷脂酰乙醇胺（14.8%）、L-α-磷脂酰甘油（9.5%）、L-α-磷脂酰肌醇（3.9%）和 L-α-磷脂酰丝氨酸（3.2%）等磷脂类成分[7]。不同燕麦品种间油脂中磷脂含量的变幅较大，可达 6%~26%。燕麦脂肪中还含有大量的天然抗氧化物质，如甾醇、维生素 E、酚类、植酸等，这些成分可在一定程度上抑制燕麦中不饱和脂肪酸的氧化酸败。

2. 燕麦脂肪的定量分析方法

根据测定脂质类型的不同，可以采用提取法、色谱法、光谱法等不同方法对燕麦脂肪进行定量分析。溶剂提取法是最常用的测定燕麦脂类含量的方法，而使用不同萃取溶剂进行提取所测定的脂肪含量存在一定差异。这是由于不同萃取溶剂的极性不一致，对燕麦脂肪中的各成分提取效果存在很大差异。例如，非极性溶剂己烷或乙醚，可有效提取惰性脂肪，但它们对磷脂等极性油脂成分的提取效果较差。超临界 CO_2 提取法可用于提取特定的油脂成分，如提取燕麦脂肪中的二半乳糖基二酰基甘油。通过加入乙醇或异丙醇等共溶剂，可以利用超临界 CO_2 提取法有效提取燕麦油脂中的极性成分。

色谱法早在 20 世纪 70 年代就被用于测定分析燕麦油脂中的组分。色谱法可以便捷地将甘油三酯、磷脂、糖脂、自由脂肪酸、甾醇等组分进行分离和分析。随着液相色谱和气相色谱的广泛应用，燕麦脂肪的定量分析准确度得到了极大提升。近红外和中红外光谱也被应用于分析燕麦脂肪含量，通过分析特性波段的吸收特征，可以较为准确地预测脂肪含量[8]。

2.2.3　淀粉

淀粉是燕麦的主要成分之一，与其他谷物淀粉相比，燕麦淀粉具有独特的化学、物理和结构特性。基于在食品及非食品上的应用前景，燕麦淀粉受到了国内外学者的广泛关注。

1. 燕麦淀粉的提取制备

燕麦淀粉位于籽粒的胚乳中，被富含 β-葡聚糖和蛋白质的麸皮层包围。燕麦淀粉和蛋白质之间存在很强的结合，且由于 β-葡聚糖的存在，从燕麦中分离淀粉相对较为复杂。蛋白质含量对燕麦淀粉的分离得率存在至关重要的影响。通常，燕麦蛋白质含量越高，淀粉提取得率越低。目前，用于燕麦淀粉提取的常见方法有水提取法、碱提取法和蛋白酶提取法三种[9]。其中，水提取法的得率相对较低，且由于水提取法要在高速剪切条件下进行，该方法易对燕麦淀粉的分子结构造成破坏。碱提取法具有较高的得率，但对燕麦淀粉颗粒的破坏程度较大，易使其表面粗糙，且制得的淀粉糊化温度较高、溶解度较小、更容易老化。蛋白酶提取法的得率最高，制得的淀粉颗粒形状较为完整，且通常不会破坏淀粉与脂肪的结合。

2. 燕麦淀粉的结构特点

燕麦淀粉中直链淀粉含量相对较少，为 19.4%～33.6%，且直链淀粉的链长短。燕麦淀粉中支链淀粉和直链淀粉的比例对燕麦加工制品的外观品质、食用品质等具有重要影响。燕麦淀粉颗粒以直径 20～150μm 的团簇状形态存在，淀粉颗粒本身多数呈多边形或不规则形状，表面光滑，而团簇外层的淀粉颗粒一面为卵形，另一面为多边形。燕麦淀粉颗粒以半晶结构密集排列，X 射线衍射仪分析显示其相对结晶度范围为 28%～37%，低于多数谷物淀粉，呈现 A-型衍射，双折射弱[10]。燕麦淀粉在位于20°的2θ处有明显的布拉格峰，是典型的淀粉-脂类化合物特征峰。

3. 燕麦淀粉的理化特性

燕麦淀粉因其特定的营养价值和特性，可用于面条、小吃、奶制品、烘烤食品等加工制作。燕麦淀粉中由于存在脂质，因而具有较高的糊化温度，范围为 62.8～82.5℃。燕麦淀粉经过糊化后得到的凝胶具有黏度高、不易老化等特点。在面制品中加入燕麦淀粉可在一定程度上阻碍淀粉结晶的形成。燕麦淀粉具备较好的溶水性和膨润力，在 55～95℃温度范围内，溶解度可由 0.72%增加到 6.88%，膨胀度由 2.86%增加至 8.90%。但燕麦淀粉也存在热稳定性低、抗剪切、糊化黏度高等缺点，利用物理手段，可改善燕麦淀粉的理化特性。例如，烘烤可降低其糊化黏度，提高消化率。蒸煮可促进抗性淀粉的形成，从而改善淀粉的血糖生成指数特性。微波处理可改善燕麦淀粉的水合性质，破坏淀粉的晶体结构，改善挤压燕麦制品的品质。挤压膨化可使燕麦淀粉的结构更为疏松，降低糊化温度和最终黏度，使得燕麦淀粉更易糊化。

2.2.4　矿物质

矿物质是人体必不可少的营养素，参与维持机体多种生理功能。燕麦中含有多种矿物质，其中 Mg、K 和 P 的含量较高，高于大米、小麦等。燕麦的 Mg 含量可达 $110.18mg\cdot100g^{-1}$，每日摄入 300g 燕麦就可以完全达到成人 Mg 的参考摄入量要求。同时，燕麦中的 K 和 P 含量可达 $278.17mg\cdot100g^{-1}$ 和 $329.14mg\cdot100g^{-1}$[11]。而加工过程对燕麦矿物质含量存在一定影响，如碾磨等工艺会导致 Fe 等矿物质不同程度的损失。

2.2.5　维生素

燕麦富含多种维生素，主要为 B 族维生素、β-胡萝卜素等。燕麦中的维生素 B_1（$0.763mg\cdot100g^{-1}$）、维生素 B_5（$1.349mg\cdot100g^{-1}$）和维生素 B_9（$56\mu g\cdot100g^{-1}$）的含量高于小麦、玉米等常见谷物，但维生素 B_3（$0.961mg\cdot100g^{-1}$）和维生素 B_6（$0.119mg\cdot100g^{-1}$）的含量相对较低[12]。燕麦维生素 E 的含量较高，最高可达 $16mg\cdot100g^{-1}$[13]。燕麦中的大多数维生素稳定性较差，在加工过程中容易被破坏。碾磨处理可使燕麦植酸含量显著降低，而去皮和热处理均会造成燕麦中 B 族维生素的损失，但发芽处理可显著增加 B 族维生素的含量。

2.3　燕麦功能成分

随着天然产物化学相关技术手段的不断进步，燕麦中功能成分的定性鉴定、定量分析、提取纯化等研究取得了阶段性进展。目前，燕麦中已发现的功能成分主要包括燕麦 β-葡聚糖、酚类化合物、皂苷、多肽等。

2.3.1　β-葡聚糖

燕麦 β-葡聚糖是燕麦中的非淀粉类可溶性膳食纤维，其基本结构由 β(1→3)糖苷键和 β(1→4)糖苷键连接 β-D-吡喃葡萄糖而形成，是一种分子质量为

$0.35 \times 10^5 \sim 29.6 \times 10^5$ Da（1Da$=1.66054 \times 10^{-27}$kg）的线型同聚多糖[14]。β-葡聚糖主要存在于燕麦籽粒的糊粉层、亚糊粉层及胚乳组织的细胞壁中。燕麦中 β-葡聚糖的含量在 1.8%～7%，品种间差异较大。

燕麦 β-葡聚糖的结构分布呈非完全有序排列，约 90%的葡萄糖单元排列在 β(1→3)连接的纤维三糖和纤维四糖单元中，而其余结构是较长的纤维素节。燕麦 β-葡聚糖的重均分子量对其溶解性、黏度、分散性和凝胶性均存在较大影响。而燕麦 β-葡聚糖的生理功能主要取决于其水溶性和黏弹特性。加工方式会影响燕麦 β-葡聚糖的分子量，进而影响其物化特性。制粉、高温处理、高压处理等加工过程均可能导致燕麦 β-葡聚糖分子量的增加或降低，乳化性、黏弹性、生物活性等随之发生改变。

燕麦 β-葡聚糖的提取可分为干法和湿法两种。其中，干法提取包括研磨和筛分两个过程，但通常费时，且产率较低。利用超微粉碎和静电分离技术制备的燕麦富集物中 β-葡聚糖含量可达 56.2%。湿法提取主要有热水提取、碱液提取、酶法提取、超声波辅助提取、微波辅助提取、超高压辅助提取、亚临界水提取、发酵法提取以及协同提取等。不同的提取工艺对燕麦 β-葡聚糖的提取率和纯度都有很大的影响。

经提取制备的燕麦 β-葡聚糖还含有淀粉、蛋白质、杂多糖、色素以及小分子物质等杂质，纯度达不到生产及使用的要求，需要通过纯化手段进一步除杂提纯。淀粉和蛋白质是燕麦 β-葡聚糖提取物中最主要的杂质。在实际生产中一般用 α-淀粉酶将淀粉水解为小分子糊精，再利用糖化酶水解为小分子葡萄糖，经过透析而除去。蛋白质的去除方法较多，包括 Sevag 法、三氯乙酸法、等电点法、酶法等。其中，利用木瓜蛋白酶法可使燕麦 β-葡聚糖中蛋白质去除率达 88.6%。通过大孔树脂、离子交换树脂可进一步脱去色素以及小分子杂质，并可最终获得单一组分的 β-葡聚糖纯品。

燕麦 β-葡聚糖具有增稠、稳定、乳化、凝胶化等多种功能，在肉类、烘焙食品、酸奶、饮料和其他食品的制作中已得到应用。燕麦 β-葡聚糖可作为香肠的脂肪替代性成分，增强乳化稳定性和持水能力，改善香肠的物理和感官特性[15]。将富含 β-葡聚糖的燕麦麸基质加入牛肉汉堡中，可使汉堡更加柔软多汁。在无麸质蛋糕中加入适量燕麦 β-葡聚糖，可改善蛋糕的质构、体积及感官接受度，提升产品质量[16]。燕麦 β-葡聚糖还可应用在冰淇淋、酸奶、饮料等食品中。

2.3.2　酚类化合物

酚类化合物是含有一个或多个羟基的单芳香环或多芳香环物质。燕麦酚类化合物是燕麦中含量丰富的一类次生代谢产物，主要包括酚酸、黄酮和燕麦生物碱等。

1. 酚酸

酚酸是燕麦中的主要酚类化合物之一。燕麦中的酚酸物质通常以三种形态存在，包括可溶性自由酚酸、与糖等小分子物质酯化形成的可溶性共轭酚酸以及与细胞壁多糖等大分子物质酯化形成的不溶性结合酚酸。自由酚酸和共轭酚酸的生物可及性高，大部分可在小肠被吸收，而结合酚酸的生物可及性低，需要在结肠发酵阶段被部分释放。目前，从燕麦中鉴定出的酚酸类化合物主要有两大类型，包括羟基肉桂酸型和羟基苯甲酸型，前者主要有阿魏酸、对-香豆酸、邻-香豆酸、咖啡酸、芥子酸等，而后者主要有原儿茶酸、丁香酸、香草酸、对-羟基苯甲酸、没食子酸等。据报道，燕麦中最丰富的酚酸为阿魏酸，其含量可高达 $149.36mg \cdot 100g^{-1}$[17]。

不同加工方式对燕麦酚酸含量存在不同影响，烘焙和发酵可增加燕麦酚酸的含量，而蒸煮会导致酚酸含量降低。在不同的燕麦产品中，酚酸的含量也存在较大差异。燕麦麸皮浓浆中酚酸含量可达 $1518.6μg \cdot g^{-1}$，远高于燕麦麸（$626.3 \ μg \cdot g^{-1}$）、燕麦片（$438.1μg \cdot g^{-1}$）及燕麦饼干（$394.8μg \cdot g^{-1}$）[18]。但这些燕麦产品中的酚酸主要为结合态，占比达 $62.7\% \sim 90.8\%$，而不同产品中自由酚酸和共轭酚酸的总含量差异不大，进而导致不同燕麦产品中酚酸的生物可及性相差不大。

2. 黄酮

黄酮类化合物包括黄酮醇、黄酮、黄烷醇、黄烷酮、黄烷和花青素等。目前已知的黄酮类化合物可达 4000 余种。燕麦中已发现的黄酮类物质有 16 种，包括芦丁、杨梅苷、木犀草素、芹黄素、山奈酚、麦黄酮、槲皮素等。其中，槲皮素是燕麦中最主要的黄酮类物质，含量可达 $8.9mg \cdot 100g^{-1}$[19]。燕麦中黄酮类物质的总含量可达 $71.61mg \cdot 100g^{-1}$，显著高于青稞、藜麦等杂粮[20]。

加工方式对黄酮类物质的含量存在较大影响，烘焙可使燕麦中黄酮总含量增加 $11\% \sim 61\%$，而蒸煮可导致黄酮总含量降低 $9\% \sim 27\%$[21]。发芽处理可增加燕麦中结合态黄酮的含量，但会降低游离态黄酮的含量。

3. 燕麦生物碱

燕麦生物碱是由邻氨基苯甲酸及其衍生物和羟基肉桂酸及其衍生物经过酰胺键连接而成的化合物。目前已发现的燕麦生物碱多达 40 种，其中燕麦生物碱 2p、2f、2c 为 3 种最主要的生物碱，它们分别由 5-羟基邻氨基苯甲酸与对香豆酸、阿魏酸及咖啡酸酰胺化形成。燕麦生物碱的含量可达 $0.5 \sim 71.8mg \cdot 100g^{-1}$。品种和收获时间对燕麦生物碱含量影响较大，而在燕麦的不同部位，麸皮中生物碱的含量最高[22]。

燕麦生物碱具有较好的热稳定性，蒸煮和挤压处理对其含量影响不大。但在碱性条件下，燕麦生物碱可发生降解。不同燕麦产品中燕麦生物碱的含量存在一定差异，燕麦麸的生物碱含量可达 49.6μg·g^{-1}，高于燕麦片（48.8μg·g^{-1}）、燕麦饼干（43.8μg·g^{-1}）、燕麦麸浓浆（30.6μg·g^{-1}）[18]。

2.3.3　皂苷

皂苷广泛存在于燕麦的不同部位，如根、叶和籽粒。燕麦中的皂苷包括三萜皂苷和甾体皂苷两大类。燕麦根系中含有的三萜皂苷具有抑制病原菌的作用。燕麦中已知的三萜皂苷有 13 种以上。据报道，燕麦麸皮及不同燕麦产品中三萜皂苷含量在 1.77～18.20μg·g$^{-1[23]}$。燕麦叶和籽粒中含有甾体皂苷，目前已分离鉴定出的燕麦甾体皂苷有 16 种，包括燕麦皂苷 A、燕麦皂苷 B、燕麦皂苷 C、燕麦皂苷 D 等[24]。燕麦籽粒和燕麦壳中，燕麦皂苷 A 的含量分别可占总皂苷含量的 41.9%～60.6%和 37.1%～57.7%，而燕麦皂苷 B 的含量分别可占总皂苷含量的 35.8%～55.2%和 13.8%～49.0%。不同燕麦产品中燕麦皂苷 A 和燕麦皂苷 B 的总量差异较大，变幅可达 49.6～443.0mg·kg$^{-1[23]}$。

燕麦皂苷的提取通常以一定浓度的乙醇为溶剂，通过辅以超声处理，可提高提取效率。王祺等[25]优化了燕麦麸皮皂苷的超声提取工艺，在最优工艺条件下，燕麦皂苷提取率高达 3.17g·100g^{-1}。燕麦皂苷在 100℃下加热 3h 仍比较稳定，但在高温（140℃）酸性（pH=4）条件下可发生降解，生成相应的皂苷元。因此，在灌装和经滚筒干燥过的燕麦产品中，燕麦皂苷的含量有所降低。

2.3.4　多肽

燕麦中含有天然活性多肽组分。国内学者以燕麦籽粒为原料，采用正己烷脱脂、缓冲液提取、三氯乙酸沉淀的方法提取制备燕麦多肽，通过优化液料比（16:1）、提取时间（72min）、提取温度（34℃）等参数，燕麦多肽等提取得率可达 5.54mg·g^{-1}，且提取的燕麦多肽具有一定的抗氧化和降血压活性[26]。

通过酶解燕麦蛋白质也可以制备出燕麦多肽。酶解法制备燕麦多肽的步骤主要包括加水反应、蛋白酶酶解、离心、等电点沉淀、二次离心、膜过滤纯化、干燥等。其中，常用的蛋白酶有胰蛋白酶、胃蛋白酶、木瓜蛋白酶、中性蛋白酶、风味蛋白酶、碱性蛋白酶等。崔炳群[27]研究了燕麦麸皮蛋白质中多肽的酶解提取工艺，在加水量为 18 倍、提取温度为 50℃、碱性蛋白酶添加量为 1%的条件下，燕麦多肽得率达到 18.9%，经膜过滤纯化后的燕麦多肽纯度可达 87.4%。于笛等[28]利用胰蛋白酶和碱性蛋白酶两步酶解，可提升燕麦麸皮蛋白质的水解度至 43.62%。

2.4　燕麦功能成分的生物活性

大量研究已证实，燕麦中的 β-葡聚糖、酚类化合物、皂苷、多肽等功能成分在预防心血管疾病、调控血糖、减肥降脂、缓解胃肠道功能紊乱、预防癌症等方面表现出了较好的生理作用。随着公众对健康膳食结构的认识日益增强，燕麦的生物活性受到了科研人员和食品加工业越来越多的关注。本节主要介绍燕麦功能成分的生物活性及健康益处。

2.4.1　β-葡聚糖的生物活性

1. 预防心血管疾病

心血管疾病是导致人类死亡的主要疾病之一，而膳食结构不合理是诱发心血管疾病的重要因素。2017 年，全球约 4.86 亿人患有心血管疾病[29]。根据《中国心血管健康与疾病报告 2022 概要》，我国心血管疾病患者人数有 3.3 亿[30]，心血管疾病防控形势仍然严峻。

众所周知，高水平的血清胆固醇和低密度脂蛋白胆固醇会增加心血管疾病的风险。研究证实，食用燕麦可降低血清总胆固醇和低密度脂蛋白胆固醇，从而降低心血管疾病的风险。饮食中富含 β-葡聚糖的燕麦或以燕麦为主要原料的产品通过调节轻度高胆固醇血症受试者的脂代谢，可显著降低血脂和血压水平。由于大量的研究结果支持燕麦 β-葡聚糖的有益作用，美国食品药品监督管理局（Food and Drug Administration，FDA）批准了在燕麦类产品上的使用健康声明。同时，加拿大卫生部、欧洲食品安全局、澳大利亚和新西兰食品标准局以及马来西亚卫生部也批准了燕麦的健康声明。

燕麦 β-葡聚糖被认为可以减缓消化道对宏量营养素的吸收。在小鼠模型中开展的剂量-反应关系研究表明，高剂量 β-葡聚糖摄入可更为显著地降低血清胆固醇水平。然而，在另一项研究中，健康的年轻男性连续 14 天每日食用含有 9g β-葡聚糖的燕麦胶，在试验组和对照组之间，血清总胆固醇、低密度脂蛋白胆固醇、高密度脂蛋白胆固醇和甘油三酯的浓度水平方面没有表现出显著差异。因此，研究人员认为不能简单地以 β-葡聚糖含量来衡量燕麦的降胆固醇性能，而是建议要综合考虑 β-葡聚糖的溶解度和黏度。

β-葡聚糖的降胆固醇特性主要通过在小肠内形成黏稠层来介导，从而抑制胆固醇的吸收，并通过阻止胆汁酸的再吸收来增加胆汁酸的排泄。也有学者提出，β-葡聚糖通过改变激素或短链脂肪酸的血清浓度以减少胆固醇的合成，最终影响脂质代谢。例如，在短链脂肪酸中，丁酸可在体外显著降低大鼠肝细胞中胆固醇的从头合成。β-葡聚糖还可以调节脂肪酸、甘油酯等胆固醇合成和代谢的相关酶表达，进而调节脂质和胆固醇代谢。此外，β-葡聚糖可通过调节巨噬细胞-胆固醇轴以调节胆固醇代谢[31]。

2. 防治糖尿病

糖尿病是最常见的代谢性疾病之一。国际糖尿病联合会（International Diabetes Federation，IDF）报告称，2021年全球成年糖尿病患者人数达到5.37亿。相比于2019年，全球糖尿病患者人数增加了7400万，增幅达16%。据IDF推测，到2045年这一数字将达到7.83亿[32]。IDF[33]数据显示，从2011年到2021年，我国糖尿病患者人数由9000万增加至1.4亿，增幅达56%。同时，2021年我国糖尿病前期患者人数约有1.97亿，包括1.7亿成年人伴有糖耐量受损，2700万人空腹血糖受损。未来20年，虽然我国糖尿病患病率增幅会趋于下降，但患者总数将增加到1.75亿。

2型糖尿病是糖尿病的最常见类型，约占各类糖尿病的90%。导致2型糖尿病的主要因素是膳食结构不合理，包括长期食用精制谷物、红肉和加工肉类以及含糖饮料等食品。当前，尚无完全治愈糖尿病的有效方法，临床上主要依靠药物来控制血糖水平，但长期服用降糖药物通常会有副作用。医学和营养专家均建议通过改变生活方式，搭配合理的膳食结构，并适当进行体育锻炼，以预防或减轻与2型糖尿病相关的健康风险。

燕麦β-葡聚糖具有降低餐后血糖水平的潜力，但其降糖能力受分子量影响，较高分子量的燕麦β-葡聚糖可以更加显著地降低空腹血糖水平及控制餐后血糖水平。欧盟委员会批准了一项关于燕麦β-葡聚糖在降低餐后血糖水平方面潜力的健康声明，即在每摄入30g碳水化合物的同时摄入4g燕麦β-葡聚糖，可有效控制血糖水平。燕麦β-葡聚糖的摄入可改变食品的微观结构，控制淀粉的糊化，从而降低淀粉的消化率，调控餐后血糖水平。

燕麦β-葡聚糖的降糖机制主要包括干扰机体对膳食营养成分的吸收、降低胃肠排空率、抑制消化酶活性、改善胰岛功能等。燕麦β-葡聚糖可与水相互作用从而增加食糜的黏度和肠黏膜表面水层厚度，降低食糜通过小肠的速度，减缓胃肠道排空，并减缓葡萄糖等营养物质与消化酶的结合，从而降低葡萄糖的吸收率。燕麦β-葡聚糖可以抑制淀粉酶、葡萄糖苷酶、转化酶的活性，降低淀粉的水解速率。燕麦β-葡聚糖还能改善胰岛功能，增加胰岛素和胰高血糖素样肽-1（GLP-1）的分泌，抑制血清胰岛素的释放，从而减轻胰岛细胞的负担。燕麦β-葡聚糖可修复并改善胰岛细胞和组织结构的完整性，控制胰岛细胞凋亡，增加胰岛细胞数量，改善糖尿病小鼠胰岛功能，减轻胰岛素抵抗。它还可以促进糖原合成，增加参与三羧酸循环的琥珀酸脱氢酶的活性，加速琥珀酸的氧化，减弱葡萄糖和游离脂肪酸对胰岛细胞的毒性作用,从而提高机体对葡萄糖的利用能力。

3. 预防肥胖

根据 WHO 的数据,2020 年,全球肥胖人群数量已经超过了 7 亿人,而到 2025 年,这一数据将增长到 8.92 亿人[34]。肥胖可进一步增加其他疾病的发病风险,如冠心病、糖尿病、高血脂、非酒精性脂肪肝、癌症等。合理摄入膳食纤维有助于减轻体重,这已成为预防肥胖的重要途径。燕麦 β-葡聚糖具有降脂减肥的功效。动物水平上,在肥胖小鼠的高脂饮食中添加 5%燕麦 β-葡聚糖可显著降低小鼠体重及血脂水平。燕麦 β-葡聚糖对高脂血症大鼠的减肥降脂作用呈现剂量效应关系,且食用时间越长,减肥效果越好。临床研究也表明,成年人每天摄入 3g 燕麦 β-葡聚糖即可达到减肥的效果,可以降低胆固醇水平及体重指数。

燕麦 β-葡聚糖减肥作用的机制可能与增加饱腹感、调控脂肪酶活性、调节肠道菌群等有关[35]。燕麦 β-葡聚糖可延缓胃排空,增加饱腹感,还可以通过激活肠道下丘脑轴,调节减少胰岛素的分泌使人产生饱腹感。燕麦 β-葡聚糖的摄入可使体内具有抑制食欲的胰腺多肽含量明显增加,降低食欲。燕麦 β-葡聚糖还能提高激素敏感性脂肪酶和胰脂酶的活性,减少脂肪的囤积。燕麦 β-葡聚糖可在消化酶的表面形成一层膜状结构,减少消化酶与淀粉的接触面积,降低淀粉的消化程度。燕麦 β-葡聚糖不能在胃肠道完全消化,可以进入小肠,为肠道菌群提供碳源,刺激肠道中有益菌的增殖,并抑制有害菌的生长,通过调节肠道菌群的结构,可影响短链脂肪酸的形成,进而刺激可控制食欲的多肽生成。

4. 抗癌与免疫调节

细胞及动物试验均已证实燕麦 β-葡聚糖具有抗癌作用。燕麦 β-葡聚糖可以显著增加皮肤癌细胞中的 Caspase-3、Caspase-7 及 Caspase-12 等蛋白水解酶的表达,降低癌细胞活力,诱导癌细胞凋亡。不同分子量的燕麦 β-葡聚糖均可在体外抑制肺癌细胞的生长,且呈现剂量效应关系。Shen 等[36]研究了可溶性和不溶性燕麦 β-葡聚糖对结肠癌的影响,发现两者均可降低结肠癌鼠胆汁酸的水平,增加肠道内溶物中短链脂肪酸的水平,促进癌细胞的凋亡,预防早期结肠癌。燕麦 β-葡聚糖还可接枝阿魏酸,接合物的体外抗结肠癌细胞增殖活性优于等量的阿魏酸[37]。

燕麦 β-葡聚糖可在体外刺激小鼠巨噬细胞产生白细胞介素-1、肿瘤坏死因子-α 等细胞因子,调节巨噬细胞的免疫反应[38]。同时,也可对人树突状细胞、小肠细胞和结肠细胞产生免疫调节作用。早期的一项动物试验研究表明,高剂量燕麦 β-葡聚糖(0.42g·kg^{-1})灌胃 30 天,可提高小鼠的抗体生成细胞数、淋巴细胞转化能力及自然杀伤(natural killer, NK)细胞的活性,对小鼠的免疫功能产生调节作用[39]。

2.4.2　酚类的生物活性

1. 抗氧化

燕麦多酚具有较强的 2,2-联苯基-1-苦基肼基（2,2-diphenyl-1-picrylhydrazyl，DPPH）清除能力和铁还原能力。动物试验表明，燕麦麸皮多酚及裸燕麦酚类提取物可显著提高肝脏超氧化物歧化酶及谷胱甘肽过氧化物酶的活性，降低丙二醛（malondialdehyde，MDA）水平，从而增强对氧化损伤的抵抗力[40,41]。燕麦生物碱的抗氧化能力比咖啡酸、阿魏酸等燕麦酚类物质更强，可达其数十倍以上。燕麦生物碱 2c、2f、2p 对氧化势诱导的 PC12 细胞损伤有保护作用，可清除自由基，激活核因子 E2 相关因子的信号通路，产生显著的抗氧化作用，且燕麦生物碱 2c 的活性最强[42]。动物试验表明，以 250mg·kg^{-1}、500mg·kg^{-1}、1000mg·kg^{-1} 剂量的燕麦生物碱提取物饲喂 D-半乳糖诱导的氧化应激小鼠，均可提高小鼠血清中超氧化物歧化酶、谷胱甘肽过氧化物酶等抗氧化酶的活力，降低脂质过氧化产物丙二醛的含量，减少对抗自由基引起的细胞损伤[43]。

2. 抗炎

燕麦生物碱可通过调控核转录因子、白细胞介素等炎性介质的表达，产生抗炎作用。燕麦生物碱可抑制 IκB 激酶的降解，下调转录因子 NF-κB 的活性，抑制肿瘤坏死因子 α 诱导的 NF-κB 高表达，降低白细胞介素-8 的释放，降低机体炎症反应。甲基化后的燕麦生物碱 2c 也可以调控转录因子 NF-κB 的活性，抑制动脉内皮细胞白细胞介素-6 和白细胞介素-8 的分泌，下调单核细胞趋化蛋白-1 的表达。临床试验也证实了燕麦生物碱的抗炎作用。Koenig 等[44]研究发现，连续 8 周每天摄入含 9.2mg 燕麦生物碱的燕麦产品，可降低绝经后妇女血浆中白介素-1β 的浓度，抑制单核细胞核因子 κB 的结合，降低机体炎症反应。另一项针对 18～30 周岁年轻女性的研究结果表明，连续 8 周每天摄入含 9.2mg 燕麦生物碱的燕麦曲奇可有效降低因大量运动导致的血浆白细胞介素-6 含量的增加以及单核细胞核因子 κB 活力的上升[45]。

3. 调节血糖血脂

燕麦酚类化合物对 α-淀粉酶和 α-葡萄糖苷酶活性有一定的抑制作用，且对糖基化终产物的生成具有抑制作用[46]。将裸燕麦酚类化合物灌胃给高脂饮食诱导的肥胖小鼠，能够减缓高脂小鼠的体重增长，促进小鼠肝、脾和肾脏等脏器指数恢复正常水平，显著降低小鼠血清中胆固醇的水平，减缓肥胖小鼠的高血脂病症状。燕麦酚类化合物还可以调节小鼠肠道微生物的多样性，提高 Bacteroidetes 的相对丰度，降低 Firmicutes 的相对丰度，以达到降糖、降脂的作用[41]。此外，燕麦麸皮生物碱提取物可降低 D-半乳糖诱导的衰老小鼠血脂的水平,增加血清高密度脂蛋白的含量，上调肝脏脂蛋白脂酶 mRNA 的表达，降低丙二醛及甘油三酯的含量[47]。

4. 抗肿瘤

燕麦生物碱可在体外抑制多种癌细胞的增殖，包括结肠癌细胞、肝癌细胞、乳腺癌细胞、肺癌细胞等。燕麦生物碱可通过抑制细胞 G1-S 周期的信号传导进而抑制磷酸化视网膜母细胞瘤蛋白的活性，并降低结肠癌细胞的增殖能力。燕麦生物碱 2p 可抑制 E3 泛素化 Pirh2 的表达，并激活 p53 信号通路，使细胞周期出现永久性停滞，从而抑制结肠癌细胞生长并诱导其凋亡[48]。燕麦生物碱与牡荆素-2-O-木糖苷联合作用可调节活性氧的浓度，抑制 Caco-2 结肠癌细胞和 HepG2 肝癌细胞的增殖[49]。燕麦生物碱 2p 和 2c 可抑制表皮生长因子受体诱导的肺癌细胞增殖，抑制肺癌细胞的转移，调节内源性炎症反应。

2.4.3　皂苷的生物活性

1. 抗氧化

燕麦麸皮皂苷提取物具有清除自由基的能力,表现出一定的体外抗氧化作用。燕麦总皂苷对小鼠卵磷脂脂质过氧化、小鼠肝脏自发脂质过氧化和 Fe^{2+}-H_2O_2 诱导的肝脏脂质过氧化均有极其显著的抑制作用。

2. 抗肿瘤

燕麦总皂苷对人乳腺癌细胞（MCF-7）及人宫颈癌细胞（海拉细胞）具有明显的抑制作用。燕麦皂苷 A、燕麦皂苷 B、燕麦皂苷 C 对这两种细胞株也均有抑制作用，且燕麦皂苷 A 抗癌作用最强。燕麦皂苷 A 和燕麦皂苷 B 对人结肠癌细胞 HCT-116 和 HT-29 的生长均具有一定的抑制作用，但燕麦皂苷 B 的活性高。

3. 抗菌活性

燕麦总皂苷对金黄色葡萄球菌、枯草芽孢杆菌、大肠杆菌及白色念珠菌的生长存在抑制作用。燕麦皂苷 A 的抗菌活性要优于燕麦皂苷 B 和燕麦皂苷 C，且燕麦皂苷 A 对金黄色葡萄球菌和枯草芽孢杆菌的抑制作用相对更强。

2.4.4　多肽的生物活性

1. 降血脂活性

燕麦蛋白质可改善机体体脂代谢。以燕麦蛋白质提取物饲喂高脂模型大鼠 30 天，可显著降低大鼠血清血脂的水平，降低谷丙转氨酶的水平，改善肝功能[50]。

蛋白质含量越高的燕麦品种，其降低大鼠血清中的总胆固醇和低密度脂蛋白胆固醇的能力越强，通过蛋白质的组成分析发现，燕麦蛋白质的降脂功效可能与赖氨酸与精氨酸的比值及蛋氨酸与甘氨酸的比值相关[51]。燕麦蛋白质干预 5 周，可改善大鼠的血脂、肝脂、粪脂水平，调控脂代谢相关酶含量及基因的表达[52]。燕麦蛋白质降血脂的机制可能与降低血清中载脂蛋白 B 与载脂蛋白 A I 的比值、降低肝脏中 3-羟基-3-甲基戊二酸单酰辅酶 A 还原酶、增加 7α-羟化酶的含量、促进粪便中胆固醇的排泄，以及增加肠道菌群的多样性等有关。

从燕麦中水解分离得到的三种多肽 YFDEQNEQFR、SPFWNINAH 和 NINAHSVVY 可显著抑制脂肪酶的活性，三者的最小半数抑制浓度可达 $85.4\mu mol \cdot L^{-1}$[53]。利用碱性蛋白酶酶解制备的燕麦多肽干预高血脂大鼠，可降低大鼠血清中低密度脂蛋白胆固醇含量，增加高密度脂蛋白胆固醇含量，且动脉粥样硬化指数显著降低[54]。另一项研究中以燕麦低聚肽（92%以上组分的分子质量小于 1000Da）为原料，干预高血脂大鼠 8 周，可显著改善模型鼠的总胆固醇、甘油三酯、低密度脂蛋白及高密度脂蛋白水平[55]。

2. 降血压活性

通过超声波辅助酶法制备的燕麦多肽具有血管紧张素转换酶（angiotensin converting enzyme，ACE）抑制活性，表现出体外降压的作用，且经大孔树脂脱糖脱盐纯化、凝胶柱分离后得到的多肽组分体外降压活性更强。在一项短期和长期灌胃对比试验中，燕麦多肽可降低原发性高血压大鼠灌胃 4h 及 2 周后的收缩压和舒张压水平，并能降低内皮素-1、肿瘤坏死因子-α、肾素、血管紧张素 II 的水平，提高血管舒缓激肽和一氧化氮的水平[54]。

从裸燕麦麸皮清蛋白水解物中分离纯化出的两种多肽 QYVPF 和 GYHGH 均具有抑制 ACE 的活性，且半数抑制浓度分别为 $243.36\mu mol \cdot L^{-1}$ 和 $321.94\mu mol \cdot L^{-1}$[56]。分子对接显示，QYVPF 和 GYHGH 分别与 ACE 的 3 个和 5 个活性残基形成短氢键结合。经碱性酶、风味酶、胃蛋白酶和胰蛋白酶依次水解裸燕麦球蛋白，并采用凝胶层析、反相高效液相色谱进行纯化，鉴定出 14 个肽段，通过计算机模拟分析筛选出具有 ACE 抑制潜力的活性多肽 SSYYPFK[57]。体外试验证实 SSYYPFK 具有较高的 ACE 抑制活性，其半数抑制浓度为 $91.82\mu mol \cdot L^{-1}$；动物试验表明，在 $100mg \cdot kg^{-1}$ 浓度下，该多肽即可有效降低自发性高血压大鼠的收缩压和舒张压水平。

3. 降血糖活性

燕麦多肽具有抑制二肽基肽酶-4（DPP4）和 α-淀粉酶，促进 GLP-1 释放的潜力。燕麦球蛋白的胰蛋白酶解物在体外表现出抑制 DPP4 的活性，半数抑制浓度（IC_{50}）值为 2.04mg·mL^{-1}，而从中分离得到的多肽 LQAFEPLR 抑制 DPP4 的 IC_{50} 值更低，为 100.4μg·mL^{-1}[58]。燕麦肽可以与 DPP4 活性位点结合，下调 Caco-2 细胞中 DPP4 蛋白的表达。此外，燕麦球蛋白肽对 α-葡萄糖苷酶具有抑制作用，其 IC_{50} 为 113.8μg·mL^{-1}。在另一项以 NCI-H716 细胞为模型的研究中，燕麦蛋白质水解物可显著抑制 DPP4 和 α-淀粉酶活性，并改善胰岛素分泌和葡萄糖代谢，调节 GLP-1 的分泌[59]。

燕麦多肽 YFDEQNEQFR、NINAHSVVY 和 RALPIDVL 在体外对 α-淀粉酶有抑制作用，IC_{50} 值分别为 37.5μmol·L^{-1}、67.3μmol·L^{-1} 和 72.8μmol·L^{-1}，三者之中 α-淀粉酶抑制活性最强的燕麦多肽呈酸性，含有酪氨酸和精氨酸，可能是其活性最高的原因[53]。此外，燕麦多肽可通过改善胰岛素敏感性和促进糖原合成来控制血糖水平，从而有效改善糖尿病鼠多饮、多食和体重减轻的症状。

4. 抗氧化能力

燕麦蛋白质也被认为是抗氧化能力的良好来源。从燕麦球蛋白中分离得到的生物活性多肽 IRIPIL、FLKPMT、FNDILRRGQLL、LIGRPIIY 和 NSKNFPTL 对 DPPH 和羟基自由基具有很好的清除能力，半数抑制浓度分别为 4.11mg·mL^{-1} 和 1.83mg·mL^{-1}[60]。在另一项研究中，燕麦多肽 GLVYIL、YHNAP 和 GQTV 具有细胞保护和过氧自由基清除能力，其对氧化自由基吸收能力（oxygen radical absorbance capacity，ORAC）的清除能力分别为每毫克 0.67μmol、0.61μmol 和 0.52μmol 当量维生素 E[61]。

燕麦蛋白质水解物可通过提高谷胱甘肽过氧化物酶、过氧化氢酶和超氧化物歧化酶的活性，抑制活性氧水平，从而保护 HepG2 细胞免受偶氮二异丁脒盐酸盐诱导的氧化应激损伤。此外，燕麦活性多肽 NINAHSVVY、YFDEQNEQFR 和 SPFWNINAH 可显著抑制脂质氧化和亚麻酸过氧化，抑制程度最高可达 52%、35% 和 16%[53]。此外，燕麦多肽可通过调节细胞抗氧化酶，有效恢复过氧化氢诱导的人真皮成纤维细胞凋亡和氧化应激。

5. 抗疲劳能力

燕麦生物活性多肽可以通过改善肌肉力量来减轻运动引起的疲劳。燕麦多肽可有效上调小鼠乳酸脱氢酶的活力，增加肌糖原的含量，抑制乳酸的产生，从而延长小鼠负重游泳的时间[62]。燕麦分离蛋白可提高小鼠肝糖原水平，提高血液和肌肉中超氧化物歧化酶的活性，降低血液和肌肉中丙二醛水平，使血液中尿素氮水平显著降低。燕麦蛋白质可通过调节肝糖原和尿素氮，产生抗疲劳作用。此外，一项临床研究证实，在运动前 14 天和运动后 4 天补充燕麦蛋白质，可降低血液中白细胞介素-6、肌酸激酶、C 反应蛋白和肌红蛋白含量水平，减轻运动引起的疲劳，增强健康成人运动后受损肌肉的恢复。

2.5　燕麦的精深加工技术

燕麦的加工技术根据加工程度不同，可分为初级加工和精深加工两大类型。通常而言，燕麦的初级加工过程包括晾晒烘干、清选除杂、脱壳脱皮、分级分等、碾磨制粉等。通过初级加工，可生产出燕麦粉、燕麦米等初级加工产品。燕麦的精深加工根据消费场景和方式的不同，可分为传统食品加工、高附加值食品加工、功能产品加工、日化产品加工等。目前国内有超过 100 家燕麦加工企业，加工产品形式多样。

2.5.1　燕麦传统食品加工

燕麦传统食品是消费者日常饮食中食用较多的燕麦制品，主要以燕麦粉为原料，通过传统制作工艺加工而成，如燕麦鱼鱼、燕麦栲栳栳等。传统的燕麦食品具有口感风味独特、营养价值保留全面等特点，深受消费者喜爱。据估计，燕麦粉约占我国燕麦总消费量的 50%。随着燕麦相关餐饮业的快速发展，燕麦粉的消费量仍在不断增长。

燕麦粉的品质特性对燕麦传统食品的加工制作及风味有重要影响，而燕麦粉的加工工艺又影响着燕麦粉的质量。传统的燕麦制粉工艺流程主要包括籽粒清理与精选、润麦、炒制、打毛堆放、脱皮磨粉、分级包装。长期以来，我国燕麦粉加工以小作坊为主，存在标准化程度低、质量安全有隐患等问题。国外燕麦制粉与国内传统工艺有较大不同，标准化程度高。近年来，随着燕麦加工龙头企业技术装备水平的提升，我国燕麦制粉加工也逐步向规模化、标准化迈进。

炒制、红外、微波等灭酶处理工艺是燕麦粉加工过程的关键工序。不同灭酶工艺的灭酶效果存在一定差异，且在灭酶的同时会对燕麦的磨粉特性和理化特性产生影响，并可改变燕麦粉的加工特性，影响最终制品的品质。已有研究证实，灭酶处理可使燕麦籽粒变脆，提高淀粉的黏度特性，促进形成燕麦的独特风味[63]。脱皮对燕麦粉的加工特性也存在一定影响，当脱皮次数在 3～5 次时，燕麦粉的吸水性指数、水溶性指数、吸水能力和吸油能力居中且比较稳定；而当脱皮次数在 4～9 次时，燕麦粉的峰值黏度较高。从营养和加工特性综合来看，脱皮 4～5 次的燕麦粉综合品质和特性最优[64]。

在燕麦传统食品加工过程中，一般都会涉及"三熟"工艺，即燕麦籽粒炒熟、燕麦粉烫熟、燕麦面制品蒸熟。其中，炒熟是为了灭活脂肪酶并降低籽粒的硬度以便磨粉。烫熟是为了促使燕麦粉形成面团，由于燕麦粉不含面筋，不能像小麦粉一样形成面团，使用热水烫面可促使淀粉糊化，进而通过淀粉颗粒间的黏结形成面团。蒸熟则是为了让燕麦面团中的淀粉充分糊化，产生软糯、黏弹等口感。

2.5.2　燕麦高附加值食品加工

1. 燕麦片加工

燕麦片是以燕麦为主要原料，经过蒸煮、烘干、压片、干燥等工艺流程制成的燕麦食品。燕麦片因食用方便（开水冲泡或快煮）、营养丰富、口味香醇而受到世界各地消费者的喜爱。欧美等发达国家和地区早在百余年前就已经开始生产食用燕麦片，并对燕麦片的生产工艺开展了大量研究。我国关于燕麦片加工的研究起步较晚，主要集中在原料特性分析、加工适应性品种筛选、热处理工艺等方面。

在燕麦片原料特性分析及加工适应性品种筛选方面，路长喜等[65]分析了 34个裸燕麦品种的品质和加工特性，从中筛选出坝莜 1 号、白燕 2 号、张莜 1 号及定莜 2 号四个加工适宜品种。顾军强等[66]则从 31 个燕麦品种中确定白燕 2 号、定莜 2 号、坝莜 3 号和晋燕 8 号四个加工适宜品种。陈子叶等[67]以 56 份燕麦原料为研究对象，研究不同品种燕麦籽粒品质与其燕麦片加工品质特性的关系，发现明暗度值（L^*）和黄蓝色值（b^*）高的燕麦原料加工出的燕麦片色泽较好，蛋白质、灰分、纤维素、β-葡聚糖含量高的燕麦原料加工出的燕麦片吸水率、汤汁可溶性固形物和黏度较高，香味纯正浓郁，在此基础上筛选出定燕 2 号、西宁皮1 号、新燕麦 1 号、张燕 4 号、燕科 2 号等燕麦片加工适宜品种。周小理等[68]对国产及澳大利亚进口燕麦的营养及感官品质进行对比分析，发现进口燕麦的淀粉、膳食纤维含量相对较高，且感官品质更优，更适合加工燕麦片。

在热处理工艺方面，不同热处理方式对燕麦片的营养与加工品质存在不同影响。灭酶方式影响燕麦片的品质，与蒸煮 30min 灭酶相比，微波处理 40s 灭酶的燕麦片中总酚、总淀粉、快消化淀粉含量显著增加，峰值黏度显著降低，回生值显著增加[69]。熟化次数对燕麦片的品质也存在影响，三次熟化处理的燕麦片淀粉、直链淀粉和总膳食纤维含量比一次和二次熟化的高，且硬度和弹性增加，快消化和慢消化淀粉比例均增加，抗性淀粉含量减少，但感官得分显著增加[68]。不同热处理方式对燕麦片的风味组成也存在较大影响。未经热处理的燕麦片主要风味物质为烯类、醛类、萘类，而微波和蒸煮处理后，燕麦片中的醛类物质大幅增加，分别占总挥发性成分的 62.05%和 80.65%；焙烤处理除了产生较多醛类，还生成较多的吡嗪类与嘧啶类物质，使得燕麦片呈现出浓郁的烤香味[70]。

除了传统燕麦片，复合燕麦片作为一种新兴的休闲食品，因其食用方便、口味丰富，颇具消费市场。复合燕麦片以经过膨化或烘焙后的熟燕麦片为主料，添加一定比例的谷物片、水果干、坚果干等复合而成。用于复合燕麦片的谷物包括黑米、糙米、红米、紫米、高粱米等，通过浸泡、脱水、微波加热进行熟化，再与燕麦片进行混合，并可辅以食用油、磷脂、维生素 E、茶多酚、椰子粉、糖等加工制成复合燕麦片。用于复合燕麦片的水果干、坚果干主要有蓝莓干、圣女果干、草莓干、葡萄干、腰果、扁桃仁、核桃仁等。当前，国内从事复合燕麦片生产的多数为中小企业，因其加工设备简单、加工环境较差、缺乏食品质量管理意识，相关产品存在一定的质量安全隐患。针对这一系列问题，国内学者开展了相关研究，对复合水果燕麦片的主要配料配方进行优化，研究复合水果燕麦片工业化生产加工工艺，并将危害分析及关键控制点（hazard analysis and critical control point，HACCP）体系应用于复合水果燕麦片的生产中[71]。

2. 燕麦乳加工

燕麦乳是以燕麦为主要原料，经过烘烤、浸泡、打浆、胶磨、酶解、调配、均质、杀菌等工艺加工而成的饮品。作为新兴植物乳饮品，燕麦乳的口感与牛奶类似，且无异味，获得了国内外消费者的喜爱。燕麦乳除可作为饮料直接饮用外，还能用作食品配料，制作燕麦乳酸奶、燕麦乳饼干、燕麦乳冰淇淋、燕麦乳咖啡等。

早期的燕麦乳研发可追溯到 20 世纪 90 年代的瑞典隆德大学。近 30 年来，国内外学者分析了燕麦原料预处理、酶解、均质、灭菌等生产环节对最终产品品质、风味及健康效果等的影响。燕麦乳生产的预处理主要涉及原料的选择、浸泡处理等。通常用于燕麦乳生产的原料主要有燕麦仁、燕麦片和燕麦粉。不同类型原料的预处理工艺有所差异，不同燕麦品种加工的燕麦乳也存在品质差异。一项研究比较了一份澳大利亚燕麦和三份国内生产品种的燕麦乳特性，发现坝莜 1 号生产的燕麦乳具有较好的稳定性和感官接受度，同时还含有约 1% 的蛋白质、9.84mg·mL^{-1} 的 β-葡聚糖和 70.96mg·100g^{-1} 的多酚，营养更丰富[72]。浸泡时间及液料比对燕麦乳品质存在影响，当浸泡时间为 8h、料液比为 1：2.7 时，加工的燕麦乳品质和可接受度较好[73]。

燕麦淀粉粒度较细，糊化温度范围较大，导致燕麦乳黏度较高。同时，由于在储存过程中燕麦淀粉易再生和凝固，会降低消费者对燕麦乳的接受度。因此，需要在加工时对淀粉进行酶解，在降低乳液黏度的同时，还可增加乳液的甜度。研究发现，当 α-淀粉酶的浓度为 2.1%、酶解时间为 49min 时，燕麦乳的总固形物及流变特性最好[74]。

燕麦蛋白质大多以胶体、聚集态的形式存在，因而溶解度低、乳化能力差。在加热处理过程中，燕麦蛋白质易发生变性，聚集形成沉淀。因此，在燕麦乳加工时，需要使用蛋白酶将燕麦蛋白质水解成小分子肽和氨基酸，以增加蛋白类物质的溶解性。常用的蛋白酶包括木瓜蛋白酶、风味蛋白酶和生物蛋白酶。除了淀粉和蛋白质，β-葡聚糖也是一种具有高黏度和凝胶特性的胶体物质，可在乳液体系中形成黏稠和凝胶的网状结构。因此，通过添加 β-葡聚糖酶进行酶解，可获得更加稳定的燕麦乳产品。

经过酶解处理后的燕麦乳中仍然含有一些不溶性的物质，如纤维素和大分子蛋白质，它们对乳液的稳定性存在一定影响。利用均质处理，可破坏大分子聚集体和脂滴，使乳液中的物质均匀分散，从而增加燕麦乳的稳定性。灭菌处理可以延长燕麦乳的保质期，但也可能对其流变性能产生影响。当前，用于燕麦乳灭菌的方法主要有巴氏灭菌法、过热灭菌法和过热蒸汽灭菌法等。此外，非热等离子体处理技术也已应用于燕麦乳灭菌。

尽管燕麦乳已成功实现商业化生产，但其品质仍存在可改进和提升的方面，如乳液分层、脂肪上浮、风味提升等。稳定性是燕麦乳的一个重要质量指标，而燕麦蛋白质的分子结构、物化特性等对这一指标起主要作用。电位大的蛋白质通常具有较好的溶解度和乳化性，但天然燕麦蛋白质不具备此特征。目前市场上销售的燕麦乳多是低蛋白、低脂肪的水包油（O/W）型乳化体系。因此，通过改善乳液体系中蛋白质的结构和物化特性可增加乳液的稳定性。已有研究证实，硬脂酰-2 乳酸钠可选择性地结合水解燕麦蛋白质，从而增加燕麦蛋白质悬浮液的稳定性，而添加少量菊粉也可显著提升燕麦蛋白质的凝胶性，从而提高燕麦乳的稳定性。

燕麦乳在颜色和亮度上与牛奶有很大不同。由于天然色素的存在，燕麦乳呈现一定程度的棕色，这一颜色特点可能会对消费者的接受度产生负面影响。胶体特性（如液滴尺寸、浓度和折射率等）对乳液的颜色有决定性作用。因此，通过改变颗粒的大小以增加光散射强度，可降低乳液的色度。

燕麦含有较高的不饱和脂肪酸以及丰富的脂肪酶、脂氧合酶等，它们可能会对燕麦乳的风味产生不良影响。通过对这些酶进行灭活处理，有利于改善燕麦乳的风味。利用微波处理 45s 可有效灭活燕麦籽粒中 98%以上的脂肪酶，从而防止甘油三酯脂解造成的不良风味。通过向燕麦乳中添加天然呈味物质，如樱桃汁、姜黄素、黄芩提取物、桑葚提取物等，不仅可以增强燕麦乳的风味，更能提升燕麦乳的抗氧化活性及稳定性。

3. 燕麦酒加工

燕麦酒是指以燕麦为主要发酵原料酿造而成的酒类产品，包括燕麦白酒、燕麦黄酒、燕麦啤酒等。

燕麦白酒在国内已有一段时间的生产消费历史，主要产地为青海、四川、云南、内蒙古、吉林、湖北等。早在 2004 年，吉林一家酒业公司就以大曲为糖化剂和发酵剂，通过泥窖发酵、蒸馏传统粮食酒工艺生产燕麦白酒。通常而言，燕麦白酒的加工工艺涉及原料筛选、清洗、粉碎、泡粮、初蒸、闷水、复蒸、出甑摊凉、撒曲、培菌糖化、配糟、入池发酵、蒸馏收集等过程[75]。燕麦淀粉含量相对较低，导致单独用燕麦发酵酿制清香型白酒的出酒率较低，且香气物质不足。将燕麦和高粱按照 1∶1 的比例混合发酵，使用 0.3%增香曲、加水量 65%、稻壳添加量 35%的工艺，得到的酒体中乙酸乙酯含量可达 6.01mg·mL^{-1}，总黄酮含量可达 39.79mg·mL^{-1}，且含有一定的皂苷和维生素 E[76]。利用青稞与燕麦共发酵，当主发酵温度为 31℃、主发酵时间为 100h、复合酒曲添加量为 2.0%（白酒酒曲和黄酒酒曲的比例为 7∶3）时，发酵后的酒体酒精度达 8.6%，且酒香舒适，醇和协调，酸甜适中，口感柔顺[77]。此外，大米、玉米、小麦、大麦、薏米、豌豆、菊花、何首乌等也可用作燕麦酒共发酵的原料，从而赋予燕麦酒更为丰富的风味成分和营养特性。

在燕麦酒酿造过程中，需使用系列酶制剂，如液化所需的高温 α-淀粉酶、糖化所需的糖化酶、降解蛋白质的蛋白酶和降解葡聚糖的 β-葡聚糖酶等。在燕麦白酒加工过程中，使用的酶制剂不同，最终产品的品质和风味也会存在较大差异。国内一项研究以复合酶（主要含糖化酶、淀粉酶、木聚糖酶等）为糖化发酵剂制备燕麦酒的出酒率达 54.4%，酒体具有浓郁的乙酸乙酯香气和燕麦特殊的粮香，总酸、总酯含量符合云南小曲清香型白酒标准[78]。

黄酒因其酒精度低，且在生产过程中保留了几乎全部的发酵产物，如氨基酸、活性多肽等，营养保健价值高，且口感风味独特，日益被更多消费者接受。燕麦作为一种富含营养物质的谷物，也可用于酿造黄酒。汪建国等[79]在借鉴传统黄酒工艺的基础上，以燕麦和糯米为原料，应用红曲和复合酶为糖化剂，采用前段陶缸主发酵，后段陶坛后发酵，并在压榨清酒中添加蜂蜜等以调和酒基，提升燕麦黄酒的香气，赋予燕麦黄酒醇和甜润的口感。戴铭成等[80]研究了燕麦黄酒的发酵条件，发现白麦曲比红麦曲更适合作为糖化剂，最佳发酵条件为主发酵时间为 18天、燕麦添加量为 30%、发酵温度为 26℃、酵母添加量为 1.5‰，所酿造的燕麦黄酒总糖含量为 8.35g·L^{-1}、酒精度为 13%、总酸含量为 5.2g·L^{-1}。刘浩[81]以高淀粉、低脂肪的花早二号裸燕麦为原料，采用液化法酿造燕麦黄酒，得到的最佳液化工艺条件为耐高温 α-淀粉酶添加量为 5U·g^{-1}、温度为 95℃、液化时间为 40min；最佳糖化条件为糖化酶添加量为 100U·g^{-1}、糖化温度为 65℃、糖化时间为 180min；最佳主发酵工艺条件为料液比为 1∶3.5、发酵温度为 30℃、酵母添加量为 0.25%、发酵时间为 5 天。在此条件下酿造的燕麦黄酒口味醇和爽口，酒精度达 10.3%，总糖为 6.95g·L^{-1}，总酸为 5.73g·L^{-1}，且含有 1.04g·L^{-1} 的氨基酸态氮。

新制的燕麦黄酒杂味相对较重，需经陈酿以改善口感。新酒的自然陈酿过程耗时长，致使黄酒的生产周期长，增加了储藏成本。利用超声可加速燕麦黄酒的陈化，在超声功率为 130W、超声温度为 30℃的条件下处理 30min，酒体中有机酸和氨基酸的含量增加，酒的品质与一年陈酿酒相似[82]。

燕麦可直接用于酿制啤酒，也可制成燕麦芽后应用于啤酒的酿造，但将燕麦直接用于酿制啤酒存在一定不足。国外学者研究了燕麦部分替代大麦芽进行啤酒的酿造，发现当替代量达 40%时，麦汁的 pH、黏度明显增大，可溶性氮、多酚、过滤速度及表观发酵度等明显降低。当使用燕麦替代大麦芽发酵时，对游离氨基氮以及麦汁浸出率会产生不利影响。利用燕麦酿制的啤酒具有较高的 pH 和较低的乙醇含量，且呈现浓郁的浆果风味和较不明显的老化味。王振宇[83]较为系统地研究了燕麦啤酒的酿造工艺，发现在发芽温度为 16℃、发芽时间为 96h、赤霉素添加量为 0.10mg·L^{-1} 的发芽条件下可有效降低 β-葡聚糖含量；在燕麦添加比为 40%、料水比为 1∶4.5、β-葡聚糖酶添加量为 0.2μg·mL^{-1} 的工艺条件下制得的燕麦芽汁具有较低的 β-葡聚糖含量，从而黏度降低；最后以啤酒酵母进行发酵，酿制得到色泽透亮、泡沫细腻、酒精度为 4.45%、总酸为 1.4mL·100mL^{-1} 的燕麦啤酒。燕麦、大麦芽和苦丁茶可作为燕麦啤酒原料，其最佳生产工艺为大麦芽与燕麦配比为 6∶4、香酒花与苦丁茶配比为 8∶2、酵母接种量为 3.5%、发酵温度为 16℃、发酵时间为 4.5 天，制得的燕麦啤酒富含醇类、酯类等风味物质，以及乳酸、苹果酸、酒石酸等有机酸，且苦味较淡[84]。

4. 燕麦休闲食品加工

燕麦休闲食品是指以燕麦作为主要原料之一加工制作的一类休闲食品，主要包括燕麦饼干、燕麦面包等。

燕麦饼干通常是将燕麦粉按照一定比例添加到小麦粉中制得的。燕麦饼干的生产工艺一般包括配粉、面团调制、辊轧、成型、烘烤、冷却、包装等过程。燕麦粉的添加量对面团特性和饼干品质存在影响，随着燕麦粉添加量的增大，面团硬度增大，黏聚性、黏着性先增大后减小，制得的燕麦饼干的硬度和咀嚼性逐渐增大，弹性降低，但蛋白质含量、膳食纤维、灰分显著提高，因此燕麦粉的建议添加量为 30%[85]。

国内学者通过在原料中添加鹰嘴豆、山药、马铃薯等，丰富燕麦饼干的口感和风味，提升饼干的营养健康价值。将全麦粉、鹰嘴豆、燕麦粉以 100∶20∶12 的比例混合，可制作一款富含膳食纤维的鹰嘴豆燕麦饼干，产品呈麦黄色，甜度适宜，既有鹰嘴豆的特有香气，又有燕麦颗粒的独特口感[86]。将低筋粉、燕麦粉、紫淮山泥按照 60%∶40%∶50%的比例混合，在上下火均为 160℃的条件下烘烤 12min，制得的紫淮山燕麦饼干具有高蛋白、低脂肪、高纤维的特点，淀粉水解指数和预估血糖生成指数分别为 52.76 和 68.67，属于中等血糖生成指数食品[87]。以低筋粉、燕麦粉、银杏粉为主要原料，添加量分别为 100g、68.42g、5.4g，在 180℃条件下烘烤 15min，制备的银杏燕麦饼干质地酥松、口感佳，且具有银杏的保健功能[88]。

国外也开展了燕麦饼干的研制及特性分析。匈牙利研究人员将可食用蟋蟀粉添加到燕麦粉中制作饼干，使得饼干的蛋白质含量增加，且质构特性无显著变化，但饼干色度 L^* 值降低，呈现棕黄色和焦味，感官评价的可接受度降低。添加了迷迭香提取物的燕麦饼干，其氧化酸败进程得到明显延缓[89]。

燕麦面包在我国已有多年的研发历史。翟爱华等[90]采用一次发酵法制作燕麦面包，优化得到的配方如下：燕麦粉添加量为 15%、氧化剂添加量为 0.3%、乳化剂添加量为 1.0%，制备得到的燕麦面包膳食纤维含量是普通面包的 9.64 倍。通过添加谷朊粉或沙蒿胶，可改善燕麦面包的比容、感官品质、硬度、弹性及持水性等品质指标，且沙蒿胶的改善效果优于谷朊粉，其最佳添加量为 0.8% 左右。近年来，开发的燕麦面包预拌粉为消费者在家制作燕麦面包提供了极大便利。燕麦面包预拌粉通常由高筋粉、燕麦粉、膨松剂、黄原胶、食盐、白砂糖等混配而成。由于燕麦缺乏能形成面筋必需的麦谷蛋白和麦醇溶蛋白，且燕麦粉的高黏度对面筋蛋白结构具有破坏作用，限制了燕麦粉在面包中的使用量，一般不超过 30%[91]。但通过添加一定比例的 β-葡聚糖酶、硬脂酰乳酸钠和瓜尔胶，可使燕麦粉的添加量达 50%[92]。

国外学者研究了燕麦面包的功能成分及活性。在小麦粉中添加 40% 燕麦粉制作面包，其总酚和总黄酮含量均显著高于普通小麦面包，但二者的抗氧化活性无显著差异[93]。另一项最新研究将超微粉碎的燕麦壳和车前草壳分别按 10% 和 5% 的比例加入面粉中制作面包，面包的膳食纤维含量增加 5 倍、热量减少 21%，且抗氧化能力提高 2.7 倍[94]。

除了燕麦饼干和面包，燕麦谷物棒、燕麦牛轧糖、燕麦巧克力等休闲食品因食用方便、风味多样、口感优异等特点而得到了不少消费者的青睐。

2.5.3 燕麦功能产品加工

1. 燕麦 β-葡聚糖加工

我国在 2014 年已经将燕麦 β-葡聚糖列入新食品原料。自 2021 年以来，全球燕麦 β-葡聚糖市场以超过 7% 的年增长率保持快速增长，市场需求旺盛。燕麦 β-葡聚糖因具有多种功能活性，在功能食品开发方面应用广泛。日本 API 株式会社研发了富含燕麦 β-葡聚糖的 "EX-OAT" 和 "OAT 糖化液" 等健康食品，具有降低人体胆固醇水平、预防冠心病的功效。荷兰皇家帝斯曼集团生产的 OatWell[TM]益生元天然麦麸粉富含燕麦 β-葡聚糖，具有降低胆固醇、控制血糖和维护肠道健康等功能，可添加到谷物棒、奶昔等代餐食品中。希腊的一项临床研究发现富含β-葡聚糖的面包可降低 2 型糖尿病患者的低密度脂蛋白胆固醇，提高胰岛素的敏感性[95]。

燕麦 β-葡聚糖的制备是其功能产品生产的基础。2022 年授权的一项国内发明专利公开了一种燕麦 β-葡聚糖的高效制备方法[96]。通过将燕麦麸皮粉在碱性去离子水中反复清洗，离心甩干后置于一定量清水中，加入纤维素酶、木聚糖酶、果胶酶，加热超声浸提，过滤。然后将滤渣用低浓度乙醇提取，得到的滤液与水提液合并，活性炭脱色，加入 α-淀粉酶，搅拌处理直至碘检验无色；升温灭酶，过滤得到澄清液体，用超滤膜过滤，去除大分子杂质，加入硫酸铵，加热溶解；醇沉，得到粗提物，加水复溶，透析袋除杂，冻干，即可得到燕麦 β-葡聚糖。

2. 燕麦生物碱加工

燕麦生物碱的制备方法有提取分离法和化学合成法。乙醇浸提法是较早应用于燕麦生物碱提取制备的方法，经过粗提后的提取率可达 15%。但该方法存在提取成本高、提取效率低、易造成环境污染等问题。超临界 CO_2 流体萃取法也被用于生物碱的提取，无溶剂污染，易于操作，提取时间短。在化学合成方面，可以让 2-氨基-5-羟基苯甲酸与米氏酸反应合成 2-(2-羧基乙酰氨基)-5-羟基苯甲酸，然后分别与 4-羟基苯甲醛、4-羟基-3-甲氧基苯甲醛、3,4-二羟基苯甲醛发生克脑文盖尔（Knoevenagel）缩合反应，合成燕麦生物碱 A、燕麦生物碱 B、燕麦生物碱 C[97]。

燕麦生物碱因具有强抗氧化性、抗刺激和止痒消炎等作用，在化妆品和医药行业得到了较多应用。德国知名日化公司德之馨（Symrise）推出了一种专利产品，其主要活性成分为二氢燕麦生物碱 D。作为一种人工合成的燕麦生物碱类似物，二氢燕麦生物碱 D 具有消炎止痒的作用，可适用于敏感性皮肤、干性皮肤、晒后皮肤、易瘙痒皮肤、老年性皮肤等的化妆品中。国内的一项临床研究表明，燕麦生物碱敷料联合红光照射治疗玫瑰痤疮可显著提高临床效果，促进皮肤屏障功能修复[98]。此外，笔者所在团队曾以燕麦生物碱提取物为主要原料，开发出抗氧化软胶囊产品，并开展了人体试食试验，可为中老年人心血管疾病的预防提供膳食新选择[99]。

2.5.4　燕麦日化产品加工

燕麦及其衍生物是 FDA 批准的为数不多的天然护肤活性成分之一。燕麦中含有的皂苷具有吸附和去污能力，β-葡聚糖具有保湿、润滑作用，蛋白质具有保水、润滑及增强皮肤屏障的作用，脂类具有乳化和抗氧化特性，而黄酮、燕麦生物碱等酚类物质具有抗氧化、抗炎、抗过敏等功效，因此燕麦在日化产品中有非常广阔的应用空间。

美国强生公司开发了燕麦系列日化产品，包括洗面奶、面霜、沐浴液、防晒霜、身体乳等。其中，最被医生和消费者认可的是各种止痒护肤品，专门改善因湿疹和气候引起的皮肤干痒不适，且可适用于敏感肌肤和婴幼儿。国内某护肤品牌开发了燕麦保湿洁面乳、爽肤水、眼霜、乳液、面霜等系列燕麦化妆品，主打凝润嫩滑、紧致透亮功能，其核心成分包含水解燕麦蛋白质。华丝兰公司开发的一款玻尿酸舒缓次抛精华液含有燕麦仁提取物，具有美白保湿和护理肌肤的功效，可有效延缓肌肤衰老。

参 考 文 献

[1] FAOSTAT. Food and Agriculture Organization of the United Nations. https://www.fao.org/faostat/en/#data/QCL[2023-05-22].

[2] 李金华, 李博. 全谷物膳食中我国4种杂粮的蛋白质营养综合评价. 食品科技, 2019, 44（12）: 151-157.

[3] 李磊, 刘文政, 张权, 等. 贵州产区稻谷中 17 种氨基酸含量分析. 微量元素与健康研究, 2020, 37（2）: 2.

[4] Spaen J, Silva J V C. Oat proteins: Review of extraction methods and techno-functionality for liquid and semi-solid applications. LWT-Food Science and Technology, 2021, 147: 111478.

[5] 周立, 颜丹云, 赵祎瑾, 等. 燕麦蛋白的提取及功能特性研究进展. 食品研究与开发, 2022, 43（17）: 210-217.

[6] 高晓莉, 王丽丽, 刘丽娅, 等. pH 值和温度对燕麦蛋白溶解与聚集特性的影响. 核农学报, 2020, 34（11）: 2492-2498.

[7] Banaś K, Harasym J. Current knowledge of content and composition of oat oil—future perspectives of oat as oil source. Food and Bioprocess Technology, 2021, 14（2）: 232-247.

[8] 乔瑶瑶, 赵武奇, 胡新中, 等. 采用近红外光谱技术的燕麦脂肪含量检测. 陕西师范大学学报（自然科学版）, 2016, 44（4）: 119-124.

[9] 李超敏, 孙永军, 鞠文明, 等. 燕麦淀粉的制备及物理改性研究进展. 西华大学学报（自然科学版）, 2023, 42（5）: 87-98.

[10] Shah A, Masoodi F A, Gani A, et al. *In-vitro* digestibility, rheology, structure, and functionality of RS3 from oat starch. Food Chemistry, 2016, 212: 749-758.

[11] 冯利芳. 内蒙古荞麦、裸燕麦和小米矿物质测定及矿物质谱特征分析. 呼和浩特: 内蒙古农业大学, 2019.

[12] 任长忠, 闫金婷, 董锐, 等. 燕麦营养成分、功能特性及其产品的研究进展. 食品工业科技, 2022, 43（12）: 438-446.

[13] 唐凝. 燕麦的营养成分与保健效用. 现代食品, 2021, 27（11）: 140-142.

[14] 杨成峻, 陈明舜, 戴涛涛, 等. 燕麦 β-葡聚糖功能与应用研究进展. 中国食品学报, 2021, 21（6）: 301-311.

[15] Geng X Y, Zhao Y, Zhao N, et al. Quality characteristics and gastrointestinal fate of low fat emulsified sausage formulated with konjac glucomannan/oat β-glucan composite hydrogel. International Journal of Biological Macromolecules, 2023, 239: 124251.

[16] Karp S, Wyrwisz J, Kurek M A. The impact of different levels of oat β-glucan and water on gluten-free cake rheology and physicochemical characterisation. Journal of Food Science and

Technology, 2020, 57(10): 3628-3638.

[17] Kovacova M, Malinova E. Ferulic and coumaric acids, total phenolic compounds and their correlation in selected oat genotypes. Czech Journal of Food Sciences, 2007, 25(6): 325-332.

[18] Soycan G, Schär M Y, Kristek A, et al. Composition and content of phenolic acids and avenanthramides in commercial oat products: Are oats an important polyphenol source for consumers? Food Chemistry: X, 2019, 3: 100047.

[19] Kerienė I, Mankevičienė A, Bliznikas S, et al. Biologically active phenolic compounds in buckwheat, oats and winter spelt wheat. Zemdirbyste-Agriculture, 2015, 102(3): 289-296.

[20] 杨瑞, 党斌, 张杰, 等. 青海青稞、燕麦、藜麦营养品质及抗氧化活性比较研究. 中国粮油学报, 2022, 37(5): 63-69.

[21] 姚望, 彭毛, 姚芬. 燕麦生物活性成分及生理功能研究进展. 粮食与油脂, 2020, 33(8): 11-14.

[22] Raguindin P F, Adam Itodo O, Stoyanov J, et al. A systematic review of phytochemicals in oat and buckwheat. Food Chemistry, 2021, 338: 127982.

[23] Hu C L, Sang S M. Triterpenoid saponins in oat bran and their levels in commercial oat products. Journal of Agricultural and Food Chemistry, 2020, 68(23): 6381-6389.

[24] Yang J L, Wang P, Wu W B, et al. Steroidal saponins in oat bran. Journal of Agricultural and Food Chemistry, 2016, 64(7): 1549-1556.

[25] 王祺, 张生万, 白宝清. 燕麦麸皮皂苷超声辅助提取工艺优化及其抗氧化活性研究. 食品安全质量检测学报, 2016, 7(3): 1312-1320.

[26] 徐建国, 郝艳芳, 介琳霞, 等. 天然燕麦肽的提取工艺优化及生物活性初探. 中国粮油学报, 2012, 27(1): 20-24.

[27] 崔炳群. 燕麦多肽的制备工艺研究. 现代食品科技, 2012, 28(8): 1040-1042.

[28] 于笛, 周伟, 马萍, 等. 双酶分段水解制备燕麦麸蛋白肽工艺优化及抗炎活性研究. 中国食品添加剂, 2018, (8): 157-165.

[29] Virani S S, Alonso A, Benjamin E J, et al. Heart disease and stroke statistics—2020 update: A report from the American heart association. Circulation, 2020, 141(9): e139-e596.

[30] 中国心血管健康与疾病报告编写组. 中国心血管健康与疾病报告 2022 概要. 中国循环杂志, 2023, 38(6): 583-612.

[31] 郭瑞, 周爽, 王文秀, 等. β-葡聚糖的营养健康功能研究进展. 粮油食品科技, 2023, 31(1): 33-39.

[32] Cho N H, Shaw J E, Karuranga S, et al. IDF Diabetes Atlas: Global estimates of diabetes prevalence for 2017 and projections for 2045. Diabetes Research and Clinical Practice, 2018, 138: 271-281.

[33] International Diabetes Federation. IDF Diabetes Atlas, 10th ed. Brussels, Belgium. https://www.diabetesatlas.org[2023-11-20].

[34] World Health Organization. World Obesity Atlas. https://s3-eu-west-1.amazonaws.com/wof-files/World_Obesity_Atlas_2022. pdf[2023-11-22].

[35] 石振兴, 朱莹莹, 任贵兴. 燕麦中减肥降脂的功能成分研究进展. 食品安全质量检测学报, 2018, 9(7): 1567-1571.

[36] Shen R L, Wang Z, Dong J L, et al. Effects of oat soluble and insoluble β-glucan on 1, 2-dimethylhydrazine-induced early colon carcinogenesis in mice. Food and Agricultural Immunology, 2016, 27(5):657-666.

[37] Li Y C, Luo Y, Meng F B, et al. Preparation and characterization of feruloylated oat β-glucan with antioxidant activity and colon-targeted delivery. Carbohydrate Polymers, 2022, 279: 119002.

[38] Suchecka D, Błaszczyk K, Harasym J, et al. Impact of purified oat 1-3,1-4-β-D-glucan of different molecular weight on alleviationof inflammation parameters during gastritis. Journal of Functional Foods, 2017, 28, 11-18.

[39] 李慧, 韩晓英, 周雯. 燕麦 β-葡聚糖对小鼠免疫功能的影响. 实用预防医学, 2008, 15(1): 53-54.

[40] Ratnasari N, Walters M, Tsopmo A. Antioxidant and lipoxygenase activities of polyphenol extracts from oat brans treated with polysaccharide degrading enzymes. Heliyon, 2017, 3(7): e00351.

[41] 杨智浩. 裸燕麦酚类化合物对糖脂代谢及肠道菌群调控研究. 宁波: 宁波大学, 2020.

[42] Hou Y N, Peng S J, Song Z L, et al. Oat polyphenol avenanthramide-2c confers protection from oxidative stress by regulating the Nrf2-ARE signaling pathway in PC12cells. Archives of Biochemistry and Biophysics, 2021, 706: 108857.

[43] 任祎, 马挺军, 牛西午, 等. 燕麦生物碱提取物的抗氧化与降血脂作用研究. 中国粮油学报, 2008, 23(6): 103-106.

[44] Koenig R, Dickman J R, Kang C, et al. Avenanthramide supplementation attenuates exercise-induced inflammation in postmenopausal women. Nutrition Journal, 2014, 13: 21.

[45] Koenig R T, Dickman J R, Kang C H, et al. Avenanthramide supplementation attenuates eccentric exercise-inflicted blood inflammatory markers in women. European Journal of Applied Physiology, 2016, 116(1): 67-76.

[46] Yang Z H, Qin C, Weng P F, et al. *In vitro* evaluation of digestive enzyme inhibition and antioxidant effects of naked oat phenolic acid compound (OPC). International Journal of Food Science and Technology, 2020, 55(6): 2531-2540.

[47] Ren Y, Yang X S, Niu X W, et al. Chemical characterization of the avenanthramide-rich extract from oat and its effect on D-galactose-induced oxidative stress in mice. Journal of Agricultural and Food Chemistry, 2011, 59(1): 206-211.

[48] Fu R, Yang P, Sajid A, et al. Avenanthramide a induces cellular senescence via miR-129-3p/Pirh2/p53 signaling pathway to suppress colon cancer growth. Journal of Agricultural and Food Chemistry, 2019, 67(17): 4808-4816.

[49] Scarpa E S, Antonini E, Palma F, et al. Anti-proliferative activity of vitexin-2-O-xyloside and avenanthramides on CaCo-2 and HepG2 cancer cells occurs through apoptosis induction and reduction of pro-survival mechanisms. European Journal of Nutrition, 2018, 57(4): 1381-1395.

[50] 徐向英. 燕麦蛋白提取、性质以及降血脂活性研究. 郑州: 河南工业大学, 2012.

[51] 郭丽娜. 燕麦品种品质及其降血脂功效研究. 北京: 中国农业科学院, 2014.

[52] 梁婷婷. 基于肠道微生态改善的植物蛋白脂质代谢调节机制. 西安: 陕西科技大学, 2018.

[53] Esfandi R, Seidu I, Willmore W, et al. Antioxidant, pancreatic lipase, and α-amylase inhibitory properties of oat bran hydrolyzed proteins and peptides. Journal of Food Biochemistry, 2022, 46(4): e13762.

[54] 马超月. 燕麦多肽的制备及其降血脂和降血压效果研究. 镇江: 江苏大学, 2018.

[55] 毛瑞雪, 珠娜, 刘欣然, 等. 裸燕麦低聚肽改善血脂异常作用. 中国公共卫生, 2021, 37(4): 690-693.

[56] Li Y, Li J R, Cheng C X, et al. Study on the in silico screening and characterization, inhibition mechanisms, zinc-chelate activity, and stability of ACE-inhibitory peptides identified in naked oat bran albumin hydrolysates. Foods, 2023, 12(11): 2268.

[57] Zheng Y J, Wang X, Zhuang Y L, et al. Isolation of novel ACE-inhibitory peptide from naked oat globulin hydrolysates in silico approach: Molecular docking, *in vivo* antihypertension and effects on renin and intracellular endothelin-1. Journal of Food Science, 2020, 85(4): 1328-1337.

[58] Wang F, Zhang Y Y, Yu T T, et al. Oat globulin peptides regulate antidiabetic drug targets and glucose transporters in Caco-2 cells. Journal of Functional Foods, 2018, 42: 12-20.

[59] Walters M E, Willmore W G, Tsopmo A. Antioxidant, physicochemical, and cellular secretion of glucagon-like peptide-1 properties of oat bran protein hydrolysates. Antioxidants, 2020, 9(6): 557.

[60] Ma S, Zhang M L, Bao X L, et al. Preparation of antioxidant peptides from oat globulin. CyTA - Journal of Food, 2020, 18(1): 108-115.

[61] Du Y C, Esfandi R, Willmore W G, et al. Antioxidant activity of oat proteins derived peptides in stressed hepatic HepG2 cells. Antioxidants, 2016, 5(4): 39.

[62] 珠娜, 毛瑞雪, 刘睿, 等. 燕麦肽缓解小鼠体力疲劳作用及机制. 中国公共卫生, 2018, 34(9): 1242-1245.

[63] 杜亚军, 田志芳, 周柏玲. 燕麦全粉品质与加工工艺研究进展. 粮食与油脂, 2018, 31(4): 16-19.

[64] 孟婷婷, 周柏玲, 刘超, 等. 燕麦脱皮率对燕麦粉理化特性和加工品质的影响. 粮食与油脂, 2023, 36(7): 39-42.

[65] 路长喜, 王岸娜, 周素梅, 等. 燕麦片加工品质评价及其品种相关性研究. 中国粮油学报, 2009, 24(8): 42-46, 51.

[66] 顾军强, 钟葵, 王立, 等. 不同燕麦品种用于加工燕麦片的适宜性评价. 中国粮油学报, 2016, 31(3): 18-24.

[67] 陈子叶, 王丽娟, 李再贵. 燕麦籽粒与燕麦片品质的相关性与主成分分析. 中国粮油学报, 2017, 32(12): 19-24.

[68] 周小理, 文浪, 王宏, 等. 不同品种原料及熟化工艺对燕麦片品质特性影响的研究. 食品工业, 2014, 35(10): 64-68.

[69] 顾军强, 钟葵, 周素梅, 等. 微波处理对燕麦片品质的影响. 现代食品科技, 2014, 30(9): 241-245, 274.

[70] 顾军强, 钟葵, 周素梅, 等. 不同热处理燕麦片风味物质分析. 现代食品科技, 2015, 31(4): 282-288, 62.

[71] 石明珠. 工业化生产复合水果麦片工艺优化研究及其 HACCP 的建立. 邯郸: 河北工程大学, 2023.

[72] Zhou S M, Jia Q J, Cui L L, et al. Physical-chemical and sensory quality of oat milk produced using different cultivars. Foods, 2023, 12(6): 1165.

[73] Syed S J, Gadhe K S, Shaikh R P. Studies on quality evaluation of OAT milk. Journal of Pharmacognosy and Phytochemistry, 2020, 9(1): 2275-2277.

[74] Deswal A, Deora N S, Mishra H N. Optimization of enzymatic production process of oat milk using response surface methodology. Food and Bioprocess Technology, 2014, 7(2): 610-618.

[75] 王超凯, 李国红, 刘绪, 等. 小曲清香型燕麦酒的研制. 食品与发酵科技, 2012, 48(5): 86-88.

[76] 张宇森. 清香型燕麦白酒工艺的优化及其营养成分的研究. 呼和浩特: 内蒙古农业大学, 2020.

[77] 王晗, 潘明, 刘念, 等. 青稞燕麦酒复合酒曲发酵工艺的研究. 酿酒科技, 2019, (4): 61-64.

[78] 关正维, 杨志科. 复合酶法生产燕麦酒的工艺研究. 酿酒科技, 2018, (11): 75-79.

[79] 汪建国, 沈玉根, 黄炎远, 等. 燕麦红曲黄酒的研制. 中国酿造, 2013, 32(2): 152-154.

[80] 戴铭成, 段开红, 田瑞华, 等. 燕麦黄酒发酵条件的研究. 中国食品工业, 2014, (1): 71-74.

[81] 刘浩. 裸燕麦品质评价与燕麦黄酒的酿造. 北京: 中国农业科学院, 2015.

[82] 杨芳. 燕麦黄酒超声陈化的研究. 呼和浩特: 内蒙古农业大学, 2015.

[83] 王振宇. 燕麦啤酒发酵工艺的研究. 呼和浩特: 内蒙古农业大学, 2013.

[84] 张钰皎, 满都拉, 孙子羽, 等. 燕麦茶啤生产工艺. 食品工业, 2020, 41(2): 12-16.

[85] 李娜, 陈前, 李海峰, 等. 燕麦粉对小麦面团特性及饼干品质的影响. 食品研究与开发, 2021, 42(1): 134-140.

[86] 孙芝杨, 田其英, 汪菊萍, 等. 鹰嘴豆燕麦饼干的研制. 食品工业, 2023, 44(9): 94-98.

[87] 袁贵英, 王彦平, 姬长新, 等. 紫淮山与燕麦粉对酥性饼干品质及营养特性的影响. 食品研究与开发, 2022, 43(17): 100-106.

[88] 张齐, 张圣煜, 彭钢. 银杏燕麦饼干的研制. 安徽科技学院学报, 2022, 36(1): 79-85.

[89] Cognat C, Shepherd T, Verrall S R, et al. Relationship between volatile profile and sensory development of an oat-based biscuit. Food Chemistry, 2014, 160: 72-81.

[90] 翟爱华, 安宇, 姜倩. 燕麦营养面包的研制. 黑龙江八一农垦大学学报, 2006, 18(6): 67-70.

[91] 聂英杰. 燕麦面包预拌粉的配方及保质期的研究. 呼和浩特: 内蒙古农业大学, 2021.

[92] 潘琪锋. 高含量燕麦粉的面包预拌粉研究. 无锡: 江南大学, 2021.

[93] Topçu B, Tacer Caba Z, Nilüfer Erdil D. Effects of processing steps on the phenolic content and antioxidant activity of oat breads. Food and Health, 2019, 5(1): 48-63.

[94] Różyło R, Schönlechner R, Pichler E C, et al. Innovative high-fiber wheat bread fortified with micronized oat and Plantago ovata husks: Spectroscopic and physicochemical characteristics. Food Chemistry, 2023, 428: 136782.

[95] Liatis S, Tsapogas P, Chala E, et al. The consumption of bread enriched with betaglucan reduces LDL-cholesterol and improves insulin resistance in patients with type 2 diabetes. Diabetes & Metabolism, 2009, 35(2): 115-120.

[96] 庄福平, 王林, 邹青松. 一种燕麦 β-葡聚糖及其制备方法和应用: CN114805630B.

2022-11-08.

[97] 刘万云, 霍平, 梅应轩, 等. 燕麦生物碱 A、B、C 的化学合成工艺研究. 中国化学会·第十六届全国有机合成化学学术研讨会, 开封, 2019: 397.

[98] 朱坤, 熊菲, 潘莉, 等. 燕麦生物碱敷料联合红光照射治疗玫瑰痤疮的效果及对皮肤屏障、Th1/Th2 细胞水平的影响. 中国医学创新, 2022, 19(29): 57-61.

[99] 任贵兴, 刘森, 任祎, 等. 燕麦生物碱提取工艺及功能评价研究. 北京: 中国农业科学院作物科学研究所, 2008.

第 3 章 荞 麦

3.1 荞 麦 概 述

3.1.1 荞麦的植物学特性

荞麦又名乌麦、花麦、三角麦、荞子，属于蓼科荞麦属，是一种一年或多年生的双子叶植物。荞麦有两个栽培品种，即甜荞（普通荞）和苦荞（鞑靼荞）[1,2]。

1. 根系

甜荞和苦荞的根属于直根系，包括定根和不定根。定根可分为主根、侧根两部分，其中主根是由种子的胚根产生的，也称为初生根。主根垂直向下生长，从主根发生的支根及支根上再产生的二级、三级支根称为侧根，又称为次生根，形态上比主根细，入土深度比主根浅，但数量很多，可达几十至上百条。野生荞麦的根系分为两种类型，即一年生野生荞麦的直根系、多年生野生荞麦从块状茎或姜块状茎上长出的须根系[3]。

2. 茎和分枝

甜荞茎直立，为圆形，稍有棱角，多带红色。节处膨大，略弯曲。茎可分为基部、中部和顶部三部分。主茎节叶腋处长出的分枝为一级分枝，在一级分枝叶腋处长出的分枝为二级分枝，在良好的栽培条件下，还会长出三级分枝。苦荞茎为圆形，稍有棱角，茎表皮多为绿色，少数因含有花青素而呈红色。节处膨大，略弯曲，表皮少毛或无毛。在主茎节叶腋处长出的分枝为一级分枝，在一级分枝的叶腋处长出的分枝为二级分枝，其分枝数除由品种遗传性状决定外，还与栽培条件和种植密度有密切关系。野生荞麦茎有直立、半直立、丛生和匍匐型，茎色有绿色、浅红色和红色，株高为 20～250cm。茎中空，光滑或有绒毛。一级分枝 7～10 个，多数位于中下部或基部。多年生野生荞麦为块状茎或姜块状茎，木质化，其上还生有无数须根。地上部分枯死后，第二年从块状茎处重新长出新枝[3]。

3. 叶

甜荞叶形态结构可塑性较大，在同一植株上，因生长部位不同，受光照不同，叶形也不同，植株基部叶片形状呈卵圆形，中部叶片形状类似心脏形，叶面积较大，顶部叶片逐渐变小，形状渐趋箭形。在不同生育阶段，叶的大小及形状也不一样。苦荞真叶属完全叶，由叶片、叶柄和托叶构成，叶片为卵状三角形，顶端急尖，基部呈心脏形，叶缘为全缘，脉序为掌状网脉。叶片为浅绿至深绿色。叶柄的功能是支撑叶子，颜色为绿中带紫色或淡红色，长短不一，中、下叶柄较长，越往上越短，直至没有叶柄。叶柄在茎上互生，与茎的角度常成锐角。野生荞麦叶为互叶，叶形在生长周期中不断变化，前期和后期生长的叶片在大小和形态上都有差异。一般后期叶形可分为戟形、箭形和卵圆形。叶缘平滑，叶片为浅绿至深绿。根据叶片大小，可分为大叶型和小叶型野生荞麦。另外，叶脉多数为绿色，少数为紫红色。

4. 花

甜荞花序为混合花序，既有聚伞花序（有限花序）的特征，也有总状花序（无限花序）的特征。其花属于单被花，一般为两性，由花被、雄蕊和雌蕊组成。甜荞花较大，直径为 6~8mm。苦荞花序亦为混合花序，为总状、伞状和圆锥状排列的螺状聚伞花序，花序顶生或腋生。每个螺状聚伞花序里有 2~5 朵小花。甜荞花主要有白色、粉红色、红色等颜色，苦荞花为浅绿色。野生荞麦花有红色、白色、黄色三种颜色，在形态上有一些差异。野生苦荞花器比较小，花柱等长，自花授粉结实；野生甜荞花器大，花柱异长或等长，异花授粉，有蜜腺，总状花序[3]。

5. 籽粒

甜荞籽粒为三棱卵圆形瘦果，五裂宿萼，果皮革质，表面光滑，无腹沟，果皮内含有 1 粒种子，种子由种皮、胚、胚乳三部分构成。苦荞籽粒为三棱形瘦果，表面有三条深沟，先端渐尖，五裂宿萼，由革质的皮壳（果皮）所包裹。果皮色彩因品种不同有黑色、黑褐色、褐色、灰色等。果实千粒重为 12~24g，通常为 15~20g。野生荞麦籽粒形状多样，果皮颜色差异明显，野生甜荞籽粒为三棱形，棱翅有大小之分，无腹沟。果皮为褐色、深灰色或棕色。果皮较厚，出粉率较低，千粒重为 10~30g。野生苦荞籽粒有三棱形、长锥形、短锥形和圆形等类型[3]。棱脊有圆钝、尖锐、尖翅、波翅等，有腹沟，且有深浅之分。果皮颜色有灰色、深灰色、褐色、黑色等，果皮表面粗糙，皮较厚，出粉率低，千粒重为 7~25g。成熟籽粒一般容易自然脱落。

6. 株型

栽培甜荞和苦荞株型属于直立型，一级分枝与主茎角度通常小于 45°，属于紧凑型或半松散型。野生荞麦株型多样，有直立型、半直立型、匍匐型和丛生型等多种，但一般为松散型，分枝较多，有些还处于丛生或原始的匍匐状态，这是与栽培荞麦的显著区别之一。多年生野生荞麦分为大叶型和小叶型两类，分枝均较多，植株高大，一般可达到 200cm 以上，株型松散，处于半匍匐状态。一年生野生荞麦可分为 6 种株型，A 主茎直立，分枝较少，株型紧凑，与栽培荞麦相似；B 主茎直立，分枝较多，株型比较松散；C 主茎直立，分枝平展，分枝节位密集在一起；D 主茎不明显，植株半直立，株型丛生状；E 主茎丛生，呈匍匐状；F 主茎直立，株型处于半丛生状态。

西昌学院荞麦研究课题组 2005～2007 年在野生荞麦资源考察发现，细柄野荞麦、硬枝万年荞、小野荞麦、疏穗小野荞麦和花叶野荞麦等野生荞麦资源的花柱为异长或异短，且花柱异短者结实率比花柱异长者高，表明多数野生荞麦既可以异花授粉也可以自花授粉。此外，还发现硬枝万年荞、抽葶野荞麦、小野荞麦、疏穗小野荞麦、线叶野荞麦和花叶野荞麦的花梗有关节，且很明显，经解剖结构观察，其苞片较硬，每苞内部具有 1～2 朵退化的小花，该小花具有雄蕊和雌蕊，但小花不伸出苞片，不能开花结实，为败育型。

3.1.2 荞麦的起源

对于荞麦的发源地，历代学者众说纷纭，不同研究阶段的研究结果也不一致，长期以来，荞麦的起源是荞麦界讨论最为活跃的领域之一。

荞麦起源地的最早学说是由瑞士植物分类学家康德尔提出来的，他根据当时所了解的荞麦及其近缘种分布的情况断言荞麦应起源于西伯利亚或黑龙江流域。

20 世纪初期，苏联的瓦维洛夫组织了一支栽培经济植物采集队，在将近 60 个国家中进行调查，收集了大量的样本、种子，并对其中一些种子进行了种植观察。通过系统分析，把世界上 640 种重要栽培植物分为 8 个起源中心，并认为起源于中国的种类最丰富，共 136 种，其中包括栽培甜荞和苦荞[4]。

20 世纪 70 年代，堪必尔提到，荞麦应起源于东亚地区。他认为金荞麦是荞麦和苦荞的原始亲本，而金荞麦就起源于中国和印度北部。

日本学者星川清亲似乎赞成早期康德尔的看法。他认为荞麦是从亚洲东北部、贝加尔湖附近到中国的东北地区，经西伯利亚、俄罗斯南部或土耳其传入欧洲。苏联的费先科认为，荞麦的原生地是印度的北部山地。

中国多数学者主张荞麦起源于中国，但具体的观点不一致。丁颖认为，荞麦起源于我国偏北部及贝加尔湖畔，苦荞起源于我国西南部。胡先骕认为，荞麦起源于亚洲中部或北部，苦荞起源于印度。贾祖璋等认为荞麦起源于东亚。

20 世纪 80 年代以来，我国的农学家、荞麦研究人员通过野外的调查研究工作，尤其是在对西藏、云南、贵州、四川、湖南等省（区）的野外调查工作中发现，这些地方存在丰富的野生荞麦资源，部分地区甚至形成群落。据此，对荞麦的起源地提出了一些新的见解。在《中国荞麦》[5]一书中，林汝法提出，荞麦起源于我国是毋庸置疑的，因为：①我国文字记载丰富多彩，荞麦除列为我国古代祭祀品外，在"农书述栽培、医书记疗效、诗文赞美景"中屡见不鲜，且年代久远；②野生荞麦类型多种多样，分布地域宽广，有的呈群落分布；③品种资源极为丰富；④语言、口头文学（传说）及生活习性多见。蒋俊芳等根据大凉山有大量的野生荞麦和该地区的生态环境以及民间传说与习俗等，认为大凉山应该是苦荞的起源地之一。叶能干等认为，从植物学的观点分析，我国西南部不仅是荞麦属植物的分化和散布中心，也可能是荞麦属的起源地。

我国西南地区荞麦属野生荞麦种的数目多、分布广，还形成群落，而在全世界荞麦属的 10 余个种中，云南省至少占三分之二[6, 7]。

金沙江流域是遗传多样性中心地区，该遗传多样性丰富的地区有金荞麦生长的云南省香格里拉市、宁蒗彝族自治县，线叶野荞麦生长的云南省鹤庆县、香格里拉市、宾川县，荞麦生长的云南省江川区和四川省南江县，苦荞麦生长的云南省嵩明县、香格里拉市和四川省越西县、木里县，小野荞麦生长的云南省巧家县、元谋县、香格里拉市，疏穗小野荞麦生长的四川省宁南县和云南省永胜县、巧家县，细柄野荞麦生长的云南省宁蒗彝族自治县、富民县、江川区和四川省昭觉县，抽葶野荞麦生长的云南省个旧市、通海县、蒙自市，硬枝野荞麦生长的云南省昆明市、宾川县、富民县和四川省布拖县。苦荞麦和野生荞麦遗传多样性丰富的大部分地区，如香格里拉市、鹤庆县、宾川县、宁蒗彝族自治县、永胜县、元谋县、巧家县、木里县、宁南县，皆位于云南省和四川省毗邻的金沙江流域。苦荞麦及野生荞麦遗传多样性丰富的品种，如金荞麦、线叶野荞麦、苦荞麦、小野荞麦、疏穗小野荞麦、细柄野荞麦、硬枝野荞麦，亦生长在金沙江流域[4]。

金荞麦和苦荞麦多生长在金沙江上游气候冷凉的高海拔地区。线叶野荞麦和小野荞麦多生长在金沙江上游河谷地带。疏穗小野荞麦多生长在金沙江中游河谷地带。细柄野荞麦多生长在金沙江流域两岸的农地、山坡路边。硬枝野荞麦多生长在金沙江中上游山地，远离河谷。

金沙江流域集中了大部分苦荞麦和野生荞麦的品种，仅抽葶野荞麦没有分布在该流域。金沙江流域是线叶野荞麦、小野荞麦、疏穗小野荞麦遗传多样性最丰富的地区，是金荞麦、苦荞麦、细柄野荞麦、硬枝野荞麦遗传多样性丰富的地区之一。苦荞麦及野生荞麦在金沙江流域表现出最丰富的物种多样性、生态多样性和遗传多样性。其中，香格里拉市、木里县、宾川县、永胜县、宁蒗彝族自治县、鹤庆县等地区的植物资源尤其丰富。因此，金沙江流域是苦荞麦及野生荞麦的分布中心和起源中心[8]。

Tsuji 和 Ohnishi 利用扩增片段长度多态性(amplified fragment length polymorphism,

AFLP）技术分析了野生苦荞和栽培苦荞之间的系统发育关系，提出了栽培苦荞的地理起源。所用的研究材料包括从 7 个原产地搜集的 7 个栽培苦荞，从 21 个自然群体中搜集的 35 个野生苦荞，这些野生苦荞材料来自巴基斯坦北部、西藏中部和东部、云南西北部和四川北部、中部、南部，几乎覆盖了该种所有的分布地区[9]。

Tsuji 和 Ohnishi 报道，在栽培苦荞中检测出 86 条限制性片段长度多态性（restriction fragment length polymorphism，RFLP）带，在野生苦荞中检测出 116 条 RFLP 带，除 AAGGCTG 引物外，每条引物检测出 10 条带以上。研究还表明，在野生苦荞的分布区域内，云南西北部野生苦荞个体的多态性值最高，为 0.012，而西藏中部和巴基斯坦北部野生苦荞个体的多态性值最低，为 0.001，四川北部野生苦荞个体的多态性值为 0.005，四川中部与南部野生苦荞个体的多态性值为 0.008，西藏东部野生苦荞个体的多态性值为 0.009，即不同区域内野生苦荞个体的多态性值大小顺序为：云南西北部（0.012）>西藏东部（0.009）>四川中部与南部（0.008）>四川北部（0.005）>西藏中部和巴基斯坦北部（0.001），其中多态性最大值是最小值的 12 倍。Tsuji 和 Ohnishi 对野生苦荞和栽培苦荞的聚类结果如图 3.1 所示[9]。

栽培苦荞遗传变异性很低，或者无法检测出。Tsuji 和 Ohnishi 的研究也表明栽培苦荞的多态性值很低，为 0.001。Ohnishi 报道了同工酶位点的研究结果也是单一的。Tsuji 和 Ohnishi 报道了利用随机扩增多态性 DNA（randomly amplified polymorphic DNA，RAPD）技术分析栽培苦荞的多态性，149 条带中只有 24 条具有多态性，多态性率为 16.1%，多态性值很低。Tsuji 和 Ohnishi 认为多态性值的高低实际是野生苦荞存在时间长短的标志，云南西北部野生苦荞个体的多态性值高，表明其存在的时间很长，演化历时长，栽培苦荞由野生苦荞演变而来，其存在的时间较短，群体中个体的多态性值较低[9]。

关于栽培苦荞的地理起源，Tsuji 和 Ohnishi 利用 RAPD 技术分析表明，与栽培苦荞遗传关系最近的是中国西藏中部和巴基斯坦北部的野生苦荞，但栽培苦荞的起源地既不是中国西藏中部，也不是巴基斯坦北部。主要原因如下：①藏族是游牧民族，文献材料中未报道过西藏中部和藏民在很早就有农业活动，实际上，Zeven 和 Zhukivsky 在 1975 年就报道了西藏中部没有栽培苦荞的起源；②AFLP 技术能够比 RAPD 技术提供更翔实稳定的信息，且 RAPD 技术不能分析出野生苦荞的地理分布情况。因此，根据野生苦荞不同地区多态性值的大小及相关资料，Tsuji 和 Ohnishi 认为西藏、云南和四川交界处是栽培苦荞的起源中心，该中心是云南西北部、西藏东部和四川中部与南部的连接片区[7, 10]。

由图 3.1 可见，所有用于研究的野生苦荞分为三个主要地区分布组，第一组包括所有栽培苦荞和来自于中国西藏中部和巴基斯坦北部与云南西北部和西藏东

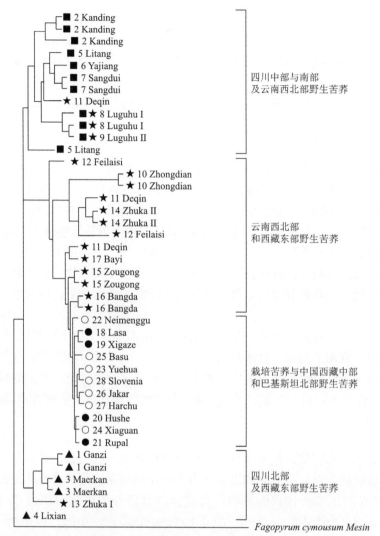

图 3.1 野生苦荞和栽培苦荞的 AFLP 分子标记邻接进化树
○栽培苦荞 ▲四川北部野生苦荞 ■四川中部与南部野生苦荞
●中国西藏中部和巴基斯坦北部野生苦荞 ★云南西北部和西藏东部野生苦荞

部野生苦荞；第二组包括四川中部与南部及云南西北部野生苦荞；第三组包括四川北部及西藏东部野生苦荞。从图 3.1 中可以看出，野生苦荞聚成的三个地区分布组中，云南西北部、西藏中部与东部和四川北部、中部与南部连成一片，形成了世界野生苦荞的集中分布带或分布区域。在野生苦荞的该分布区域内，云南西北部野生苦荞多态性值为 0.012，为最高，西藏东部、四川中部与南部野生苦荞多态性值分别为 0.009（第二）和 0.008（第三），相对较低。因此，根据苏联瓦维洛夫提出的作物起源中心学说理论，云南西北部可能是栽培苦荞的初生起源中心，西藏东部和四川中部与南部（包括野生苦荞种类较多的阿坝藏族羌族自治州、凉山彝族自治州和攀枝花地区）可能是次生起源中心，云南野生荞麦主要集中于滇西和滇中两个分布中心，两个中心的野生荞麦种类多，且滇西也是苦荞麦主产区，这两个野生荞麦的主要分布区域也可能是中国荞麦的另一个次生起源中心。

3.1.3　荞麦的分布

荞麦在中国农业生产中占有重要的地位，分布极为广泛，全国各省、市、自治区，从平原到山区，从亚热带到温带寒冷地区都有种植。从海拔几十米的东海之滨到 4400 多米的青藏高原都有荞麦的踪迹，特别是山区、高寒冷凉地区，不适宜种植水稻、小麦、玉米等大宗高产作物的地区，荞麦因其抗逆性强、适应性广、耐瘠薄、耐粗放等众多优点，是该地区的重要农作物之一，成为生产条件较差的广大地区各民族大量种植的作物[11]。荞麦虽然不是禾本科作物，但其籽粒饱满，含有淀粉、糖、氨基酸和多种微量元素等人体所需的营养物质，因此被视为粮食作物。

据史书记载，我国的辽宁、吉林、黑龙江、山西等省历史上以种植甜荞为主；云南、四川、贵州、青海、甘肃和西藏等省（区）以种植苦荞为主；气候温热的广东、广西、海南及台湾等省（区）的山区也有零星甜荞种植。荞麦的种植区域比较集中，这与当地自然气候、生态环境、人文地理和饮食文化有着密切的关系。

1. 甜荞的分布

甜荞属于小宗作物，但分布较广，在欧洲和亚洲一些国家，特别是在食物构成中蛋白质匮缺的发展中国家和以素食为主的亚洲国家，其是重要的粮食作物。FAO 对荞麦的正式统计数据显示，目前全世界甜荞种植总面积为 $7\times10^6 \sim 8\times10^6 hm^2$，总产量为 $5\times10^6 \sim 6\times10^6 t$。甜荞主产国有俄罗斯、中国、乌克兰、波兰、法国、加拿大和美国等[12]。甜荞在我国分布极其广泛，主要分布在内蒙古、陕西、山西、甘肃、宁夏、云南等省（区）。

2. 苦荞的分布

云南、四川、西藏、贵州、青海等省（区）是荞麦的起源中心地，同时也是荞麦的集中产区，从《中国荞麦品种资源目录》第一辑和第二辑（截至 1995 年）中共收集荞麦品种资源 2749 份（其中不包括野生种），苦荞资源占荞麦资源总数 45%以上的有四川、贵州、云南、西藏、青海、甘肃，该 6 省（区）的荞麦资源占参加征集入库 21 个省（区、院）荞麦资源的 28.57%；苦荞资源占荞麦资源总数接近或超过 33.5%的有宁夏、陕西、湖北、湖南，该 4 省（区）荞麦资源占荞麦资源总数的 19.04%；完全没有或只有 1 或 2 个苦荞资源的只有 6 省（区），如表 3.1 所示。据此足以表明，中国西南、西北地区荞麦资源极其丰富。

表 3.1 中国荞麦种质资源统计分布表

项目	荞麦资源总数			占比/%		备注
	合计	甜荞	苦荞	甜荞	苦荞	
黑龙江	24	24	0	100	0	
吉林	164	164	0	100	0	
辽宁	75	74	1	98.7	1.3	
内蒙古	297	289	8	97.3	2.7	
中国农业科学院	140	42	98	30	70	
西藏	46	14	32	30.4	69.6	**
山西	396	283	113	71.4	28.6	
陕西	298	205	93	68.8	31.2	*
甘肃	206	112	94	54.4	45.6	**
青海	90	39	51	43.3	56.7	**
新疆	30	30	0	100	0	
四川	210	39	171	18.6	81.4	**
安徽	90	85	5	94.4	5.6	
江西	66	64	2	97	3	
贵州	98	29	69	29.6	70.4	**
云南	189	58	131	30.7	69.3	**
湖北	110	75	35	68.2	31.8	*
河北	124	124	0	100	0	
宁夏	18	11	7	61.1	38.9	*
湖南	14	9	5	64.3	35.7	*
广西	64	58	6	90.6	9.4	
合计	2749	1828	921	66.5	33.5	

注：**：苦荞资源占荞麦资源总数的 45%以上；*：苦荞资源占荞麦资源总数接近或超过 33.5%。

3.2 荞麦营养成分

荞麦作为我国特色农作物之一，其种植面积和产量位居世界第一。我国劳动人民很早就认识到荞麦的营养价值和食疗功能[13]。《本草纲目》记载，"荞麦最降气宽肠，故能炼肠胃滓滞，而治浊带泻痢腹痛上气之疾，气盛有湿热者宜之。"现代科学研究表明，荞麦具有很高的营养价值和保健功能，其富含蛋白质、脂肪、淀粉、维生素、矿质微量元素等营养成分（表 3.2）。此外，荞麦还含有糖醇、多肽、酚酸，以及其他禾谷类作物所没有的生物黄酮类活性功能成分。

表 3.2　荞麦和大宗粮食的营养成分

成分	甜荞	苦荞	小麦	大米	玉米
水分/%	13.5	13.2	12	13	13.4
粗蛋白/%	6.5	11.5	9.9	7.8	8.4
粗脂肪/%	1.37	2.15	1.8	1.3	4.3
淀粉/%	65.9	72.11	71.6	76.6	70.2
粗纤维/%	1.01	1.622	0.6	0.4	1.5
维生素 B_1/（$mg\cdot g^{-1}$）	0.08	0.18	0.46	0.11	0.31
维生素 B_2/（$mg\cdot g^{-1}$）	0.12	0.50	0.06	0.02	0.1
维生素 B_3/（$mg\cdot g^{-1}$）	2.7	2.55	2.5	1.4	2
维生素 P/%	0.095～0.21	1.15	—	—	0
叶绿素/（$mg\cdot g^{-1}$）	1.304	0.42	0	0	0
钾/%	0.29	0.4	0.2	1.72	0.27
钙/%	0.038	0.016	0.038	0.0017	0.022
镁/%	0.14	0.22	0.051	0.063	0.06
铁/%	0.014	0.0086	0.0042	0.0024	0.0016
铜/%	4	4.59	4	2.2	—
锌/%	17	18.5	22.8	17.2	—
硒/%	0.431	—	—	—	—

资料来源：郎桂常. 苦荞麦营养价值及开发应用. 中国粮油学报, 1996, (3): 9-14;
赵钢. 荞麦加工与产品开发新技术. 北京: 科学出版社, 2010。

3.2.1　蛋白质

荞麦粉蛋白质含量一般为 8.5%～18.9%，比大米、小米、玉米、小麦和高粱面粉中蛋白质的含量高。荞麦蛋白质含有大量的水溶性清蛋白和盐溶性球蛋白，这类蛋白质黏度较低，没有面筋，与豆类蛋白质成分相近[14]。与其他谷物相比，荞麦蛋白质的 18 种氨基酸组成更加均衡合理、配比适宜,达到甚至超过 FAO/WHO

关于食物蛋白质中必需氨基酸含量规定的指标[14, 15]。赖氨酸是我国居民常食用的谷类粮食中的第一限制性氨基酸，而在荞麦中赖氨酸十分丰富，高于一般谷物。因此，食用荞麦可以解决我国膳食结构所导致的"赖氨酸缺乏症"问题。荞麦蛋白质不但营养价值高，而且还具有抗氧化、延缓衰老、调节血脂、抑制脂肪蓄积、改善便秘、抑制大肠癌和胆结石发生、抑制有害物质吸收，以及增强人体免疫力等功效，是一种理想的功能食品原料。

3.2.2　脂肪

荞麦脂肪含量为 1%～3%，与大宗粮食较为接近。荞麦脂肪组成较好，含有 9 种脂肪酸，其不饱和脂肪酸含量也较为丰富，其中以油酸、亚油酸为主，占总脂肪酸含量的 80%左右[16]。此类脂肪酸对人体十分有益，有助于降低体内血清胆固醇含量和抑制动脉血栓形成，对动脉硬化和心肌梗死等心血管疾病均具有很好的预防作用。荞麦中丰富的亚油酸在体内通过加长碳链可合成花生四烯酸，后者不仅能软化血管、稳定血压、降低血清胆固醇和提高高密度脂蛋白含量，还是合成人体生理调节起必需作用的前列腺素和脑神经组成的重要组分之一[16,17]。此外，荞麦中还含有 2,4-二羟基顺式肉桂酸，该物质能够抑制黑色素的生成，具有预防雀斑及老年斑的作用，是美容护肤的佳品。

3.2.3　淀粉

荞麦淀粉含量较高，与大多数谷物相当，一般为 60%～70%，主要存在于胚乳细胞中，是一类新的功能性淀粉资源。荞麦淀粉中直链淀粉含量高于 25%，其加工制成的荞麦食品较为疏松、可口。此外，荞麦淀粉中还含有 α-淀粉酶和 β-淀粉酶抑制物，这对降低或抑制淀粉转化为糖的速率有明显作用。因此，荞麦可以作为糖尿病患者理想的补充食物。

3.2.4　维生素

荞麦中富含多种维生素，如维生素 B_1、维生素 B_2、维生素 B_6、维生素 C、维生素 E 和维生素 PP 等。维生素 B_1（硫胺素）作为辅酶参与糖类代谢能增进消化机能、抗神经炎和预防脚气病。维生素 B_2（核黄素）能促进人体生长发育，是预防口角和唇舌炎症的重要成分。维生素 PP（烟酸）有降低人体血脂和胆固醇、降低微血管脆性和渗透性的作用，是治疗高血压、治疗心血管疾病、防止脑溢血、维持眼循环、保护和增进视力的重要辅助药物。维生素 E（生育酚）能消除脂肪及脂肪自动氧化过程中产生的自由基，使细胞膜和细胞内免受过氧化物破坏，维生素 E 与硒共同维持细胞膜的完整，维持骨骼肌、心肌、平滑肌和心血管系统的正常功能。

3.2.5　矿质元素

荞麦富含多种营养矿质元素，钾、钙、镁、铁、铜、锌、铬、锰等元素的含量都显著高于其他禾谷类作物，另外荞麦还含有硼、碘、钴、硒等微量元素。镁元素参与人体细胞的能量转换，可以调节心肌活动，促进纤维蛋白溶解，抑制凝血酶生成，降低血清胆固醇，还可以预防动脉硬化、高血压、心脏病等疾病[18]。钾是维持体内水分平衡、酸碱平衡和渗透压的重要元素[18]。苦荞中的铁元素含量十分丰富，是其他主粮的2～5倍，能充分保证人体制造血红素对铁元素的需要，这对预防缺铁性贫血具有重要的作用。硒元素具有抗氧化和调节免疫等功能，在人体内可与金属相结合形成一种不稳定的"金属-硒-蛋白质"复合物，有助于排除体内的有毒物质。此外，硒还有类似维生素 C 和维生素 E 的功能，不仅对防治克山病、大骨节病、不育症和早衰有显著作用，还具有良好的抗癌功效[19]。

3.2.6　膳食纤维

膳食纤维被称为"第七营养素"，是健康饮食中不可缺少的营养成分。膳食纤维在保持消化系统健康中扮演着重要的角色，摄取足够的膳食纤维也可以预防心血管疾病、糖尿病、癌症等疾病。荞麦是丰富的膳食纤维食物来源，其籽粒膳食纤维含量为3.4%～5.2%，其中可溶性膳食纤维含量达到20%～30%。苦荞粉中的总膳食纤维含量约为6.32%，分别是小麦和高粱的3.9倍和2.2倍。荞麦膳食纤维具有降低血脂，特别是降低血清总胆固醇以及低密度脂蛋白胆固醇含量的功效。同时，它还具有降血糖、改善葡萄糖耐受等功效。

3.3　荞麦功能成分

最近几十年国内外对荞麦功能成分和作用的研究表明，荞麦良好的保健价值与其富含多种生物活性物质是密切相关的。目前已知的荞麦功能成分主要包括酚类、黄酮类、糖醇类、蛋白质与多肽类、甾体类，这些活性物质在降血糖、降血压、降血脂、抗菌、抗氧化、抗肿瘤、抗衰老、改善记忆力，以及预防肥胖病等方面显示了不同的效果。

3.3.1　黄酮类物质

荞麦中含有其他禾谷类粮食作物中所不具有的生物黄酮类活性成分,如芦丁、槲皮素、山柰酚、桑色素、金丝桃苷等及其衍生物。这些黄酮类化合物具有较强的生物活性,如抗氧化、抗病毒等,动物试验及临床观察表明这些活性成分还具有显著的降血糖、降血脂、增强免疫调节功能等作用。众多研究表明，荞麦的籽粒、根、茎、叶、花中均含有黄酮类物质，其中苦荞中黄酮类成分含量比甜荞高10～100 倍。另有研究显示，荞麦黄酮类化合物中的主要成分为芦丁，又称芸香苷，是槲皮素的 3-O-芸香糖苷，其含量占总黄酮的 70%～90%。芦丁对维持血管张力、降低其通透性、减少脆性有一定作用，还可以维持微血管循环，并加强维生素 C 在体内的蓄积。此外，芦丁还有降低人体血脂、胆固醇，防止心脑血管疾病等作用，是用于动脉硬化、高血压的辅助治疗剂，对脂肪浸润的肝也有去脂作用，与谷胱甘肽合用，其去脂效果更为明显[20]。

3.3.2　多糖与糖醇

多糖是一类重要的生物活性物质，且在植物中分布广泛。植物多糖具有免疫调节、抗肿瘤、抗衰老、降血糖、降血脂等多种生物活性，广泛地应用于保健食品、医药和临床上，成为食品科学、天然药物、生物化学与生命科学研究领域的热点[21, 22]。植物多糖的分子量为几万到百万以上，主要由葡萄糖、果糖、半乳糖、阿拉伯糖、木糖、鼠李糖、甘露糖、糖醛酸等单糖以一定的比例聚合而成。不同植物多糖的分子量因其组成而存在差异。颜军等[23]采用水提醇沉法结合 DEAE-纤维素柱层析分离纯化，获得 3 个苦荞多糖组分 TBP-1、TBP-2 和 TBP-3。TBP-1、TBP-2 是由葡萄糖组成的均一多糖，其分子质量分别为 14.5kDa、44.6kDa，而 TBP-3 是由甘露糖、鼠李糖、葡萄糖醛酸、葡萄糖、半乳糖、阿拉伯糖等组成的杂多糖，其分子质量高达 63.7kDa[23]。

荞麦糖醇是荞麦种子发育成熟过程中所积累的具有降糖作用的 D-手性肌醇（D-chiro-inostiol，D-CI）及其单半乳糖苷、双半乳糖苷和三半乳糖苷的衍生物。D-CI 及其半乳糖苷对人体健康非常有利，尤其是对 2 型糖尿病有疗效，引起许多研究机构的关注。利用荞麦作为 D-CI 的天然资源，通过提取、分离获得荞麦糖醇 D-CI 及其苷，可根据需要进一步提纯，加工成适当的剂型，作为食品添加剂或药品以预防、治疗糖尿病。此外，苦荞中还含有山梨醇、肌醇、木糖醇、乙基-β-芸香糖苷，这些成分都是对人体健康有利的物质，可直接利用[19]。

3.3.3　酚类化合物

荞麦中的酚类化合物主要是苯甲酸衍生物和苯丙素类化合物，如没食子酸、香草酸、原儿茶酸、咖啡酸等。酚类化合物是荞麦中重要的营养保健功能成分，该类成分具有很好的生物活性，如抗氧化、抗菌、降低胆固醇、促进脑蛋白激酶等活性[24]。研究发现，荞麦酚类化合物的协同作用对其生物活性有很好的效果。用含胆固醇的高脂饲料喂养杂交雄兔，辅以荞麦多酚，结果表明其血中丙二醛和

P-脂蛋白、胆固醇与甘油三酯明显降低，肝中的抗坏血酸自由基和血中的苯乙酸睾丸素也有所增加[19]。

3.3.4　蛋白质与多肽类

荞麦蛋白质主要由清蛋白、球蛋白、醇溶蛋白、谷蛋白、残渣蛋白组成。从氨基酸组成来看，荞麦蛋白质的氨基酸组成较为均衡，富含 8 种人体必需氨基酸，特别是主食谷物的限制性氨基酸-赖氨酸，因而具有很高的价值。

多肽是由蛋白质中天然氨基酸以不同组成和排列方式构成的，从二肽到复杂的线性或环形结构的不同肽类的总称，其中可调节生物体生理功能的多肽称为功能肽或生物活性多肽[25]。荞麦活性多肽往往可能具有比荞麦蛋白质更好的理化性质，例如，对热很稳定；无抗原性，不会引起免疫反应；黏度随温度变化不大，可直接由肠道吸收，吸收速度快，吸收率高等。

3.3.5　其他

植物甾醇存在于荞麦各个部位，主要包括β-谷甾醇、菜油甾醇、豆甾醇等。植物甾醇对许多慢性疾病都表现出药理作用，具有抗病毒、抗肿瘤、抑制体内胆固醇吸收等作用。β-谷甾醇是荞麦胚和胚乳组织中含量最丰富的甾醇，约占总甾醇的 70%，该物质不能被人体所吸收，且与胆固醇有着相似的结构，在体内与胆固醇有强烈的竞争性抑制作用。荞麦碱仅存在于荞麦籽粒中，其含量较少，在降低人体血脂、血糖及血压等方面具有显著作用。荞麦种子中还存在着硫胺素结合蛋白，该活性成分起着转运和储藏硫胺素的作用，同时它们也可以提高硫胺素在储藏期间的稳定性及其生物利用率。因此，对于缺乏和不能储存硫胺素的患者而言，这是一种很好的硫胺素补给资源。此外，荞麦中还含有多羟基哌啶化合物，该活性成分具有很好的降糖作用。

3.4　荞麦功能成分的生物活性

多项研究表明，荞麦及其生物活性对人体有着巨大的益处，如抗氧化、抗炎、降血脂、抗肿瘤、抗糖尿病、抗肥胖、保肝等作用。

3.4.1　抗氧化活性

研究表明，荞麦及其制品由于存在多种生物活性成分而具有强大的抗氧化活性，一般而言，多酚含量越高，体外抗氧化活性越强。其次，食品的不同加工工艺可能会对荞麦及其产品的抗氧化活性产生重大影响。例如，将苦荞的 80%丙酮和乙酸乙酯提取物与 70%乙醇提取物相比，结果表明，70%乙醇提取物具有更高的抗氧化活性[26]。同时，与热水提取、超声波强化、超声波辅助亚临界水提取等方法相比，单一的亚临界水提取方法更有利于抗氧化化合物的提取。其他处理方法，如适当的烘焙、酿造、煮沸、蒸煮、高压蒸煮、发酵和发芽预处理，都能够提高总多酚含量，从而增加苦荞的抗氧化活性[27]。此外，荞麦副产品（如麸皮、壳、叶子和花朵）具有强大的抗氧化活性，是天然抗氧化剂不可忽视的来源。

3.4.2 抗炎活性

炎症能对组织损伤、微生物病原体和化学刺激作出反应，它也被认为是慢性疾病（如癌症、老年痴呆症、肥胖症和糖尿病）发病的第一步[28]。研究表明，苦荞的生物活性成分具有显著的抗炎活性，从苦荞中分离的山奈酚-3-O-β-芸香苷对脂多糖有强有力的抗炎作用——产生了约 265 个巨噬细胞。苦荞提取物的不同馏分包括正十六烷、二氯甲烷、乙酸乙酯和正丁醇裂解，能有效抑制活性氧、NO的产生，同时苦荞还能抑制细胞的炎症反应[29]。荞麦中的黄酮通过两个途径产生抗炎活性，有利于人类炎症性疾病的预防和治疗。然而，为了进一步证实荞麦及其化合物的抗炎活性，还需要进行更多的试验。

3.4.3 降血脂活性

从苦荞中分离的一种生物活性蛋白苦荞蛋白，可以预防高脂饮食中的血脂异常，它与肠道微生物群的变化有关，能降低血液甘油三酯和总胆固醇的水平[30]。实际上，苦荞蛋白能促进乳酸杆菌和双歧杆菌的生长，同时抑制大肠杆菌的生长，从而促进总胆汁酸和短链脂肪酸的排泄。

此外，荞麦淀粉可以通过降低血浆中甘油三酯、总胆固醇和葡萄糖水平，来降低高脂饮食小鼠的胆固醇[31]。来自荞麦的多酚、蛋白质和淀粉通过调节甘油三酯、总胆固醇的下降，高密度脂蛋白与低密度脂蛋白比值的增加以及胆汁酸排泄的增多，而发挥了显著的降血脂活性。总之，荞麦中的黄酮类化合物、生物活性蛋白质和多糖含量较高，因此荞麦在防治高脂血症方面具有潜在的应用价值。

3.4.4 抗肿瘤活性

近年来，荞麦体内外抗肿瘤活性研究已经得到了广泛的应用。研究表明，苦荞多酚对人类肝癌细胞和人类结肠癌 Caco-2 细胞有细胞毒性[32]。此外，通过研究苦荞及其生物活性成分的抗癌作用和可能的分子机制，表明苦荞中酚类化合物通过诱导细胞凋亡和细胞周期从 G1 期到 S 期阻滞而对抗癌活性起作用。同时，苦荞黄酮类化合物对人的胃癌细胞具有显著的抑制作用，这是通过促进凋亡蛋白表达来实现的。苦荞中的槲皮素对人肝癌 HepG2 细胞具有强烈的细胞毒性作用，通过增加活性氧的产生，并在 G_2/M 期诱导细胞周期阻滞，导致细胞凋亡增加[33]。除了多酚类物质，苦荞多糖还具有抗白血病细胞的功能，可直接诱导细胞分化和成熟，提高成熟细胞的吞噬活性。

3.4.5　抗糖尿病活性

荞麦中的多酚包括芦丁和槲皮素，蛋白质和非淀粉多糖对 α-葡萄糖苷酶和 α-淀粉酶有强大的抑制作用，从而阻止葡萄糖、低聚糖和其他单糖向血液中释放[34]。苦荞衍生的 D-CI 也有很好的抗糖尿病活性。观察口服富含 D-CI 苦荞制品的小鼠，其降低了 2 型糖尿病小鼠的血糖、C 肽、胰高血糖素、甘油三酯和尿激素水平，从而提高了胰岛素的敏感性[35]。

3.4.6　抗肥胖活性

肥胖问题日益严重，但也是最容易被忽视的全球健康问题。它是与饮食相关的非传染性疾病的主要风险来源，包括糖尿病、心血管疾病、高血压和中风等。苦荞作为一种富含芦丁的粗粮，在一项研究中表现出了降低体重、降低体脂百分比的作用，尤其是苦荞淀粉和槲皮素可以调节肠道微生物的群落结构，从而防止肥胖。槲皮素可以显著降低体重和胰岛素水平，改善高脂饮食大鼠的葡萄糖耐量，这表明槲皮素可以减轻肥胖和相关代谢紊乱[36]。除了对脂肪和减肥的影响，苦荞还可以缓解与肥胖相关的主要副作用，如在高脂饮食喂养的大鼠中抑制肥胖引起的脂肪组织炎症[29]。总的来说，这些研究表明苦荞具有强大的减肥效果，需要进一步的体内动物和人类临床研究来证实这种生物活性并了解其作用机制。

3.4.7　保肝活性

芦丁、槲皮素和苦荞提取物可通过促进抗氧化和抗炎作用对乙醇诱导的和 CCL4 诱导的小鼠产生保护肝脏的作用；在同一动物模型中，苦荞提取物还能提高抗氧化相关酶的活性，包括过氧化氢酶、谷胱甘肽过氧化物酶、谷胱甘肽还原酶和超氧化物歧化酶，并抑制肝炎的程度[37]。

苦荞中的黄酮类化合物在高氧化三甲胺饲料喂养的小鼠中具有显著的肝保护作用，可以提高血清高密度脂蛋白水平，降低血清胆固醇、甘油三酯和低密度脂蛋白水平。此外，苦荞提取物可通过抑制氧化和线粒体细胞死亡途径减轻酒精引起的急性和慢性肝损伤[38]。同时，富含 D-CI 的苦荞对高果糖喂养的小鼠具有保肝作用，可降低血清总胆固醇、甘油三酯、丙二醛和低密度脂蛋白水平，以及乳酸脱氢酶的活性，提高高密度脂蛋白水平，增强超氧化物歧化酶和谷胱甘肽过氧化物酶的活性。总的来说，这些研究表明苦荞具有很好的保肝活性。

3.4.8 其他活性

除了上述生物活性，荞麦也被报道具有其他生物活性。例如，荞麦花的挥发油具有抗菌活性；苦荞中的黄酮类化合物对高血压引起的血管功能障碍具有保护作用[39]；苦荞衍生物通过降低餐后肝脏中的果糖水平来对抗蔗糖引起的脂肪变性和高血压[40]；槲皮苷可以通过抑制 T 细胞反应减轻牛皮癣样皮炎。

3.5 荞麦的精深加工技术

荞麦经清理、脱壳后可加工成荞麦粉、荞麦米、荞麦壳等，其中荞麦粉、荞麦米可用来制成荞麦面条、荞麦馒头、荞麦粑粑等传统食品，也可通过现代食品加工技术制成荞麦低血糖指数（glycemic index，GI）面条、荞麦酒、荞麦醋、荞麦茶、荞麦饮品等。目前荞麦的食用主要有两类，一类是以荞麦米、荞麦粉为主要原料，加工成各种食品，但由于普通荞麦粉加工性能差、口感粗糙，这类荞麦制品中荞麦含量基本在 20%～40%；另一类是利用现代食品加工技术处理荞麦原料，再加工成荞麦食品。

3.5.1 荞麦米的加工

粮食在食用之前都称为原粮，经过加工才能食用，原粮使用时必须清杂，这是粮食加工的一个重要环节，其关键是去掉原粮中的沙粒、石子、草籽、秸秆等杂物，使其达到"粮中无石，石中无粮"的加工标准。

风筛清选机是组合风选和筛选为一体的基本清选设备，该机的风选功能主要是靠立式空气筛来完成的，它根据粮食的空气动力学特性，按照粮食和杂质临界速度的不同，通过调整气流的速度，实现分离目的。

比重去石机是原粮在一定风力的作用下呈现悬浮状，依靠重力沿筛板斜面下移流向出口，而石子和较重的杂质沉在谷物底部，在鱼鳞筛板的驱动作用下沿筛面上移至去石口，完成去石过程。

去杂、清粮工艺及设备：荞麦原粮→比重去石机（杂质沙子、石子、并肩石等）→风筛清选机（瘪谷、草籽、秸秆等）→干净荞麦→后续加工成米、面。

3.5.2 荞麦粉的加工

利用挤压膨化工艺使得面粉中的淀粉降解，淀粉分子间的氢键断裂而发生糊化，可溶性膳食纤维的量相对增加，蛋白质在高温、高压、高剪切力作用下发生变性，消化率得到提高且蛋白质品质得到改善，同时经过膨化的面粉的粘连性、水溶性有很大提高，面粉粒径微细化至 140～180 目[41]。

挤压膨化制粉工艺流程：苦荞→脱壳制粉→加水调整水分至 25%～27%→挤压膨化→干燥→制粉→膨化粉→检验→成品包装。

工艺要求：膨化充分、均匀而不夹生、不留白斑、不焦、色泽一致。

3.5.3 传统食品

传统食品是指历史悠久、反映地方和民族特色的食品，是一个民族适应生存的自然选择，是民间经验和智慧的积累、继承、发扬，具有良好的风味性、营养性、健康性和安全性。在广大荞麦主产区，人们根据自己的区域特色和传统习惯，已经形成了工艺独到、方法多样、风味独特的荞麦传统食品，如苦荞粑粑、威宁荞酥和剁荞面等。

1. 苦荞粑粑

苦荞粑粑是彝族的一道风味食品，味道略苦。在彝族聚居区，每当春暖花开盛产蜂蜜的季节，把苦荞粑粑烧好或煎好后，人们从蜂蜜桶里取下蜂蜜，用树叶包好，蘸食苦荞粑粑。在制作苦荞粑粑时，首先是将苦荞用大石磨脱外壳，然后过筛制成苦荞面。苦荞面用山泉水浸泡几个小时后，又放进小石磨里磨成面浆。面浆经过充分发酵后，放在竹织的蒸笼里用大火蒸，蒸好后即为苦荞粑粑。

2. 威宁荞酥

威宁荞酥是威宁地区民间小吃名点，制作时先将红糖加入适量的水煮沸，另外加入菜籽油，再一次煮沸，加入白碱、苏打、白矾混合均匀后，放入荞麦面、鸡蛋，拌好放在案上晾一天左右，直到面料完全凉透。准备馅料时，要把红小豆先煮好，打成粉末，加入红糖再煮，待水将干时，加入菜籽油拌匀，最后包心、压模、烘烤而成。其形状有扁圆和扁方形两种，正面刻有清晰花纹，由于它的颜色金黄，人们又称为金酥。

3. 剁荞面

剁荞面是陕北人待客、逢年过节和喜庆时必吃的一种美食佳肴，也是闻名于陕北的一种传统风味小吃。剁荞面用的刀是特制的，与普通菜刀不同。剁面时，先将和好的荞麦面揉成一个圆团，放在面案中间稍靠后，然后用擀杖将面团的一部分擀开。接着两手握刀，开始由前向后剁，一根根面条整齐地排列在面案上，再煮进锅里，捞出放入碗中，配上羊肉臊子，吃起来鲜润滑爽，面香可口。

3.5.4　主食类制品

主食是碳水化合物，特别是淀粉的主要摄入源。荞麦生长环境适宜土壤贫瘠、干旱和半干旱地区，而这些地区不太适合种植小麦和玉米等作物，因此荞麦就成为荞麦主产区的主食原料。随着科学研究的深入，荞麦对人体的有益健康逐渐被认识和挖掘，因此荞麦也作为大众化的主食，如荞麦面条、荞麦米饭、荞麦馒头等。

1. 荞麦面条

材料：荞麦粉，小麦面粉，鸡蛋。操作要点：荞麦粉和小麦面粉按 1∶1 的比例混合，然后加鸡蛋和成面团，饧半小时，再擀成面皮，切成面条，沸水煮熟后配上青菜，浇上卤或炸酱即可食用。

2. 荞麦米饭

材料：荞麦米 50g，大米 100g。操作要点：先将荞麦米、大米按 1∶2 的比例混合均匀，然后浸泡 10min 左右，按常规的放水量和时间煮饭即可。

3. 荞麦馒头

工艺流程：预混→和面→发酵→揉面→成型→醒发→蒸制→成品。

材料（重量比）：小麦粉和荞麦粉共 100g，酵母 0.5～1.5g，碱 0.2g，水 45～50mL，糖 0.5kg。

荞麦馒头最适发酵工艺条件：和面酵母用量为 0.5%、加水量为 50%、发酵温度为 30℃、发酵时间为 2h。生产荞麦馒头的小麦面粉与荞麦粉的混合比例为 9∶1～7∶3，其中以面粉∶荞麦粉=3∶1 为最佳。为了生产出高品质的荞麦馒头，可添加 5% 的谷朊粉、0.5% 硬脂酰乳酸钠和硬脂酰乳酸钙。

3.5.5　糕点类制品

1. 荞麦面包

材料：小麦粉、荞麦粉、食盐、糖、起酥油、脱脂乳、酵母、水。

工艺流程：原辅料处理→第一次发酵→第二次面团调制→第二次发酵→分块、搓圆→静置→整型→醒发→烘烤→冷却→包装→成品。

操作要点：

（1）原辅料处理及第一次发酵。将配好的原料放入和面机，先低速搅拌 5min，然后中速搅拌 10min，最后高速搅拌 2min。发酵面团和好后，在温度为 28℃、相对湿度为 75% 的条件下发酵 2～3h。

（2）整型、醒发。将发酵好的面团分割成 50g 左右的生坯，然后搓圆，入模。在温度为 38～40℃、相对湿度为 90%～95% 的条件下醒发 55min。

（3）烘烤。将醒发的生面包坯放入预热至 180℃ 的远红外烤箱中烘烤，温度控制在 210～220℃，时间为 8～10min。

（4）冷却、包装。烘烤后的面包采用自然冷却的方法。当中心温度达到 35℃ 时即可包装。

2. 荞麦威化饼干

荞麦威化饼片的最佳配方如下：水 40kg，膨松剂 0.18kg，食盐 0.05kg，特制糕点粉 24kg，苦荞粉 6kg，β-环状糊精 0.7kg，棕榈油 1.6kg，磷脂油 0.2kg，色素适量。

工艺流程：

$$\left.\begin{array}{l}\text{水、混合油、膨松剂}\to\text{计量}\\\text{糕点粉、苦荞粉}\to\text{称量}\\\text{色素等}\to\text{溶解}\to\text{计量}\end{array}\right\}\begin{array}{l}\text{打浆过滤}\to\text{烘烤}\to\text{选片}\to\text{抹油叠片}\to\text{冷冻}\to\text{切割}\\\to\text{成品}\end{array}$$

为了防止出现饼片易碎和口感微苦涩味的问题，可以选用特制糕点粉和苦荞粉，其用量配比为 8:2，在面糊中添加 0.7kg 的 β-环状糊精和 0.05kg 的食盐，并在饼干中添加适量的白糖粉和适配的香精[42]。

3. 荞麦蛋糕

材料：苦荞粉 37.5g，低筋粉 212.5g，糖 150g，水 175mL，泡打粉 3g，鸡蛋 250g，盐 2g，植物油 30g，奶粉 30g，蛋糕油 12.5g。

工艺流程：白砂糖、油、鸡蛋→混合搅拌（苦荞粉、小麦粉）→快速搅拌→调制面糊→注模→烘烤→冷却→脱模→成品。

3.5.6　糊羹类食品

糊羹类食品是最易被人体消化吸收的食品之一，以营养保健型为基点，开发研制适应各种人群食用的多样化、新颖化的食品，已成为荞麦食品行业发展的趋势。

荞麦粥原辅料基本上可以归为四大类，即米、豆类、干果类、中药材。谷类缺乏赖氨酸，而豆类赖氨酸含量比较高；小米中亮氨酸含量比较高；各种干果类富含人体必需脂肪酸以及各类微量元素和多种维生素；所选中药材也是具有滋补调养、健体作用的药材。五谷杂粮粥可以充分发挥氨基酸的互补作用，健脾胃，补气益肾，养血安神。

1）苦荞八宝粥

八宝粥中的原料多样，煮制时要依据不同原料的性质，在准备期进行不同的处理，分次下锅，才能达到成熟一致，否则会影响粥的口感和营养成分。

材料：糯米 50～70g，苦荞米 80～120g，花生 10～30g，薏米仁 50～70g，麦仁 1%，小黄米 0.5%，绿豆 30～50g，红豆 30～50g，莲子 20～30g，大枣 8～20g，枸杞 8～15g，糊精 8～12g，冰糖 100～200g。

制作步骤：

（1）将花生、红豆、绿豆、糯米、薏米仁、莲子用冷水浸泡 2～3h，沥干备用；将大枣切成小块备用；苦荞米、枸杞洗净备用，所述花生使用无衣花生仁。

（2）在加热容器中先加水、无衣花生仁、莲子、糯米和薏米仁，武火煮沸后，再用文火煎煮 1.8～2.2h；然后加入大枣、枸杞和冰糖，武火煎沸后，再用文火煎煮 27～32min；最后加入苦荞米、红豆、绿豆和糊精，再用武火煮沸 8～12min 即可。

（3）将所得的粥搅拌、冷却后装罐、密封。

2）荞麦米糊

米糊是各种谷物经机械粉碎和水煮糊化后，形成的具有一定黏度和稠度的半固态物质。荞麦米糊含有丰富的赖氨酸、微量元素和膳食纤维，能促进人体纤维蛋白溶解，使血管扩张，有利于降低血清胆固醇，有健脾益气、开胃宽肠、消食化滞的功效。

材料：大米 50g，荞麦 50g，冰糖适量。

制作步骤：先将荞麦用清水浸泡约 3h，将大米用清水浸泡约 2h，然后放入豆浆机杯体内，往杯体内加入适量清水，打浆得到荞麦米糊，也可依据个人喜好趁热加入适量冰糖。

3.5.7　饮品类制品

荞麦的饮品类制品早在 20 世纪 90 年代后期就有很多科研工作者致力进行研究和开发。荞麦饮品根据其形态不同可以分为固体饮料和液体饮料。

1. 固体饮料

固体饮料因风味独特、易于存放而备受消费者青睐。荞麦固体饮料产品主要包括荞麦茶、苦荞固体饮料与苦荞营养粉等产品。

1）荞麦茶

荞麦茶是最具代表性的荞麦固体饮料，荞麦茶的主要原料是苦荞麦麸，也有利用苦荞颗粒和苦荞叶为原料生产苦荞茶的。其茶汤色清澈明净，呈黄绿色，有明显的苦荞风味[43]。

生产工艺：原料预处理→磨粉→加水搅拌→成型→烘焙→提香→成品。

2）苦荞固体饮料与苦荞营养粉

将预处理的苦荞粉碎，加水到苦荞颗粒中混匀，并分离成苦荞固体饮料溶液和苦荞营养粉粗品；用真空浓缩机浓缩萃取到的苦荞固体饮料溶液，浓缩到苦荞固体饮料重量的 35%～45%，用均质机以 45～55MPa 的压力均质细化分离出的苦荞营养粉粗品，其粒度为 2μm 或 2μm 以下；分别对苦荞固体饮料浓缩溶液和苦荞营养粉粗品干燥脱水；灭菌，即可制得苦荞固体饮料、苦荞营养粉。

2. 液体饮料

1）苦荞饮料

苦荞原汁饮料通常采用苦荞的酶解液来制作。苦荞经过筛选、清洗、烘焙、粉碎、液化糖化、调配、杀菌、灌装，得到成品。在预处理完成后通过高温处理可适当钝化芦丁降解酶，保持苦荞中的芦丁含量。

2）苦荞复合饮料

苦荞复合饮料多以苦荞浸提液辅以果蔬原汁等制成，利用苦荞麦麸进行筛选和预处理之后，经过烘焙改善浸提条件，后经煮沸得到有苦荞清香的苦荞浸提液。新鲜果蔬经过清理、去杂等预处理工序后榨汁并过滤杀菌，或者可以将原料干燥成粉状。其次，苦荞浸提液按照一定比例，通过调整糖酸比例，过滤、杀菌、均质和灌装等后续工艺条件得到成品。

3.5.8　发酵类制品

荞麦发酵可使荞麦中复杂的成分（淀粉、蛋白质、脂肪和糖）在微生物的作用下分解成简单物质（有机酸类、氨基酸类、醇类、核酸类、生物活性物质等），这极大地提高了荞麦营养物质的消化吸收，改变了荞麦食品的适口性，并增加了荞麦工业化生产的途径，开发研制荞麦发酵食品对促进荞麦生产的发展有重大意义。

苦荞发酵食品的研究开发应从改善风味和有益于健康开始，利用苦荞原料与水果、杂粮、蔬菜及其他营养素等的搭配，丰富苦荞发酵食品的多样性，使苦荞发酵食品的营养更全面。目前荞麦发酵制品主要包括荞麦酸奶、荞麦醋、荞麦保健酒等[44]。

1. 荞麦酸奶

荞麦酸奶是以荞麦和牛奶为主要原料，通过乳酸菌发酵制作的一种营养丰富、均衡、爽口且带有荞麦特殊风味的新型保健型发酵酸奶[45]。

生产工艺：荞麦→浸泡→打浆→过滤→荞麦浆和鲜牛乳混合→均质→调配→混匀→杀菌→成品。

操作要点：选择色泽、颗粒、等级一致的苦荞香米浸泡后打浆、过滤，制得苦荞浆；将制得的苦荞浆与无抗菌鲜牛乳按比例混合后加热到 50℃ 左右，进行均质；将稳定剂和阿斯巴甜稀释成 10% 的溶液，加入上述乳液中调配、混匀并进行杀菌；冷却后在无菌条件下将菌种发酵剂接种于乳液中，经充分搅拌、罐装、恒温培养发酵得到成品。

2. 荞麦醋

材料：以苦荞为主料，辅以中草药[46]。

生产工艺及操作要点：将糯米淘洗干净，加水混匀，浸泡，滤出后采用常规方法蒸熟，冷却，备用；取等量的中药材预先处理干净，粉碎，备用；苦荞晒干，粉碎，备用；将苦荞粉、中草药碎块和煮熟的糯米按 1000：25：100 的质量比例混合，搅拌均匀，得到混合料；送入发酵池进行发酵 15 天，得到醋醅；翻料 10~15 次，再进行酸化发酵 2 次，每次 5 天；此后将发酵的酸化醋醅送入陈化池进行陈酿 2~3 个月；将陈化的醋醅放入淋醋池内，淋入白开水，再将醋液从池底放出，滤去残渣，得到生醋；加热，冷却后装瓶，检验合格，即为荞麦醋成品。

3. 荞麦保健酒

荞麦保健酒是以荞麦面和糯米粉为原料，液化后采用糖化酶及复合酶进行糖化，并以活性干酵母为发酵剂生产而成的[47]。

生产工艺：荞麦粉、糯米粉加水调浆→加热→加入耐高温 α-淀粉酶糊化→冷却→加糖化酶、复合酶糖化→冷却→接种→发酵→二次投料→发酵→过滤→调整酒度、糖度、酸度→成品酒。

采用粉状物料并加入商品糖化发酵剂和复合酶，可使原料利用率大大提高，且工艺简单，机械化程度高，减少厂房和设备的投资，使成本大大降低。

3.5.9 荞麦芽苗菜

芽苗菜也称"活体蔬菜"，包括种芽菜和体芽菜两种类型，种芽菜是指由种子萌发形成的芽苗菜，如豆芽苗、荞麦芽苗、萝卜芽苗等；体芽菜是指直接在植株上长出的幼嫩的芽、梢、幼茎，如香椿芽、苦荞苗菜、豌豆尖等。芽苗菜营养丰富，质地脆嫩，备受消费者青睐。

荞麦（甜荞和苦荞）是一年生草本植物，用荞麦培育出的荞麦芽菜和苗菜纤维少，品质嫩滑，富含多种氨基酸、维生素和芦丁等营养物质，具有软化血管、降低血脂和胆固醇的功效[48]。荞麦芽苗菜可直接与肉、蛋烹炒，凉拌食用，也可将其加工成软包装保鲜菜或干制后超微粉碎作为面包、蛋糕、挂面等食品配料。

3.5.10　功能食品

1. 荞麦保健茶

荞麦保健茶的品种繁多，从原料配方来看，有以荞麦米或花序为单一原料的，也有以种子、叶片等为多种原料的，还有以荞麦和其他药用植物混合为原料的。

1）苦荞米茶

苦荞米茶是将苦荞籽粒经蒸制熟化、干燥脱壳，再经烘炒加工的一种苦荞风味茶。苦荞种皮中富含的营养素与功能成分向内渗透转移进胚乳，干燥脱壳后大部分内种皮仍黏附在苦荞米粒上，营养价值高于传统的加工食品，且色香味俱佳。

2）苦荞花茶

苦荞花茶以荞麦幼花序为原料，经摊青、杀青、热揉、干燥等步骤制成，色泽好，香味浓郁，营养成分丰富。同时，荞麦花茶中还含有部分天然抗饥饿成分，可以减轻饥饿感，减少食物的摄取，长期饮用还具有减肥效果[49]。

2. 荞麦多肽营养饮料

荞麦多肽营养饮料的制备方法包括清洗、浸泡、发芽、破壁、酶解、配料、均质等步骤。将荞麦原料发芽且全胚芽细胞破壁，再生物酶解成含有荞麦多肽、荞麦氨基酸的可溶性荞麦蛋白质复合物后，经配料、均质、无菌灌装制成荞麦多肽营养饮料。该饮料具有诱人的荞麦芽清香味，其氨基酸、芦丁、矿物质含量高，营养成分活性强，与一般的荞麦制品相比，这种饮料更容易被人体吸收，而且消除了荞麦中的过敏原因子。

3. 苦荞黄酮醋软胶囊

苦荞黄酮醋软胶囊是以苦荞醋为基础原料，添加苦荞黄酮配料，采用软胶囊剂型，辅之以红花籽油、卵磷脂等天然辅料开发的新型保健醋产品，其中苦荞黄酮含量可达5%以上。

4. 荞麦芽芦丁胶囊

荞麦经发芽且全胚芽细胞破壁微细化后，经溶剂提取和大孔吸附树脂纯化后，再经速冻和真空冷冻干燥制成荞麦芽粉，最后精制成荞麦芽芦丁胶囊。制备的荞麦芽粉具有荞麦芽的清香味，还含有氨基酸、芦丁等黄酮类化合物，营养成分活性增强，易于人体吸收。

5. 苦荞黄酮泡腾片

苦荞黄酮泡腾片包含苦荞黄酮提取物 12%～18%、酸源 10%～30%、碳源

10%~20%、填充剂 30%~50%、水溶性包合材料 5%~10%、润滑剂 0.1%~0.5%
和甜味剂 2%~6%，所用苦荞黄酮提取物采用生物酶法联合水提取、大孔吸附树
脂纯化、喷雾干燥等工艺制得。该泡腾片制作时采用水溶性包合材料对碳源进行
包合，而酸源与其他组分单独制粒，该方法制得的苦荞黄酮泡腾片的黄酮含量高
且不易受潮。

6. 荞麦麸皮颗粒冲剂

荞麦麸皮颗粒冲剂是以苦荞、甜荞、燕麦麸皮为主要原料，经挤压膨化破壁、
粉碎后，添加苦荞黄酮、D-CI 等提取物配料，经挤压造粒制成的保健产品，其富
含膳食纤维、苦荞黄酮、D-CI、β-葡聚糖等功能活性成分。

参 考 文 献

[1] 康珍, 杨迪, 郝彦蓉, 等. 苦荞转录因子 FtMYB41 的克隆及功能分析. 植物遗传资源学报, 2022, 23(3): 895-905.

[2] 曹丽霞, 赵世锋, 张新军, 等. 高产优质早熟型苦荞新品种冀苦荞 1 号选育及其栽培技术要点. 河北北方学院学报(自然科学版), 2019, 35(5): 46-50.

[3] 范昱, 丁梦琦, 张凯旋, 等. 荞麦种质资源概况. 植物遗传资源学报, 2019, 20(4): 813-828.

[4] 王安虎, 夏明忠, 蔡光泽, 等. 浅议栽培苦荞的地理起源中心. 西昌学院学报(自然科学版), 2008, 22(1): 4-7.

[5] 林汝法. 中国荞麦. 北京: 中国农业出版社, 1994.

[6] 张宏志, 管正学, 刘湘元, 等. 甜荞和苦荞染色体核型分析. 内蒙古农业大学学报(自然科学版), 2000, 21(1): 69-74.

[7] 李昌远, 李长亮, 魏世杰, 等. 云南苦荞品种资源综合评价. 现代农业科技, 2013, (24): 71, 78.

[8] 刘光德, 李名扬, 祝钦泷, 等. 资源植物野生金荞麦的研究进展. 中国农学通报, 2006, 22(10): 380-389.

[9] Tsuji K, Ohnishi O. Phylogenetic relationships among wild and cultivated Tartary buckwheat (*Fagopyrum tataricum* Gaert.) populations revealed by AFLP analyses. Genes & Genetic Systems, 2001, 76(1): 47-52.

[10] 沈伦豪, 任奎, 唐宇, 等. 西藏野生荞麦种质资源的调查与收集. 植物遗传资源学报, 2022, 23(3): 768-774.

[11] 张久盘, 常克勤, 杨崇庆, 等. 基于 ITS 和 RLKs 序列的苦荞种质资源遗传多样性分析. 南方农业, 2020, 14(3): 149-152.

[12] 丁素荣, 生国利, 王会才, 等. 赤峰市发展绿色荞麦产业的资源优势及途径. 内蒙古农业科技, 2010, 38(4): 1-2.

[13] 雷建鑫, 刘云梅, 严柚芬, 等. 药食同源作物荞麦的营养保健价值及栽培技术. 农家参谋, 2019, (1): 58.

[14] 张丽君, 马名川, 刘龙龙, 等. 山西省苦荞品种资源的研究. 河北农业科学, 2015, 19(1):

69-74.

[15] 杜双奎, 李志西, 于修烛. 荞麦蛋白研究进展. 食品科学, 2004, 25(10): 409-414.

[16] 王飞. 苦荞麦营养保健酸奶的研制及品质分析. 呼和浩特: 内蒙古农业大学, 2012.

[17] 王小芳, 董晓宁, 付威君, 等. 苦荞麦化学成分分析及药理作用的研究进展. 国外畜牧学 (猪与禽), 2011, 31(1): 81-83.

[18] 顾涛. 苦荞麸皮总黄酮提取工艺研究. 重庆: 西南大学, 2011.

[19] 勾秋芬. 酿酒酵母发酵对苦荞中 D-手性肌醇含量的影响. 成都: 四川师范大学, 2009.

[20] 王倩. 板栗中黄酮类化合物的研究概述. 今日科苑, 2010, (8): 48.

[21] 王丽, 壮亚峰, 顾逸骋. 八角金盘花中多糖的提取及工艺研究. 广州化工, 2017, 45(5): 52-54.

[22] 程万清, 蒋从清, 程义琳. 芦荟样品中芦荟多糖的含量测定. 医药导报, 2003, 22(8): 574.

[23] 颜军, 孙晓春, 谢贞建, 等. 苦荞多糖的分离纯化及单糖组成测定. 食品科学, 2011, 32 (19): 33-36.

[24] 张余, 黄小燕, 刘昌敏, 等. 苦荞营养保健成分及其食品开发研究进展与展望. 粮食与油脂, 2019, 32(8): 12-14.

[25] 张美莉. 内蒙古特色杂粮燕麦深加工研究进展. 内蒙古农业大学学报(自然科学版), 2022, 43(5): 109-113.

[26] Chen Y, Qin L K, Wen A Y, et al. Three-solvent extracting method comprehensively evaluates phenolics profile and antioxidant activities of Tartary buckwheat. Journal of Food Processing and Preservation, 2021, 45(1): e15020.

[27] Xiao Y, Yang C, Xu H N, et al. Study on the change of flavonoid glycosides to aglycones during the process of steamed bread containing Tartary buckwheat flour and antioxidant, α-glucosidase inhibitory activities evaluation in vitro. LWT-Food Science and Technology, 2021, 145: 111527.

[28] García-Pérez P, Ayuso M, Lozano-Milo E, et al. Phenolic profiling and in vitro bioactivities of three medicinal Bryophyllum plants. Industrial Crops and Products, 2021, 162: 113241.

[29] Lee M S, Shin Y, Jung S, et al. The inhibitory effect of Tartary buckwheat extracts on adipogenesis and inflammatory response. Molecules, 2017, 22(7): 1160.

[30] Zhou X L, Yan B B, Xiao Y, et al. Tartary buckwheat protein prevented dyslipidemia in high-fat diet-fed mice associated with gut microbiota changes. Food and Chemical Toxicology, 2018, 119: 296-301.

[31] Zhao J L, Jiang L, Tang X H, et al. Chemical composition, antimicrobial and antioxidant activities of the flower volatile oils of Fagopyrum esculentum, Fagopyrum tataricum and Fagopyrum cymosum. Molecules, 2018, 23(1): 182.

[32] Dzah C S, Duan Y Q, Zhang H H, et al. Ultrasound-, subcritical water- and ultrasound assisted subcritical water-derived Tartary buckwheat polyphenols show superior antioxidant activity and cytotoxicity in human liver carcinoma cells. Food Research International, 2020, 137: 109598.

[33] Li Y Y, Duan S Z, Jia H, et al. Flavonoids from Tartary buckwheat induce G2/M cell cycle arrest and apoptosis in human hepatoma HepG2 cells. Acta Biochimica et Biophysica Sinica. 2014, 46(6): 460-470.

[34] Zhu F. Buckwheat proteins and peptides: Biological functions and food applications. Trends in

Food Science & Technology, 2021, 110: 155-167.

[35] Cheng F E, Han L, Xiao Y, et al. D-chiro-inositol ameliorates high fat diet-induced hepatic steatosis and insulin resistance via PKCε-PI3K/AKT pathway. Journal of Agricultural and Food Chemistry, 2019, 67(21): 5957-5967.

[36] Peng L X, Zhang Q, Zhang Y H, et al. Effect of Tartary buckwheat, rutin, and quercetin on lipid metabolism in rats during high dietary fat intake. Food Science & Nutrition, 2020, 8(1): 199-213.

[37] Lee C C, Shen S R, Lai Y J, et al. Rutin and quercetin, bioactive compounds from Tartary buckwheat, prevent liver inflammatory injury. Food & Function, 2013, 4(5): 794-802.

[38] Yang Q, Luo C L, Zhang X M, et al. Tartary buckwheat extract alleviates alcohol-induced acute and chronic liver injuries through the inhibition of oxidative stress and mitochondrial cell death pathway. American Journal of Translational Research, 2020, 12(1): 70-89.

[39] Hou Z X, Hu Y Y, Yang X B, et al. Antihypertensive effects of Tartary buckwheat flavonoids by improvement of vascular insulin sensitivity in spontaneously hypertensive rats. Food & Function, 2017, 8(11): 4217-4228.

[40] Ramos-Romero S, Hereu M, Atienza L, et al. The buckwheat iminosugar d-Fagomine attenuates sucrose-induced steatosis and hypertension in rats. Molecular Nutrition & Food Research, 2020, 64(1): e1900564.

[41] 汪玉明, 高国强. 苦荞麦粉加工工艺研究. 粮油食品科技, 2007, 15(4): 8-9.

[42] 黄建初, 李崇高. 苦荞麦保健威化饼的加工工艺. 中国农村科技, 2005, (3): 14-15.

[43] 吴金松, 张鑫承, 赵钢, 等. 新型苦荞茶的加工技术研究. 四川食品与发酵, 2007, 43(3): 55-57.

[44] 刘军秀, 贾瑞玲, 刘彦明, 等. 荞麦产品加工现状分析与建议. 中国果菜, 2020, 40(1): 38-41.

[45] 李正涛, 张忠, 吴兵, 等. 苦荞酸奶的研制. 西昌学院学报(自然科学版), 2006, 20(1): 48-49, 53.

[46] 王静波, 赵江林, 彭镰心, 等. 苦荞发酵食品研究进展. 成都大学学报(自然科学版), 2013, 32(1): 9-11.

[47] 杨丽华, 钟彩霞, 郝瑞霞. 液化法荞麦保健酒的研制. 酿酒科技, 2006, (10): 73-74.

[48] 曹薇, 张春玲, 李保明. 喷洒微酸性电解水对荞麦芽菜生长的影响. 农业工程学报, 2012, 28(9): 159-164.

[49] 焦维娜. 高营养荞麦茶的研究. 西安: 陕西科技大学, 2013.

第4章 藜　　麦

4.1　藜麦概述

藜麦（*Chenopodium quinoa* Willd.）是苋科藜属一年生双子叶植物，原产于南美洲安第斯山脉地区。从公元前 3000 年开始，藜麦就是该地区重要的粮食作物，在印加帝国的粮食作物中处于仅次于玉米的显著地位。但是，在 16 世纪西班牙人统治南美洲地区以后，土豆和大麦等粮食作物逐渐占据主要地位，藜麦种植被极大限制。经过几个世纪的被忽视后，到 20 世纪后半期，藜麦因其营养特性优异被人们再次认识并引起了全世界的广泛关注，并被成功引种到世界各地[1]。藜麦富含蛋白质，必需氨基酸全面且比例均衡，含多种维生素，不含过敏麸质，早在 20 世纪 80 年代就被美国国家航空航天局用于宇航员的太空食品。FAO 推荐藜麦为最适宜人类的全营养食品，并将 2013 年定为"国际藜麦年"，以推动藜麦在全球的推广。作为从南美洲引进的特色杂粮作物，藜麦近几年在我国发展迅速，特别是自 2015 年中国作物学会藜麦专业委员会成立以来，藜麦种植推广迅速，种植面积由 0.33 万 hm^2 增长至 2022 年的 2.11 万 hm^2，总产量预计 3 万 t，已在我国 20 余个省（区）推广应用。随着藜麦种植面积不断扩大，逐渐形成了种质资源研究、品种选育、规模化繁育与推广、产品加工的全产业链体系，藜麦产业在中国呈现出欣欣向荣的发展态势。

4.1.1　藜麦的植物学特性

藜麦植株茎秆为木质中空，高大，叶片互生，叶缘有不整齐齿或呈波形，嫩苗可食用，自花授粉，但也有一定程度的异型杂交，雌雄同株不同体，花色多样，色彩鲜艳，具有观赏价值。种子形状差异较大，有多种颜色，是一种四倍体植物（$2n=4x=36$），单倍染色体数目为 9，有明显的四倍体起源特征，其野生近缘种的染色体数目分为 18、36、54。藜麦籽粒可粮用，茎秆可饲用，幼苗可菜用，全株可供观赏用[2]。

1. 植株性状

（1）叶片。开花期植株中部的叶片形状一般为掌形、心形、菱形和披针形，其中叶片顶端的形状为菱形、柳叶形和三角形，而叶片基部的形状为渐狭形、楔形和戟形，叶片边缘的形态为锯齿状、波状和平滑状。

（2）茎和分枝特性。藜麦的茎在近地表处呈圆柱形，分枝呈尖形。根据基因型及生长环境和土壤条件的差异，茎秆长度一般为 0.4~3m，茎粗一般为 0.4~6.5cm。根据主茎腋芽萌生的一级有穗分枝的多少，植株的分枝性有 4 种，即单枝、有主穗基部小分枝、有主穗基部大分枝和无主穗分枝。

（3）花序。藜麦的穗具有典型花序结构，包括中心花轴、二级花序和三级花序。主花序长度一般为 10~95cm，部分品种资源的花序长度甚至超过 1m。藜麦的另一个重要特征是既有两性花又有雌性花。藜麦主花序一般有单枝形、圆筒形和纺锤形三种类型（图 4.1）。

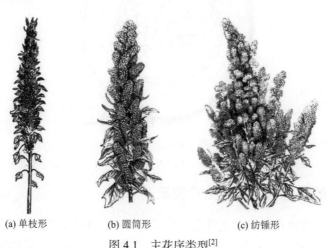

(a) 单枝形　　　　　(b) 圆筒形　　　　　(c) 纺锤形

图 4.1　主花序类型[2]

2. 籽粒性状

1）籽粒形状、颜色和大小

藜麦籽粒成熟后，侧面形状主要有 4 种（图 4.2），即透镜状、圆柱状、椭球形和圆锥形。且呈现多种籽粒颜色，如白色、奶油色、黄色、橙色、粉红色、红色、紫色、褐色、深褐色、茶绿色和黑色等。在生产上，通常根据籽粒颜色分为灰藜、白藜、红藜和黑藜四种。籽粒直径一般为 1.36~2.66mm，百粒重为 0.12~0.60g，具有较大变异性。原产于玻利维亚的"皇家藜麦"籽粒较大（直径一般为 2.20~2.66mm）、品质较好，颇受国际市场的欢迎。

(a) 透镜状　　　　(b) 圆柱状　　　　(c) 椭球形　　　　(d) 圆锥形

图 4.2　藜麦籽粒的形状（侧面）[2]

2）籽粒结构

由图 4.3 可以看出，藜麦的果皮和种皮覆盖整个籽粒，胚是弯生胚珠，包裹在种子的外周，由两个子叶和一个下胚轴-胚根组成。外胚乳作为种子的基体存在于籽粒的中间部分。胚乳仅存在于种子的珠孔区，由 1～2 个细胞层组织围绕着下胚轴-胚根组成[3]。

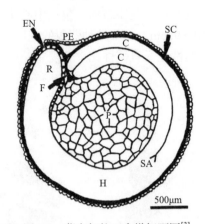

图 4.3　藜麦籽粒正中纵切面图[3]

PE-果皮；SC-种皮；H-下胚轴-胚根；C-子叶；EN-胚乳；F-珠柄，P-外胚乳；R-胚根；SA-苗端

4.1.2　藜麦的起源与原产地生产情况

Willdenow 首次在植物学上将藜麦定义为原产南美洲的物种，据 Buskasov 介绍，藜麦的起源中心应在玻利维亚和秘鲁。整个安第斯山脉及其周围区域均有藜麦分布，即从哥伦比亚南部（北纬 2°）到智利（南纬 47°），海拔从玻利维亚和秘鲁高原的 4000m 区域到智利海平面。现代藜麦的主要种植区域从哥伦比亚南端向南，经厄瓜多尔、秘鲁和玻利维亚，扩展到智利高原和阿根廷北部[3]。根据 FAO 最新统计资料，2022 年玻利维亚、秘鲁和厄瓜多尔三个藜麦主产国种植面积为 19.36 万 hm²，总产量为 15.89t。其中，玻利维亚种植面积为 12.36 万 hm²，居世界第一，总产量为 4.47 万 t；秘鲁种植面积为 6.92 万 hm²，总产量为 11.34 万 t，居世界第一；厄瓜多尔种植面积为 837hm²，总产量为 883.53t。

4.1.3　藜麦在世界范围内的推广种植

20 世纪后半期，藜麦因其营养特性优异、能有效保持农业生态系统多样性、减少世界多个地区的营养不良而被人们再次认识并引起广泛关注，引进藜麦并成为新的种植生产国的数量不断增加。藜麦已被成功引种到欧洲、北美洲、亚洲和非洲等地区。种植国家从 1980 年的 8 个迅速增长到 2010 年的 40 个、2014 年的 75 个、2015 年的 95 个[4]。

1. 欧洲藜麦引进与生产

早在 19 世纪 70 年代，英国就将藜麦引入欧洲。19 世纪 80 年代后期，丹麦开始了小规模试种试验。1993 年欧盟多个成员国发起了"藜麦：欧共体农业多元化的多用途作物"项目，该项目在英国和法国建立实验室，并在英国、丹麦、荷兰和意大利等国家进行藜麦田间试验示范。随后，更多的欧洲国家纷纷参与到藜麦的试种示范中，如瑞典、波兰、捷克、奥地利、希腊和芬兰等国家。在一系列的种植尝试中，波兰的藜麦种植试验较为成功[3]。

2. 北美洲藜麦引进与生产

藜麦在北美洲的商业化种植历史相对较短。1983 年，由科罗拉多州立大学和谢拉布兰卡协会联合在科罗拉多州高海拔地区开始第一次商业化种植。此外，华盛顿州北部和新墨西哥州北部也开始试种藜麦。1988 年，美国北部藜麦生产商协会成立，一个小加工厂开始进行藜麦加工，同时加利福尼亚州和俄勒冈州等地也开始尝试种植生产藜麦。19 世纪 80 年代末至 90 年代初，加拿大阿尔伯塔省种植藜麦成功。2005 年，萨斯喀彻温省种植藜麦近 666.67hm² [3]。

3. 非洲藜麦引进与生产

近年来，以玉米为主食的部分非洲国家，无论是成人还是儿童，都在一定程度上遭受着营养不良的威胁。藜麦凭借着籽粒丰富的蛋白质、脂类以及均衡人体所必需的氨基酸含量，力求消除非洲居民的"隐性饥饿"[5]。20 世纪 90 年代以来，肯尼亚率先引入藜麦，继而马拉维、摩洛哥、布基纳法索、喀麦隆、尼日尔、塞内加尔、乍得、多哥和加纳等国家和地区开展引种试验[4]。同时，非洲部分地区的强雷雨天气容易造成藜麦倒伏。因此，筛选和培育抗倒伏品种是该地区的重要目标之一。

4. 亚洲藜麦引进与生产

藜麦在印度次大陆的种植可以追溯到 150 多年前。目前的藜麦种植主要分布在奇纳布河（Chenab River）、拉维河（Ravi River）、比亚斯河（Beas River）、萨特莱杰河（Sutlej River）和亚穆纳河（Yamuna River）流域，以及孟加拉北部的丘陵地区和印度东北部高海拔地区的几个州。藜麦被视为北印度平原和其他具有类似农业气候和土壤条件的亚热带地区的替代性冬季作物。2007 年，藜麦被引进到巴基斯坦的中部开始种植，经过小面积试验，当地藜麦产量达到每公顷 1.5～2t[6]。

5. 中国藜麦引进与生产

虽然 20 世纪 60 年代中国农业科学院作物科学研究所（原中国农业科学院作物育种栽培研究所）的专家就已经引进藜麦种质资源，但并未开展相关研究。直到 1988 年，由西藏农牧学院从玻利维亚引进 3 份藜麦材料，并开展种植试验。进入 21 世纪后，西藏、甘肃、山西、青海、河北等地均陆续引进试种，筛选出区域适应性较好的品种。2008 年以来，逐渐形成了资源创新与品种选育、规模化种植与推广、生产加工与市场销售的全产业链体系[7]。21 世纪初，藜麦的高营养价值以及优异的抗旱、抗寒和抗盐碱特性在世界范围内被广泛报道以后，迅速引起了中国学者和种植企业的广泛兴趣。尤其是 2013 年以来，不断收集保存藜麦种质资源。2015 年，中国农业科学院作物科学研究所牵头联合多家研究机构、大学和企业成立中国作物学会藜麦专业委员会。在全国各级地方政府和科研院所的推动下，多个省份开始较大规模种植推广藜麦，种植面积和收获产量都在迅速增长（图 4.4）。

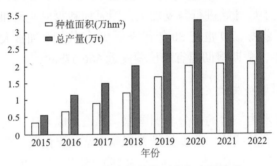

图 4.4　中国藜麦的种植面积与产量趋势

根据中国作物学会藜麦专业委员会统计，截至 2022 年，种植面积靠前的省（区）有内蒙古、甘肃、河北、山西、青海、云南、四川等，全国总种植面积为 2.11 万 hm²，总产量约 3 万 t，仅次于秘鲁和玻利维亚，居世界第三位。通过对引进的种质资源进行驯化栽培，获得了一系列性状稳定的育种材料，部分高产、优质、抗逆的材料在甘肃、青海、内蒙古、河北、山西和四川等地通过地方认定并得以大面积推广种植。在大面积种植的同时，藜麦育种及栽培技术水平也快速发展，形成了适合不同种植区域的栽培方法。

4.2　藜麦营养成分

藜麦具有一些谷类作物特性，作为粮食作物其收获和消费方式与谷物类似，但它不属于禾谷类作物，被称为假谷类作物。藜麦比大多数谷类作物具有更高的营养价值，蛋白质含量更高，氨基酸比例更加均衡；脂肪、蛋白质、纤维素、碳水化合物等营养元素的含量高于大多数谷类作物（表 4.1）[8-10]。藜麦已被美国国家科学研究委员会和美国国家航空航天局评估为一种极富营养特性的食物，将其列为人类未来移民外太空空间的理想"太空粮食"。

表 4.1　藜麦和谷物中主要营养组分含量分析（每 100g 食物）[9]

营养组分	藜麦	水稻	大麦	小麦	玉米	黑麦	高粱
脂肪/g	6.07	0.55	1.3	2.47	4.74	1.63	3.46
蛋白质/g	14.12	6.81	9.91	13.68	9.42	10.34	10.62
灰分/g	2.7	0.19	0.62	1.13	0.67	0.98	0.84
纤维素/g	7	2.8	15.6	10.7	7.3	15.1	6.7
碳水化合物/g	64.16	81.68	77.72	71.33	74.26	75.86	72.09
能量/kcal	368	370	352	339	365	338	329

注：1kcal=4186.8kJ。

4.2.1　蛋白质

藜麦之所以被称为"全营养食物"，主要是因为其蛋白质的含量和质量高，必需氨基酸全面且比例均衡。与其他谷物相比，藜麦蛋白质的含量（14.12%）高于水稻（6.81%）、大麦（9.91%）、小麦（13.68%）、玉米（9.42%）、黑麦（10.34%）和高粱（10.62%）（表 4.1）。不同品种的藜麦蛋白质含量在 7%～22% 不等，目前已知基因型和生长环境会影响其蛋白质含量[3, 11]。通过对籽粒不同部位的含量分析发现，57% 的蛋白质存在于胚，39% 存在于外胚乳，4% 存在于麸皮（包括果皮和种皮）[12]。藜麦的净蛋白利用率是 68%，真消化率（true digestibility，TD）是 95%，生物价（biological value，BV）是 71%，显示了藜麦蛋白质的高质量特性[13]。

藜麦籽粒中的贮藏蛋白主要由白蛋白（2S）和球蛋白（11S）组成，含量分别占 35% 和 37%。藜麦中谷蛋白（12.7%）和醇溶蛋白（0.5%～7%）的含量较低，而麸质是通过小麦中的谷蛋白和醇溶蛋白或者其他谷物中谷蛋白和醇溶蛋白相互连接形成的蛋白质复合物，虽然对面团弹性、面包形状及最终产品的耐嚼质地起着关键作用，但是西方国家有相当比例的人口患有麸质不耐症和乳糜泻。而藜麦籽粒中只含有少量的醇溶蛋白，因此被认为是无麸质的，可用于生产加工无麸质的食品[14, 15]。

蛋白质的质量主要依赖于氨基酸的组成和配比、消化率、抗营养因子的影响以及色氨酸与中性氨基酸的比例。据 WHO 报道，人体自身不能合成需从外界摄取的必需氨基酸有苯丙氨酸、异亮氨酸、亮氨酸、赖氨酸、甲硫氨酸、苏氨酸、色氨酸、缬氨酸和组氨酸（儿童所必需的氨基酸）九种。除组氨酸外，藜麦的八种必需氨基酸与其他人体主要蛋白质摄入食物来源的比较分析见表 4.2[16]。其蛋白质的营养价值与牛奶中的酪蛋白类似[17]。

表 4.2　藜麦、谷物、豆类、肉类和牛奶中必需氨基酸组成及 FAO 标准[16]

（单位：g·100^{-1}蛋白质）

氨基酸	藜麦	水稻	玉米	小麦	豆类	肉类	牛奶	FAO 标准
苯丙氨酸	4.0	5.0	4.7	4.8	5.4	4.1	1.4	6.0
异亮氨酸	4.9	4.1	4.0	4.3	4.5	5.2	10.0	4.0
亮氨酸	6.6	8.2	12.5	6.8	8.1	8.2	6.5	7.0
赖氨酸	6.0	3.8	2.9	2.6	7.0	8.7	7.9	5.5
甲硫氨酸	2.3	2.2	2.0	1.4	1.2	2.5	2.5	3.5
苏氨酸	3.7	3.8	3.8	3.8	3.9	4.4	4.7	4.0
色氨酸	0.9	1.1	0.7	1.2	1.1	1.2	1.4	1.0
缬氨酸	4.5	6.1	5.0	4.4	5.0	5.5	7.0	5.0

在成人每日摄食蛋白质的推荐量中，藜麦可提供组氨酸 180%、甲硫氨酸+半胱氨酸 212%、色氨酸 228%、异亮氨酸 274%、赖氨酸 338%、苯丙氨酸+色氨酸 320%、缬氨酸 323%、苏氨酸 331%[18, 19]。藜麦组氨酸含量高于小麦和大豆，甲硫氨酸+半胱氨酸含量能满足儿童和成人的每日需求量。藜麦蛋白质可提供 FAO/WHO 推荐的 10 岁儿童所需的芳香氨基酸（苯丙氨酸和色氨酸）、组氨酸、异亮氨酸、苏氨酸和缬氨酸的摄入量。藜麦赖氨酸和亮氨酸对于 2~5 岁的孩子是限制性氨基酸，必需氨基酸含量可满足 FAO 推荐的 10~12 岁儿童所需氨基酸摄入量[19]。

4.2.2　碳水化合物

1. 淀粉

淀粉是谷物籽粒中的主要组成部分和主要能源储备，提供人体饮食结构中 70%~80%的热量。人类饮食中所需淀粉的主要来源有两种，一种是谷物籽粒，如玉米、水稻和小麦等；另一种是植物根茎，如马铃薯和木薯等。淀粉是藜麦籽粒中最主要的物质，含量为 30%~70%[20]。藜麦淀粉主要分布在种子的外胚乳细胞中，果皮和种皮覆盖整个籽粒，胚包含两个子叶和一个下胚轴-胚根。外胚乳是籽粒的中间部分，占整个籽粒重量的 58.8%，而淀粉颗粒密集地包裹在外胚乳细胞中[1]。大多数谷物淀粉由约 25%的直链淀粉和 75%的支链淀粉组成。直链淀粉和支链淀粉的比例对淀粉的性质有显著影响，包括凝胶、糊化和老化特性等，低直链淀粉更易让食物产生黏性。碘结合分光光度法/电势测定法、伴刀豆球蛋白 A 沉淀法、排阻色谱法等多种方法用于检测藜麦直链淀粉的含量，大部分结果都低于 10%[20]。

淀粉颗粒按直径大小一般可分为 3 类，即大颗粒(>15μm)、中颗粒(5～15μm)和小颗粒（ <5μm ）。藜麦淀粉颗粒是多边形、有棱角和不规则的，与水稻类似，但直径显著小于小麦、水稻等谷物淀粉颗粒（表 4.3），属于小颗粒[1, 12, 20]。透射电子显微镜分析结果显示，藜麦淀粉颗粒具有一个高密度的均匀外层和一个低密度的核（图 4.5）[21]。淀粉颗粒的大小显著影响着面条的加工特性和质量，淀粉颗粒越小，其所制成的面条质量越好，这可能与小颗粒淀粉具有较高的颗粒表面积有关[1]。藜麦淀粉颗粒常聚合在一起形成聚合物，这些球形或椭圆形的聚合物由 14000～20000 个淀粉颗粒聚合形成，直径为 10～30μm（图 4.6）[12, 22, 23]。

表 4.3　藜麦与其他作物淀粉颗粒大小比较

作物种类	直径/μm
藜麦	0.6～2
籽粒苋	1～2
水稻	2～10
燕麦	2～14
荞麦	2～14
小麦	2～35
黑麦	2～3 和 22～36
大麦	2～3 和 12～32

很多研究都通过 X 射线衍射来分析淀粉结构，不同淀粉颗粒显示出如下 3 种不同的 X 衍射形态类型：A 类型，存在于谷物淀粉中；B 类型，存在于马铃薯、根茎类植物及抗性淀粉中；C 类型，A、B 类型共存，存在于豆类、玉米和马铃薯淀粉的混合物中。与大多数谷物淀粉一样，藜麦淀粉的 X 射线衍射形态为 A 类型，结晶度为 21.46%～43.0%[20]，低于籽粒苋、菠菜和普通玉米淀粉，高于普通大麦、小豆和苍白茎藜淀粉，与蜡质大麦淀粉相当[3, 24]。这种差异主要是由淀粉的组成和化学结构不同引起的，而且直链淀粉能够破坏支链淀粉的微晶结构，因此淀粉结晶度与直链淀粉的含量相关[3]。

图 4.5　藜麦淀粉颗粒透射电子显微镜图[21]

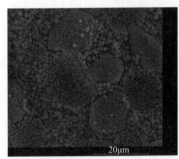

(a) 藜麦外胚乳淀粉颗粒聚合物　　　　　　　　　(b) 藜麦淀粉颗粒

图 4.6　藜麦外胚乳淀粉颗粒聚合物和藜麦淀粉颗粒扫描电镜照片[22, 23]

（a）放大率：5000；（b）放大率：30000

淀粉糊化是一种淀粉遇水加热超过其糊化温度后出现的淀粉颗粒内部分子顺序破坏，出现淀粉粒溶胀、崩溃，形成黏稠均匀的透明糊溶液的现象。淀粉的糊化特性与很多因素有关，包括淀粉颗粒大小、晶体结构类型和比例以及淀粉颗粒的超微结构。藜麦淀粉的糊化温度高于水稻淀粉，低于籽粒苋、玉米、菠菜、小豆、苍白茎藜、高粱、粟米和小麦淀粉，与大麦淀粉相近。而热焓变低于籽粒苋、玉米和小豆淀粉，与菠菜、苍白茎藜和高粱淀粉类似，高于大麦和小麦淀粉[3, 24-26]。相关性分析显示，藜麦淀粉的糊化温度和热焓变与支链淀粉的精细结构相关性很强，支链淀粉的短链越多、长链越少，淀粉的糊化温度就越低[22, 23]。

藜麦淀粉老化度为初始糊化焓的 19.6%～40.8%，其老化度低于苍白茎藜、高粱、粟米、玉米和小麦淀粉，高于籽粒苋淀粉[22, 24]。藜麦淀粉老化度较低的原因可能是其支链淀粉的外链长度较短，延迟了双螺旋结构的形成[27]。另外，藜麦淀粉老化度与短支链淀粉链（聚合度为 6～12）的数量呈负相关，而与长支链淀粉链（聚合度为 13～24）的数量呈正相关[22]。藜麦淀粉具有较强的抗老化特性，为此可作为冰冻食品、香肠、奶油汤、派的馅料和类似于沙拉类乳制产品的原料。藜麦淀粉具有良好的机械性能和拉伸强度，可用于制作手提袋[5]。

2. 糖

藜麦籽粒中大约含有 3%的糖，藜麦面粉中 D-木糖含量最高（120mg·g^{-1}），随之依次是麦芽糖、D-核糖、D-半乳糖、果糖和葡萄糖，由于藜麦中麦芽糖的含量高且葡萄糖和果糖含量较低，可用于婴儿断奶期的配方食品以及麦芽饮料行业[3, 28]。

3. 膳食纤维

膳食纤维被认为是人体膳食和营养的重要物质，并被营养学界补充认定为第七类营养素，和传统的六类营养素（蛋白质、脂肪、碳水化合物、维生素、矿物质、水）并列。藜麦中总膳食纤维含量为 7%～9.7%，主要存在于胚中，可溶性膳食纤维含量为 1.3%～6.1%[19]。美国农业部推荐的每日纤维素摄入量为 25g，作为高纤维食物，藜麦中纤维素含量为每日推荐量的 35.2%～41.2%[1]。由于患有乳糜泻症状病人摄入无麸质的膳食纤维不足，专家推荐饮食中增加富含膳食纤维且无麸质的全谷物食物（如藜麦、籽粒苋等）的比例，以缓解这部分人群膳食纤维摄入不足的问题[15]。

4.2.3 脂类物质

藜麦脂肪含量变化范围为 1.8%～9.5%，平均含量为 3.75%～9.5%[3, 11]，高于玉米（3%～4%）和其他谷物（表 4.1），低于大豆（19%）。与玉米相比，藜麦更适合作为油料作物的替代作物，主要原因是藜麦和玉米籽粒的脂肪多分布在胚中，藜麦胚占整个籽粒重量的 25%～30%，胚包裹在外胚乳的周围，通过碾磨很容易得到，这部分的脂肪含量高达 19%。虽然通过定向育种的方式可以使玉米品种脂肪含量达到 6%～8%，而一般的藜麦品种脂肪含量就处在这一范围内。玉米脂肪含量的增加会导致其淀粉含量的降低，但藜麦脂肪含量与碳水化合物含量没有相关性，与蛋白质含量呈负相关。藜麦籽实中富含中性脂类成分，其中甘油三酸酯含量最多，占 50%以上，分布于整个籽粒，甘油二酸酯次之（占 20%）；而溶血磷脂酰乙醇胺和溶血磷脂酰胆碱（57%）是含量最多的极性脂类物质[3]。

藜麦脂肪的碘值为 54%，虽低于 Repo-Carrasco 等报道的 82.7%[29]，但证明了藜麦脂肪酸中的主要组分是多元不饱和脂肪酸。藜麦脂肪的酸值是 0.5%，过氧化值是 2.44%，表明藜麦脂肪相对稳定，加热或与氧接触后不容易发生氧化。分子质量或脂肪酸链的长度可以用皂化值表示，藜麦油脂的皂化值是 192%，低于黄油（220%～241%）和椰子油（200%～250%），与棉籽油（190%～200%）和大豆油

（190%～194%）接近[28]。

正如前面所述，藜麦能够作为油料替代作物的另一重要特点是含有丰富的人体必需不饱和脂肪酸。藜麦籽粒中的脂肪酸组成见表 4.4[12]，藜麦籽粒中胚的脂肪酸含量（10.2%）比外胚乳、果皮和种皮的含量高。棕榈酸（C16：0）是主要饱和脂肪酸，占总脂肪酸含量的 10.2%。不饱和脂肪酸含量高达 88.9%，主要包括油酸（C18：1）、亚油酸（C18：2）和亚麻酸（C18：3），其中亚油酸（C18：2）为主要成分，占总脂肪酸含量的 52.5%[1]。对藜麦脂肪酸组分进行分析发现，藜麦与玉米、大豆的亚油酸、油酸和亚麻酸等不饱和脂肪酸的含量类似（表 4.5）[8]。

表 4.4　藜麦籽粒中脂肪酸组成和分布　　（单位：干重%）[12]

脂肪酸组成	碎粒	外胚乳	胚	全谷物
总脂肪酸	6.7	5.0	10.2	6.5
饱和脂肪酸				
肉豆蔻酸（C14：0）	0.2	0.1	0.2	0.2
棕榈酸（C16：0）	10.3	10.8	9.5	10.2
硬脂酸（C18：0）	0.8	0.7	0.9	0.8
不饱和脂肪酸				
油酸（C18：1）	25.6	29.5	19.7	24.9
亚油酸（C18：2）	52.0	49.0	56.4	52.5
亚麻酸（C18：3）	9.8	8.7	11.7	10.1
其他	1.3	1.2	1.6	1.4

表 4.5　藜麦、大豆和玉米籽粒中脂肪酸组成 [8]　　（单位：%）

脂肪酸	藜麦	大豆	玉米
饱和脂肪酸			
肉豆蔻酸（C14：0）	0.1～2.4	微量	微量
棕榈酸（C16：0）	9.2～11.1	10.7	10.7
硬脂酸（C18：0）	0.6～1.1	3.6	2.8
单不饱和脂肪酸			
肉豆蔻油酸（C14：1）	1.0		
棕榈油酸（C16：1）	0.2～1.2	0.2	微量
油酸（C18：1）	22.8～29.5	22.0	26.1

续表

脂肪酸	藜麦	大豆	玉米
多元不饱和脂肪酸			
亚油酸（C18：2）（ω-6）	48.1～52.3	56.0	57.7
亚麻酸（C18：3）（ω-3）	4.6～8.0	7.0	2.2

注：脂肪酸分子结构中最远端的甲基碳也叫 ω 碳原子，脂肪酸的碳原子从离羟基最远的碳原子即最远端的 ω-碳原子开始计数。

4.2.4　维生素

　　表 4.6 列出了藜麦与其他谷物的维生素含量比较[8]。藜麦籽粒富含维生素 B_6 和总叶酸，每 100g 藜麦籽粒的含量可以满足儿童和成年人的每日摄入需求。每 100g 藜麦籽粒维生素 B_2 的含量能够满足儿童每日摄入需求的 80%和成人每日摄入需求的 40%[19]。藜麦烟酸含量低于水稻、小麦，不能满足每日摄入需求，但也是一个重要的膳食来源。维生素 E 主要指的是生育酚，包括 α-生育酚、β-生育酚、γ-生育酚、δ-生育酚及 α-生育三烯酚、β-生育三烯酚、γ-生育三烯酚、δ-生育三烯酚等，其通常以 α-生育酚含量当量进行计算和评价。藜麦中维生素 E 的含量高于小麦和水稻，可作为维生素 E 的重要来源[8, 15, 19, 30]。维生素 E 还具有防止脂质氧化的作用，研究发现藜麦脂肪中含有 797.2mg·kg^{-1} 的 γ-生育酚和 721.4mg·kg^{-1} 的 α-生育酚[29]。γ-生育酚的含量略高于玉米油，为此能够保证藜麦油有较长的货架期[1, 8]。

表 4.6　藜麦和其他谷物的维生素含量

维生素	藜麦	水稻	燕麦	小麦
维生素 B_1/（mg·100g^{-1}）	0.40	0.36	0.76	0.50
维生素 B_2/（mg·100g^{-1}）	0.20	0.32	1.39	0.16
烟酸/（mg·100g^{-1}）	1.06	1.52	0.96	4.96
维生素 B_6/（mg·100g^{-1}）	未知	0.49	0.12	0.41
泛酸/（mg·100g^{-1}）	未知	0.77	1.35	0.60
维生素 C/（mg·100g^{-1}）	16.40	未知	未检出	未检出
总叶酸/（μg·100g^{-1}）	78.10	184.00	56.00	44.00
α-生育酚/（mg·100g^{-1}）	2.60	2.44	未知	0.71
β-生育酚/（mg·100g^{-1}）	0.20	0.08	未知	0.23
γ-生育酚/（mg·100g^{-1}）	5.30	4.55	未知	1.91
δ-生育酚/（mg·100g^{-1}）	0.30	0.35	未知	未检出

续表

维生素	藜麦	水稻	燕麦	小麦
β-胡萝卜素/（μg·100g^{-1}）	未知	8.00	未知	5.00
维生素 A/（μg RE·100g^{-1}）	200	1.00	未检出	未检出
维生素 A/（mg·100g^{-1}）	未知	14.00	未检出	9.00

注：RE 指视黄醇当量，retinol equivalent。

4.2.5 矿质元素

藜麦灰分含量（2.7%）远高于水稻（0.19%）、大麦（0.62%）、小麦（1.13%）和其他大多数谷物（表 4.1）[9]。由此可见，藜麦中含有丰富的矿质元素，比其他谷物含有更多的钙、镁、铁、锌、铜，尤其是钙和铁的含量很高（表 4.7）。

表 4.7　藜麦与其他谷物矿质元素的含量比较（单位：mg·kg^{-1} 干基）

	钙	磷	镁	铁	锌	钾	铜
藜麦[14]	1487	3837	2496	132	44	9267	51
藜麦[31]	1100	3600	5000	92	8	9000	9.5
藜麦[30]	874	5350	2620	81	36	12000	10
藜麦[12]	1213	3595	4526	95	8	8257	7
藜麦[29]	940	1400	2700	168	48	未测定	37
藜麦[32]	863	4110	5020	150	40	7320	未测定
藜麦[5]	1274	3869	未测定	20	48	6967	未测定
小麦[14]	503	4677	1694	38	47	5783	7
水稻[14]	69	1378	735	7	6	1183	2
大麦[3]	290	2210	790	25	21	2800	4
燕麦[3]	580	7340	2350	54	31	5660	4
黑麦[29]	490	4280	1380	44	20	未检测	7
小黑麦[29]	370	4870	1470	65	33	未检测	8

表 4.8 列出了藜麦矿质元素在籽粒中不同部分的含量分布，经碾磨后，各种矿质元素损失率不高于30%，钙在麸皮、外胚乳和胚中的分布比较均匀，磷、铁、铜主要存在于外胚乳中，钾、镁、钠主要存在于胚中，而锰和锌主要存在于外胚乳和胚中[12]。利用能量分散型 X 射线和扫描电镜技术分析发现，磷、钾、镁主要存在于胚中，有利于形成植酸和植酸盐球体，因为磷的存在促进植酸的形成，而

钾和镁促进植酸盐的形成。钙和钾存在于果皮中，有利于细胞壁厚度的形成，为此钙和钾被认为与果胶的形成有关（图 4.7）[32]。

表 4.8　藜麦矿质元素在籽粒中不同部分的含量分布[12]

元素	藜麦全谷物	藜麦米	麸皮	外胚乳	胚
钾	8257[a]（100[b]）	6393（71）	29085（29）	3879（28）	11254（43）
镁	4526（100）	4152（83）	9583（17）	2152（29）	7502（54）
钙	1213（100）	918（70）	4813（30）	718（34）	1397（36）
磷	3595（100）	3602（92）	3508（8）	2866（50）	4826（42）
铁	95（100）	92（87）	143（13）	72（48）	113（39）
锰	37（100）	34（81）	108（19）	24（38）	51（43）
铜	7（100）	6（81）	14（19）	5（44）	8（37）
锌	8（100）	8（91）	7（9）	6（48）	11（43）
钠	13（100）	12（79）	32（21）	5（31）	15（48）

注：[a] 各元素在藜麦不同部分的含量（mg·kg⁻¹）；[b] 各元素在该部分含量占总含量的百分比（%）。

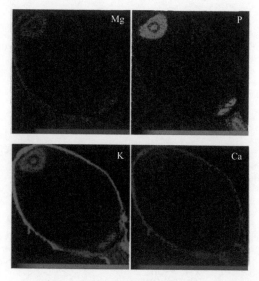

图 4.7　藜麦矿质元素的能量分散型 X 射线电镜扫描图[32]

4.3　藜麦功能成分和生物活性

藜麦籽粒不仅富含优质蛋白质、碳水化合物、脂肪、维生素和矿质元素等营养物质，还含有丰富的皂苷、多酚、黄酮、活性多肽和多糖、甜菜红色素、20-羟基蜕皮激素等功能成分。这些功能成分具有抗氧化、降血脂、增强免疫等的功效，从而可以降低一些慢性疾病的发生风险[8]。

4.3.1　皂苷

1. 成分鉴定分析

皂苷是一大类结构复杂且具有生物活性的天然有机化合物，广泛存在于野生植物和栽培作物中。皂苷有些苦涩，影响食用口感，可与矿物质形成不溶性复合物，从而影响矿物质吸收，通常被认为是藜麦的主要抗营养物质[17]。皂苷主要存在于藜麦籽粒种皮中，根据皂苷含量可分为两类，一类是甜藜，皂苷含量小于鲜重的 0.11%；另一类是苦藜，皂苷含量大于鲜重的 0.11%。甜藜品种籽粒中皂苷含量为 0.2～0.4mg·g^{-1}（干重），而苦藜品种籽粒中皂苷含量为 4.7～11.3mg·g^{-1}（干重）。有研究从藜麦种皮、种子、花和果实中分离鉴定出 20 种三萜皂苷类化合物（表 4.9），这些化合物共有 7 种不同的苷元（图 4.8），其中化合物 11、12、19 在藜麦中含量最多[33]。

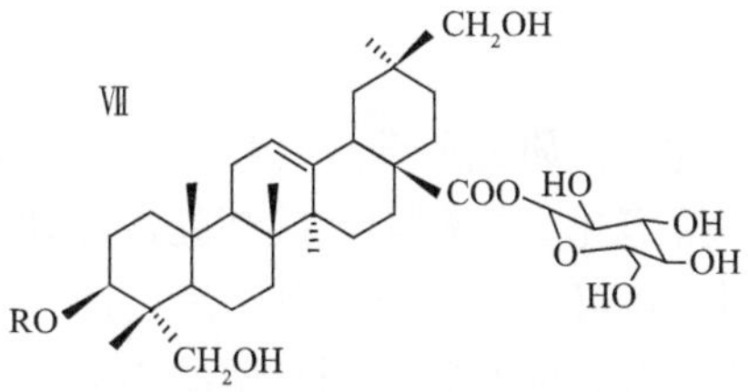

图 4.8　藜麦三萜皂苷的 7 种苷元[33]

Ⅰ：3β-羟基-23-氧代-齐墩果-12-乙二胺-28-酸（3β-hydroxy-23-oxo-olean-12-en-28-oic acid）；Ⅱ：3β-羟基-27-氧
代-齐墩果-12-乙二胺-28-酸（3β-hydroxy-27-oxo-olean-12-en-28-oic acid）；Ⅲ：serjanic 酸（serjanic acid）；

Ⅳ：齐墩果酸（oleanolic acid）；Ⅴ：美商陆酸（phytolaccagenic acid）；Ⅵ：常春藤皂（hederagenin）；

Ⅶ：3β,23,30-三羟基齐墩果-12-乙二胺-28-酸（3β,23,30-trihydroxy olean-12-en-28-oic acid）

表 4.9　20 种三萜皂苷类化合物及在藜麦不同部位的含量分布[33]

化合物	苷元[a]	R[b]	花	果实	种子	种皮
1	Ⅰ	β-D-Glc(1→3)-α-L-Ara	+	+	+	+
2	Ⅱ	β-D-Glc(1→3)-α-L-Ara	+	+	+	+
3	Ⅲ	α-L-Ara	+	+	++	++
4	Ⅲ	β-D-GlcA	+	+	++	++
5	Ⅲ	β-D-Glc(1→2)-β-D-Glc(1→3)-α-L-Ara	+	+	++	++
6	Ⅲ	β-D-Glc(1→3)-α-L-Ara	+	+	+	++
7	Ⅳ	β-D-Xyl(1→3)-β-D-GlcA	+	+	+	+
8	Ⅳ	β-D-Glc(1→2)-β-D-Glc(1→3)-α-L-Ara	+	+	+	+
9	Ⅳ	β-D-Glc(1→3)-α-L-Ara	+	+	+	+
10	Ⅳ	β-D-GlcA		+	++	++
11	Ⅴ	β-D-Glc(1→3)-α-L-Ara	++++	++++	++++	++++
12	Ⅴ	α-L-Ara	+++	+++	++++	++++
13	Ⅴ	β-D-Glc(1→3)-β-D-Gal	++	++		++
14	Ⅴ	β-D-Glc(1→2)-β-D-Glc(1→3)-α-L-Ara	++	++	+	++
15	Ⅴ	β-D-Glc(1→4)-β-D-Glc(1→4)-β-D-Glc	++	++		++
16	Ⅵ	β-D-Glc(1→3)-β-D-Gal	+	+		+
17	Ⅵ	α-L-Ara	+	+	+	+
18	Ⅵ	β-D-GlcA	++	++	++	++
19	Ⅵ	β-D-Glc(1→3)-α-L-Ara	+++	+++	++	+++
20	Ⅶ	β-D-Glc(1→3)-α-L-Ara		+	++	++++

注：[a] 表示图 4.8 中的 7 种不同的苷元；[b] 表示图 4.8 中 7 种不同苷元中的"R"基团；+表示微量；
++表示低含量；+++表示中等含量；++++表示高含量。

2. 生物活性

近年来，藜麦皂苷生物活性研究逐渐成为热点，其具有多种生理功能活性，包括镇痛、抗炎、抗菌、抗氧化、抗病毒、抗细胞毒性和溶血活性，以及免疫刺激性影响和神经保护作用，还可以增加肠道黏膜渗透性，减少脂肪吸收[19]。

皂苷活性受到不同位置糖苷配基官能团骨架的影响，单糖链皂苷可以影响细胞膜的流动性和通透性，高浓度的单糖链皂苷有毒，可以溶解和分解动物细胞，然而，适量的皂苷通过溶解细菌和真菌细胞，具有抗真菌和抗细菌活性，如白色念珠菌[34,35]。藜麦皂苷经碱液处理后能有效抑制菌丝生长和孢子萌发，并且能够破坏真菌细胞膜，这可能与皂苷甾体成分与细胞膜更紧密的连接有关[36]；热碱处理后的藜麦皂苷可显著提高对口腔致病菌的抑制活性[37]。

藜麦皂苷具有较强的抗氧化活性。藜麦种皮醇提取物中含有的三萜烯皂苷和多酚硫醇化合物（抗氧化剂）能够抑制 Cu^{2+}/抗坏血酸对大鼠肝脏微粒体的脂质过氧化作用，其中的还原性物质能够通过降低二硫化合物二聚体的催化活性抑制谷胱甘肽转移酶的活性[38]。

4.3.2 多酚和黄酮类物质

1. 成分鉴定分析

多酚是一类在植物中广泛存在、具有生物活性的次生代谢产物。藜麦籽粒中总多酚含量为 $31.4\sim59.7mg\cdot100g^{-1}$，明显高于小麦、大麦和粟，其中可溶性酚酸含量占 21%～61%。总黄酮类化合物的含量为 $36.2\sim72.6mg\cdot100g^{-1}$；槲皮素和山奈酚是藜麦籽粒中最主要的黄酮类化合物[39]。有研究从三种不同种皮颜色的藜麦籽粒（白色、红色、黑色）中共鉴定了 23 种游离酚类化合物（表 4.10）[40]。黑色藜麦的多酚化合物含量最高，红色藜麦次之，白色藜麦最低。藜麦中阿魏酸的含量低于小麦（全粒），与玉米相当，高于水稻，另外藜麦中的没食子酸、对羟基苯甲酸、香草酸和肉桂酸的含量显著高于全麦、玉米和水稻[41]。而有研究从藜麦种子中鉴定了 4 种黄酮类化合物[42]。

表 4.10　不同种皮颜色藜麦籽粒中的游离酚类化合物含量[40]　（单位：$mg\cdot kg^{-1}$）

编号	化合物名称	白色藜麦	红色藜麦	黑色藜麦
1	3,4-二羟基苯甲酸	未检出	29.82 ± 0.67^a	47.38 ± 1.39
2	对香豆酸-4-葡萄糖苷	未检出	19.34 ± 1.21	31.31 ± 1.88
3	对羟基苯甲酸	15.84 ± 0.72	17.24 ± 0.49	16.97 ± 0.31
4	香草酸-4-葡萄糖苷	23.09 ± 1.75	24.62 ± 1.12	27.39 ± 1.09

续表

编号	化合物名称	白色藜麦	红色藜麦	黑色藜麦
5	2,5-二羟基苯甲酸	0.59±0.06	0.73±0.13	0.28±0.04
6	咖啡酸	4.39±0.02	4.94±0.03	19.61±0.02
7	香草酸	63.45±2.22	70.02±1.71	39.03±2.04
8	表没食子儿茶素	1.55±0.03	2.71±0.04	3.21±0.04
9	表儿茶素	4.62±0.12	3.89±0.11	4.23±0.18
10	香草醛	4.19±0.09	6.65±0.24	8.39±0.39
11	金合欢素/单甲醚/芹黄素-7-甲醚	10.08±0.73	13.33±0.48	16.56±0.55
12	对香豆酸	13.01±0.58	22.73±0.54	29.52±1.06
13	阿魏酸	37.52±2.61	58.41±1.82	47.21±1.77
14	阿魏酸-4-葡萄糖苷	131.97±2.26	151.65±3.17	161.39±0.64
15	异阿魏酸	8.21±0.26	19.44±0.62	12.35±0.49
16	山奈酚-3,7-二鼠李糖苷	20.61±0.94	27.00±1.14	29.41±0.52
17	山奈酚-3-半乳糖苷	24.01±1.42	28.78±1.77	23.32±0.81
18	槲皮素-3-芸香糖苷	57.10±2.76	71.04±1.99	57.63±1.47
19	山奈酚-3-葡萄糖苷	13.29±1.33	16.42±1.58	24.08±1.69
20	槲皮素-3-阿拉伯糖苷	24.97±1.19	26.46±1.28	65.79±0.71
21	槲皮素	5.27±0.82	11.82±0.41	12.99±0.11
22	山奈酚	2.56±0.08	1.18±0.08	1.58±0.07
23	鹰嘴豆芽素	0.67±0.27	6.44±0.45	2.42±0.79
	总酚类化合物	466.99±3.27	634.66±5.87	682.05±4.73

注：[a] 含量重复测定 3 次，数值表示平均值±标准偏差。

2. 生物活性

多酚和黄酮类物质具有多种生物活性，尤其是其是一种天然抗氧化剂，对人体健康有潜在作用。藜麦籽粒和芽苗中总多酚含量与其抗氧化活性呈正相关[42-44]。利用体外模拟消化模型研究藜麦芽苗菜多酚、黄酮类物质含量及其抗氧化活性的变化，发现虽然经过模拟胃、肠消化后，多酚和黄酮类物质含量显著增加，但是真正能被肠道吸收的却很少，其中多酚和黄酮类物质仅为 7.4%～10.8% 和 4.2%～12.4%，其抗氧化活性也随之降低[44]。以大鼠前列腺癌 AT-2 和 Mat-LyLu 细胞为模型评价富含阿魏酸、芥酸和没食子酸的藜麦叶多酚提取物的抗氧化活性，发现可以抑制癌细胞增殖，间隙连接蛋白-43（Cx43）表达量降低，阻碍了细胞间的通信连接作用，抑制了脂肪氧化酶活性和脂肪氧化[45]。研究发现，添加富含多酚类物质的藜麦叶不仅能提高面包的抗氧化能力，而且不会损害其感官品质[46]。藜麦中的酚类和黄酮类物质能够抑制消化系统中的 α-葡萄糖苷酶和胰脂肪酶，具有潜在降低血糖和控制体重的作用[47]。

4.3.3　蛋白质和活性多肽

藜麦蛋白质提取物能够显著降低小鼠血浆和肝脏的总胆固醇水平，主要是由于其能够抑制小肠内胆汁酸的再吸收和能够调控胆固醇的合成与代谢[48]。研究发现，对雄性 Wistar 大鼠饲喂富含必需氨基酸（特别是亮氨酸、异亮氨酸和缬氨酸）的藜麦籽粒酶解提取物能够降低大鼠的饮食摄入量、体重、脂肪沉淀和血中甘油三酯含量，并且不会对大鼠的肝肾产生毒性[49]。

与其他植物饮料相比，富含藜麦蛋白质的饮料具有较低的血糖指数[50]。有研究用斑马鱼幼鱼模型评价藜麦蛋白质提取物对脂质过氧化的抑制作用，发现经肠胃消化后的藜麦蛋白质多肽具有抗氧化活性，可对氧化应激相关的失调症具有很好的预防作用[51]。藜麦蛋白质经碱性蛋白酶水解后的小分子多肽，其自由基清除活性和 ACE 抑制活性增强[52]。有研究分别利用木瓜蛋白酶和微生物木瓜蛋白酶类似酶对藜麦蛋白质提取物（蛋白质含量为 40.73%）进行酶解，发现两种酶解多肽的二肽基肽酶Ⅳ抑制率和抗氧化活性均显著高于藜麦蛋白质提取物[53]。有研究从藜麦球蛋白（11S）和其他藜麦蛋白质中分离和鉴定了 17 种具有抗氧化和抗癌活性的多肽，其中分子质量小于 5kDa 的多肽具有自由基清除活性，而分子质量大于 5kDa 的多肽具有更强的抗癌活性[54]。

4.3.4　活性多糖

越来越多的研究发现，多糖不仅是作为生物体的能量来源和组成部分，而且具有免疫调节、抗肿瘤、抗氧化和降血糖等活性。有研究从藜麦中分离纯化了两种二聚阿魏酸低聚糖，并利用液质联用和一维、二维核磁共振技术进行了结构鉴定，发现二聚阿魏酸介入了阿拉伯聚糖链分子内和/或分子间的交联，并可能对藜麦细胞壁的结构形成具有重要影响[55]。另有报道从藜麦籽粒中分离纯化四种藜麦细胞壁多糖，这四种多糖的主要差异是分子量及鼠李糖和半乳糖醛酸含量的不同，动物试验发现这些多糖具有抑制急性酒精性胃黏膜损伤的活性[56]。给 Wistar 大鼠饲喂含有 $310g \cdot kg^{-1}$ 藜麦淀粉的高糖饲料 5 周后，能够显著降低血清总胆固醇、低密度脂蛋白、甘油三酯、血糖以及血浆总蛋白水平，从而降低高糖饮食对血脂和血糖水平所产生的不良影响[57]。藜麦中非淀粉类多糖为降血脂的主要活性成分，当日服剂量达到 5～$10g \cdot kg^{-1}$ 并连续饲喂 1 个月后，大鼠中血清甘油三酯、总胆固醇和低密度脂蛋白含量比对照组显著降低[58]。

研究人员从藜麦中分离纯化鉴定出中性多糖（SQWP-2）和碱性多糖组分（SQAP-2）[59, 60]。利用气质、核磁等技术结构表征发现 SQWP-2 主要的糖残基键为→4）-α-D-Glcp-（1→：→4,6）-α-D-Glcp-（1→：β-D-Fru-（2→：α-D-Glcp-1→，其比值接近 19：4：8：1，主链连接方式为→4）-α-D-Glcp-（1→糖苷键，而末端基团 α-D-Glcp-（1→和 Fru-（2→）通过 O-6 与主链结合；细胞试验发现该组分具有减肥活性[59]。而 SQAP-2 是一种新型低分子质量葡聚糖，由平均分子质量为 $2.02×10^3$ Da 的葡萄糖组成，体外活性评价试验发现该组分具有较强的抗氧化活性[60]。另有研究从藜麦中分离纯化了一种具有较强免疫调节和抗癌活性的藜麦多糖（分子质量为 8852Da）[61]。藜麦中的阿拉伯聚糖、果胶多糖具有保护胃黏膜、抗溃疡的作用[62]。另外，以藜麦淀粉为主要原料制成的含有金纳米粒子的活性生物膜对 99%的大肠杆菌和 98%的金黄色葡萄球菌具有较强的抗菌活性，用于食品包装中可延长保质期[63]。

4.3.5　其他功能成分

甜菜苷是一种天然的水溶性含氮色素，主要分为甜菜红素和甜菜黄素，可作为化妆品和药品中的着色剂。Tang 等[40]首次从红色藜麦和黑色藜麦中分离鉴定出了甜菜红素（甜菜苷和异甜菜苷）（图 4.9），证明了有色藜麦中的色素并非花色苷。基于紫外可见吸收光谱技术测得藜麦中总甜菜红素的含量为 1.5～61mg·kg^{-1}[39]。近年来，其营养功能活性受到关注，可作为活性氧清除剂，能够抑制低密度脂蛋白氧化和 DNA 损伤等。

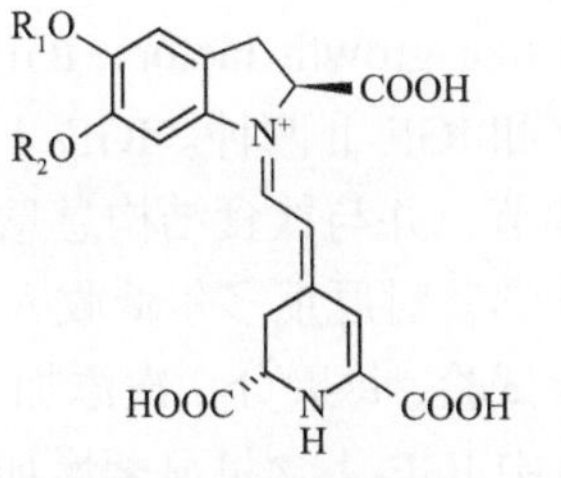

甜菜苷：R_1=葡萄糖，S构型，R_2=H
异甜菜苷：R_1=葡萄糖，R构型，R_2=H

图 4.9　红色藜麦和黑色藜麦中甜菜红素的化学结构式[40]

角鲨烯（三十碳六烯）、植物甾醇以及生育酚（维生素 E）是存在于食物中不能皂化的脂类物质。角鲨烯是整个类固醇家族的生化合成前体，藜麦中角鲨烯的含量为 33.9～58.4mg·100g^{-1}[64, 65]。人体每日摄入植物甾醇的推荐剂量为 0.8～1.0g，它是日常膳食中降低人体低密度脂蛋白和维持心脏健康的重要物质[19, 65]。

藜麦中植物甾醇的含量为 118mg·100g^{-1}，主要的植物甾醇有 β-谷甾醇、菜油甾醇、菜籽甾醇和豆甾醇[66]，而三烯生育酚在维持心血管系统健康和预防癌症等方面具有重要作用。

蜕皮激素又称为植物性蜕皮甾类，在日常膳食来源中只有少数藜属植物（如菠菜、藜麦）含有蜕皮激素，主要包括 20-羟基蜕皮激素、罗汉松甾酮和坎考尔甾酮 3 种[67, 68]。20-羟基蜕皮激素是植物中最主要的一种植物蜕皮甾醇物质，具有抗氧化、降血糖、减肥等多种生物活性。藜麦籽粒中的 20-羟基蜕皮激素含量为491μg·g^{-1}，而麸皮中含量最高，为 662～760μg·g^{-1}（占总含量的 50%～60%）。20-羟基蜕皮激素具有较好的热稳定性，以藜麦为原料的食品中仍含有大量的保留原始结构的蜕皮激素[69]。以肥胖小鼠为动物模型，饲喂藜麦籽粒 20-羟基蜕皮激素提取物，发现其空腹血糖水平显著降低[70]。给肥胖小鼠饲喂富含 20-羟基蜕皮激素的藜麦提取物 3 周后，能够减少体内的脂肪组织且体重不增加[71]。

4.4　藜麦与人体健康的关系证据

藜麦富含的膳食纤维、矿质元素、维生素、不饱和脂肪酸以及黄酮、多酚等营养功能成分具有较高的营养价值、功能保健活性，并且无麸质，可作为高风险和特殊人群（如儿童、老年人、运动员以及不耐乳糖、女性骨质疏松症、贫血、糖尿病、血脂异常、肥胖、麸质过敏症等特殊人群）的专用食品[5, 17, 39, 57, 72]。

4.4.1　儿童营养改善

胰岛素样生长因子（insulin-like growth factor，IGF）是一组具有促生长作用的多肽类物质，IGF 族有 IGF-Ⅰ和 IGF-Ⅱ两种。IGF-Ⅰ产生于肝脏中并受生长激素、胰岛素和机体营养状况的调节，并与饮食结构息息相关，其促生长作用强，是儿童期的重要生长因子。国外学者对厄瓜多尔低收入家庭的 40 个 50～65 月龄大的男孩进行添加藜麦辅食临床试验，每天分 2 次添加 100g 藜麦辅食，共 15 天，结果发现与对照组相比，其血浆中 IGF-Ⅰ含量显著增加，由此说明，藜麦婴儿辅食能够提供充足的蛋白质和其他必需营养因子[13]。

4.4.2　辅助降血脂

临床试验证明，每日食用 50g 藜麦可降低肥胖人群中的血清甘油三酯水平[73]。22 名年龄在 18～45 岁的志愿者日常食用含藜麦谷物棒 30 天后，其总胆固醇、甘油三酯、低密度脂蛋白的含量显著降低，此外，血糖、血压和体重也降低了[74]。另有研究以 35 名绝经后的超重妇女为试验对象，每天食用 25g 藜麦片或玉米片 4

周发现，食用藜麦片人员的血清甘油三酯显著降低，总胆固醇和低密度脂蛋白的含量也呈现降低趋势，谷胱甘肽含量则呈现增加趋势[75]。

4.4.3　辅助降血糖和减肥

2 型糖尿病患者食用含有低血糖生成指数的藜麦饮食 6 个月后，体内糖化血红蛋白含量降低 0.5%，高密度脂蛋白显著增加[76]。通过对 110 名中年人群（22名糖尿病患者，88 名非糖尿病人群）进行调查问卷分析，与非糖尿病人群相比，糖尿病患者通过食用更多的谷物（藜麦、籽粒苋和卡尼瓦）来减少小麦面粉的摄入，体重指数正常的人群日常食用谷物多于肥胖和超重人群[77]。而另一项研究以37 名年龄在 35～70 岁健康但超重（体重指数>25kg·m^{-2}）的男性为研究对象，发现短期内每日食用 20g 藜麦（含有 20%藜麦的小麦面包）尽管能够降低血糖水平，但并不能显著改善心血管疾病，可能需要长期食用或加大每日食用量[78]。

4.4.4　防治麸质过敏症

为了研究食用藜麦对成人麸质过敏症（乳糜泻）的影响，研究人员让 19 名乳糜泻症状的患者每日摄入 50g 藜麦（无麸质饮食结构的一部分）6 周，发现这些患者表现出较好的耐受性且病症没有恶化。试验结果显示出其对组织学参数有较好的改善趋势，其绒毛高度与隐窝深度的比值由略低于正常值水平（2.8∶1）逐渐改善到正常值水平（3∶1），表面肠上皮细胞高度由 28.76μm 改善到 29.77μm，每 100 个肠上皮细胞中上皮内淋巴细胞数从 30.3 降低至 29.7[79]。

4.5　藜麦加工与利用

从远古时期，藜麦就已被南美洲地区的土著居民加工和食用，古印加人称之为"粮食之母"，并将其看成神灵的赐物，具有神圣的地位[17]。藜麦还被认为是一种保持精力、促进健康和提高耐受力的食品。安第斯山区当地农民经常食用一种用藜麦茎秆制作的辛辣粉末和可可叶子加工成的食品"llipta"来维持体力。为了能够在高海拔的安第斯山区跋涉，古印加军队经常食用一种用藜麦和脂肪制成的能量棒[80]。藜麦籽粒的加工和食用方式与水稻类似，可以做成面粉、汤、膨化成早餐麦片或生产酒精饮料，而藜麦面粉可以通过烘焙加工成各种各样的食品，如面包、曲奇、饼干、面条、意大利面、薄烤饼和圆饼等[5]。藜麦还可以部分替代大麦麦芽发酵制作啤酒，或者是制作一种叫"吉开酒"（chicha）的酒精饮料，用于南美洲的宗教仪式[81,82]。藜麦幼苗富含丰富的营养和功能成分，可以作为新型营养蔬菜食用[83]。藜麦还有许多医用用途，如处理创伤、骨折和促进消化等[5,82]。

随着发达国家藜麦的主食化和多元化需求的发展，新的藜麦产品不断涌现，2011 年法国一有机食品店内销售的藜麦产品就多达 13 种[3]。目前国内企业生产加工的藜麦产品主要为藜麦米。随着藜麦主食化和多样化的发展，新的藜麦产品也在不断涌现，极大地促进了藜麦消费。部分企业生产了藜麦面粉、面条、藜麦片、饼干、蔬菜、黄酒、白酒、醋、酸奶、沙拉等产品。另外，还以藜麦为主要原料开发了藜麦菜肴，如藜麦蛋炒饭、藜麦海参粥、炝炒藜麦蔬菜、藜麦馅饺子等。但由于藜麦在我国的食用历史不长，且缺少相关国家级或行业性质的质量标准，在办理食品生产许可时无法得到质检部门的批准。2015 年，国家粮食局发布了我国第一个藜麦质量标准，即《藜麦米》（LS/T 3245—2015），其可为藜麦米的生产提供质量控制依据，自此以后藜麦米才得以进入商场和超市销售[7]。

无论在藜麦原产地的南美洲国家，还是在北美洲、欧洲以及亚洲的新兴消费市场，藜麦的主要消费形式依旧是以藜麦米作为商品流通，即收获后的藜麦原粮经过去皮、去皂苷以后获得的初加工而形成的商品。但是，随着对藜麦营养和功能价值的研究深入，各种藜麦精深加工产品和工艺研发也备受关注。

4.5.1 初加工对藜麦产品品质和营养功能特性的影响

1. 干燥脱水

由于藜麦收获期多选择于完熟前期，收获后的藜麦籽实水分含量较高，不适宜直接储存，否则会导致微生物的繁殖和营养品质的损失。对于小面积种植的藜麦，收获后在自然晾晒条件下就可以风干到能够长期保存的含水量。当大面积种植时，籽粒脱水多采用热空气烘干的方式（控制温度为 50～130℃），但是当前缺乏必要研究，具体的烘干标准还未形成。根据国外学者的研究，当烘干温度逐渐升高（从 40℃升到 80℃）时，藜麦籽粒的蛋白质、脂肪、纤维素和灰分逐渐减少（10%～27%），而主要糖类物质蔗糖的含量在 80℃条件下降低了 56%，钾元素也显著降低[84]。当温度从 40℃升到 70℃时，总酚类化合物的含量显著升高，而类胡萝卜素、叶黄素等都在中等烘干温度范围内（60～70℃）呈现最高值，因此中等烘干温度被认为是烘干藜麦种子过程中能够有效保存营养物质的最优温度[85]。

2. 去除皂苷（制米）

藜麦果皮中含有丰富的皂苷是其味苦的主要原因，加工藜麦米的过程需要通过水洗法或者机械研磨的方法将之去除。水洗法是传统的除皂苷方法，去除皂苷效果较好，缺点是需要消耗大量的水资源，容易造成水污染，且水洗后必须干燥。此外，籽粒极易由于水分含量的升高而产生胚芽萌动。与水洗法相比，机械研磨能够较好地去除皂苷，但是对籽粒的破损程度更大，尤其在研磨下胚极易破碎而从籽粒上脱落。20 世纪 90 年代，国外采用石磨进行研磨，结果发现 30%～40%的籽实都被当成麸皮研磨掉才能达到食用粮的标准[86]。研究人员评估了 20% 和 30% 研磨率下籽粒中皂苷和多酚含量的变化，虽然 20% 的研磨率可以很好地保存籽粒的完整度，皂苷含量（129.8mg·100g^{-1} 干重）虽减少 50% 以上，但仍高于苦味阈值（110mg·100g^{-1} 干重）；而 30% 的研磨率对籽粒损伤较大，皂苷含量由 244.3mg·100g^{-1} 降低至 50.88mg·100g^{-1}，低于苦味阈值，但是游离酚和结合酚类化合物分别减少 21.5% 和 35.2%[87,88]。这说明，如果机械研磨不当，去除皂苷的同时会造成籽粒损伤，并影响藜麦米的质量。国家粮食行业标准《藜麦米》（LS/T 3245—2015）将藜麦米定义为由藜麦经加工脱壳制成的米，质量指标主要包括不完善粒含量、杂质含量、碎米率、水分含量以及色泽、气味等方面（表 4.11）。

表 4.11　藜麦米质量标准

不完善粒含量/%	杂质含量			碎米率/%	水分含量/%	色泽、气味
	总量/%	其中				
		藜麦粒/%	矿物质/%			
≤3	≤1	≤0.35	≤0.02	≤3	≤13	正常

资料来源：《藜麦米》（LS/T 3245—2015）。

3. 制粉

在日常消费中，除了直接蒸煮食用藜麦米，通常采用籽粒研磨的方式获得藜麦粉来进一步加工成产品。在藜麦面粉研磨过程中，麸皮的研磨程度一直是研究焦点，原因在于尽管藜麦种皮上含有味苦的皂苷，但其也是含有营养物质最丰富的部位，在加工过程中尽量保持藜麦的麸皮可以有效保留藜麦的营养物质。利用实验室辊磨机来对藜麦进行去种皮磨粉，40% 以上富含蛋白质和脂肪的种皮部分都被磨掉，而保留下来磨成面粉的多为富含淀粉的胚乳，营养物质大大流失[31]。利用辊磨机和平筛机组合来研磨藜麦粉，可以充分分离富含淀粉层、中间层和蛋白质的粗面粉层[89]。国外利用大型加工设备来加工藜麦粉，当利用 150g·kg^{-1} 水分对籽粒进行前处理后，获得的藜麦粉直径可达到平均粒径，为 187.7μm，但是蛋白质的含量从全麦的 12.5% 下降到 3.55%[90]。根据小麦等作物的研磨参数，谷物研磨的前处理是影响研磨质量的重要步骤之一，尤其是对于胚围绕籽粒外围的藜麦来说，经过前处理的胚和胚乳更容易研磨分离，对避免营养物质破坏和后续功能性物质提取有极大的改善作用。

国家农业行业标准《藜麦粉等级规格》（NY/T 4068—2021）规定了藜麦粉的术语和定义、等级规格要求、检验方法和规则等，并将藜麦粉分为特级、一级和二级 3 个等级（表 4.12）。

表 4.12　藜麦粉等级划分

项目	等级		
	特级	一级	二级
灰分/%		≤3	
蛋白质/%	≥15	≥12	≥10
皂苷/%	≤0.2	≤1	≤2
含砂量/%		≤0.02	
磁性金属物/（g·kg⁻¹）		≤0.003	
水分/%		≤13	
脂肪酸值（干基，以 KOH 计，mg·100g⁻¹）		≤150	
外观		色泽正常、无结块	
气味		具有藜麦粉固有的气味	

资料来源：《藜麦粉等级规格》（NY/T 4068—2021）。

4.5.2　精深加工对藜麦产品品质和营养功能特性的影响

1. 不同提取纯化工艺对藜麦营养物质和功能成分的影响

就营养物质提取工艺来看，藜麦粉中提取蛋白质的方法较多，传统湿法分馏的蛋白质提纯工艺较为普遍，即先使用有机溶剂去除脂类物质，再用碱类物质从脱脂面粉中溶解蛋白质，以及用酸类物质来纯化蛋白质[91]。然而，该方法消耗大量的水和能量，而且经常导致蛋白质变性。相比之下，干燥分馏蛋白质的方法是把充分研磨的藜麦粉利用风力的方式使富含蛋白质的粒子分离出来，该方法可以较好地保存蛋白质的特性，更温和并可持续，但缺点是获得的蛋白质纯度较低[92]。国外学者将干燥分馏和湿法分馏相结合，加工而成的蛋白质纯度为 59.4%（干重），提取率达到 62.0%，比湿法分馏节省 98%的水[91]。

在提取和加工过程中，藜麦蛋白质的理化性质和功能特性易受多种工艺参数的影响，除了上述提及的萃取溶剂，还包括提取过程中的 pH 和加工温度等。研究人员分别在 pH 为 9 和 pH 为 11 的条件下提取分离得到两种藜麦蛋白质提取物（Q9 和 Q11），并分析了其理化和功能特性：利用十二烷基硫酸钠聚丙烯酰胺凝胶电泳（sodium dodecyl sulphate-polyacrylamide gel electrophoresis，SDS-PAGE）和扫描电子显微镜（scanning electron microscope，SEM）分析发现两种蛋白质的结构类似；Q9 比 Q11 具有更强的热稳定性；在 pH 为 3~4 时，两种蛋白质的溶解性类似，而当 pH > 5 时，Q11 的溶解性低于 Q9。两种蛋白质的持水性相似，而 Q11 的吸水能力是 Q9 的 2 倍[93]。另外，水热处理对藜麦蛋白质的水合性质（溶解度和黏度）、表面性质（起泡和泡沫稳定性、乳化和乳化稳定性）和结构特性（凝胶性）有显著的影响[94]。

藜麦多酚和黄酮类化合物的提取方法相对多样化，例如，以乙醇作为溶剂将多酚类物质从藜麦叶片中提取出来，乙醇浓度为 83%，料液比为 1∶20（g·mL^{-1}），在 80℃水浴条件下浸提 1.12h 时最佳[95]。而以藜麦籽粒为原料进行多酚提取时，乙醇浓度为 56%、料液比为 1∶40（g·mL^{-1}）、浸提温度为 84℃为最佳提取条件，得到的提取物中多酚含量为 2.27mg·g^{-1}，该研究还发现，提取溶剂是影响功能性物质提取得率的关键因素[96]。采用超声法提取藜麦黄酮的最佳提取工艺研究结果表明，最佳提取工艺为料液比为 1∶50（g·mL^{-1}）、乙醇浓度为 80%、提取温度为 50℃、提取时间为 30min、超声功率为 240W[97]。

2. 不同加工工艺对藜麦食品的营养和功能品质的影响

发芽萌动是一种绿色高效的非热加工技术，能够提高谷物籽粒的营养功能品质、感官品质，改善消化特性等。发芽处理能够破坏藜麦淀粉颗粒的有序结构，降低淀粉含量和相对结晶度，增加直链淀粉的溶出率，降低淀粉的回生率和峰值黏度。不同藜麦品种的直链淀粉链长分布和支链淀粉精细结构对发芽处理的响应有差异[98]。通过对添加不同比例的藜麦粉制成的面条进行分析，添加藜麦粉（特别是发芽处理）可以显著增加面团中的游离巯基含量，促进谷蛋白 β-转角转化为 β-折叠，破坏谷蛋白网络结构的连续性，形成明显的网络缺陷和孔隙；谷蛋白网络结构的破坏可能是淀粉消化特性改善，影响面条蒸煮和质构特性的原因；综合品质分析和感官评价发现，添加 20%发芽 24h 藜麦粉制成的面条具有较好的营养品质、加工品质和感官品质[99]。

经过蒸煮、挤压等传统热加工的藜麦食物，在美拉德反应等的影响下，营养组分会发生结构性变化，进而影响营养品质和功能。研究评估了常压蒸煮、高压蒸煮、微波蒸煮三种蒸煮方式对藜麦米饭的营养特性和风味物质的影响，结果表明，常压蒸煮藜麦籽粒（与其他两种方法相比）可保留较多的维生素（维生素 B$_1$ 和 B$_2$），有较低的淀粉水解指数，可产生更多的风味物质，说明常压蒸煮对保留藜麦的营养物质有益；但在酚类物质的保留上，常压蒸煮不及高压蒸煮[100]。高压蒸煮能有效保留多酚含量，其抗氧化性也是最强的[101]。除此之外，水洗和烘烤也是藜麦食品加工过程中的常用手段，经过水洗浸泡能够去除皂苷，但是多酚含量也会相应减少。而烘烤对去除皂苷的影响不大，但是对总多酚的含量及其活性的破坏非常严重[101]。在制作藜麦食品时，藜麦粉经常与其他面粉（如玉米粉、小麦粉等）进行混合烹制来改善食物的品质和营养。当 20%～50%的藜麦粉与玉米粉混合生产小吃时，在 140～160℃和 200～500r/min 转速条件下的膨化挤压可以使脂肪酸和生育酚的含量显著降低，而对总多酚和叶酸含量影响不大[102]。而当

0%～30%的藜麦粉与小麦粉混合制作馒头时，馒头的比容和径高比均有所增大，藜麦粉对馒头的弹性、咀嚼度、色香和口感都起到了显著的改善作用[103]。当藜麦粉与小麦粉混合制作面包时，当藜麦粉添加量为15%时，面包硬度最小而弹性最大，是制作面包的最优比例[104]。Wang 等总结了不同研究中不同加工工艺和配方对添加藜麦粉制成的面包、意大利面、零食小吃和早餐麦片中营养和功能品质的影响（表 4.13）[105]。

表 4.13　含有藜麦的不同食品的配方、加工工艺及其营养、功能特性分析[105]

产品名称	原料的营养、功能特性	配方和热加工工艺	主要营养、功能特性相关的试验结论
面包（藜麦粉+小麦粉）	藜麦粉：总多酚 2.8mg·g^{-1}干重，总黄酮 92 μg·g^{-1} 干重；抗氧化活性：铁离子还原/抗氧化能力（ferric reducing/antioxidant power，FRAP）58.7mg Trolox.100g^{-1} 干重，DPPH 自由基清除能力 6.22mmol Trolox. kg^{-1} 干重	配方：藜麦粉 15%、30%，糖 3.3%，盐 3.3%，酵母 1.7% 热加工：烘焙（180℃、50min）	与 100%小麦面包相比： ①添加 15%藜麦粉时,总多酚、总黄酮、FRAP 和 DPPH 抗氧化能力分别增加 11%、36%、11%和−47%； ②添加 30%藜麦粉面包时，总多酚、总黄酮、FRAP 和 DPPH 抗氧化能力分别增加 49%、41%、20%和−40%
面包（藜麦粉+小麦粉）		配方：小麦粉 80%、85%、90% 和 100%，藜麦籽粒 10%、15%、20%，酵母 3%，盐 2% 热加工：烘焙（200～220℃、21min）	与 100%小麦面包相比： 添加 20%的藜麦籽粒时，总蛋白质、脂肪、粗纤维、K、Fe 和 Mg 的含量分别增加 16%、10.3%、185%、17%、48%和 73%；水分、灰分和淀粉含量分别降低 5%、13%和 4%；赖氨酸、蛋氨酸和组氨酸分别增加 26.5%、8.8% 和 9.8%
面包（藜麦粉+小麦粉）	藜麦籽粒：总多酚 71.7mg·100g^{-1} 干重 DPPH 自由基清除能力 57.7mg Trolox.100g^{-1} 干重；铁离子还原/抗氧化能力（FRAP）多酚类物质：原儿茶酸 9.7μmol·100g^{-1} 干重；香草酸衍生物 4.9μmol·100g^{-1} 干重 黄酮类物质：山柰酚苷 36.7μmol·100g^{-1} 干重；槲皮素苷 43.4 μmol·100g^{-1} 干重	配方：藜麦籽粒 50%和 100%（制粉），大米粉（只有用 50%藜麦时添加），植物油，面包用脂肪，黄原胶，新鲜酵母，盐，糖，藜麦芽 热加工：烘焙（220～250℃、20min）	与 100%小麦面包相比： ①添加 50%的藜麦籽粒时，总多酚、DPPH 清除能力、TE DPPH 和 FRAP 分别增加 5%、24%、19%和 13%，检测出 2 种黄酮类物质（槲皮素苷 7.1μmol·100g^{-1} 干重和山柰酚苷 7.7μmol·100g^{-1} 干重），酚酸类物质未检出； ②添加 100%的藜麦籽粒时，总多酚、DPPH 清除能力、TE DPPH 和 FRAP 分别增加 90%、24%、19%和 6%，2 种黄酮类物质（槲皮素苷 17.1μmol·100g^{-1} 干重和山柰酚苷 19.2 μmol·100g^{-1} 干重）；③与未发芽籽粒相比，藜麦苗中总多酚、DPPH 清除能力、TE DPPH 和 FRAP 分别增加 105%、3%、−13%和 70%

续表

产品名称	原料的营养、功能特性	配方和热加工工艺	主要营养、功能特性相关的试验结论
面包（藜麦芽+大米粉+马铃薯粉）		藜麦发芽和制作发芽粉：①浸泡5h；②15℃下发芽24h；③45℃、50℃、55℃和65℃下烘干；④去掉子叶；⑤磨粉，0.25mm过筛 配方：大米粉50%，马铃薯粉50%，酵母2%，水90%（基于面粉量），乳清分离蛋白10%，植物油6%，盐2%，黄原胶0.3%，羟丙基甲基纤维素0.3%，藜麦芽粉1%、2.5%、5% 面包制作：混合2min，发酵30min（30℃，85%湿度），烘烤45min（190℃）	藜麦芽：蛋白质水解活性降低28%，α-淀粉酶活性没有显著影响； 添加藜麦芽粉的面包：烘焙特性无显著影响，对面包或面糊的密度无影响
意大利干面条（藜麦粉）		配方：羧甲基纤维素钠0.1%、0.2%、0.3%；乳清分离蛋白0.1%、0.2%、0.3%；预胶凝法粉5%、10%、15%；酪蛋白0.1%、0.2%、0.3%；壳聚糖0.1%、0.2%、0.3%；藜麦粉69.7%、69.8%、69.9%；预胶凝藜麦粉5%、10%、15%；制作：揉捏15min	与小麦相比，藜麦面团储能模量（G′）降低6.3%，损失模量（G″）降低97.6%，损耗角正切值tanδ降低35.1%；与小麦面团相比，含有预胶凝淀粉的藜麦面团在流变学特性方面没有明显差异
意大利式细面条		配方：藜麦粉15%、20%、30%、60%、70%；鹰嘴豆粉5%、10%；蚕豆粉10%；玉米粉10%、50%、65%；食用大豆粉5%；预胶凝藜麦粉10%、15%、30%	添加预胶凝藜麦粉，增加了藜麦面团的伸长率和剪切黏度，增加了面条的蓬松和黏性；添加食用大豆粉，增加了藜麦面团的伸长率和剪切黏度、硬度；干的或者熟面条的感官性状没有改进
零食小吃（藜麦粉+玉米粉）	膳食纤维11.5%	4种配方：20%卡尼瓦（藜属植物）/80%玉米，20%藜麦/80%玉米，20%籽粒苋/80%玉米，100%玉米 热加工：挤压膨化	最终产品中膳食纤维含量由高到低依次为：20%卡尼瓦/80%玉米＞20%藜麦/80%玉米＞20%籽粒苋/80%玉米＞100%玉米
早餐麦片（小麦粉+大米粉+藜麦粉）	藜麦粉：谷氨酸727mg·kg^{-1}，γ-氨基丁酸89mg·kg^{-1}	配方：藜麦粉3.6%； 热加工：挤压膨化	与未添加藜麦粉相比：添加藜麦粉后，挤压膨化前、挤压膨化后以及切片三个加工过程的谷氨酸和γ-氨基丁酸含量分别增加了192%和122%、54%和67%、100%和89%。早餐麦片在190℃烘焙3min、160℃烘焙5min、190℃烘焙2min条件下，其谷氨酸分别增加了31%、62%和149%，而γ-氨基丁酸含量无显著差异（有/没有藜麦粉麦片烘焙后）

注：Trolox指奎诺二甲基丙烯酸酯；TE DPPH指以Trolox当量表示的DPPH自由基清除能力

4.5.3 储存对藜麦品质和营养功能特性的影响

目前,对于藜麦粉的稳定性和储存过程中营养物质变化的研究仍然开展不足,亟须深入开展藜麦蛋白质储存特性的研究。一般认为,藜麦粉在储存过程中置于低温条件下。研究发现,藜麦粉在20℃、30℃和40℃条件下储存期间的蛋白质组成和氨基酸特性随着储存时间的推移,蛋白质发生了吸水降解,对藜麦食品的品质产生负面影响[38]。而在另外一个研究中发现,游离脂肪酸和己醛都随着储存时间和温度的变化而变化,共轭二烯氢过氧化物并未随着上述条件发生改变,进而表明脂类物质容易受储存环境和时间的影响发生改变[106]。为了避免溶解度和持水性的降低,学者建议将藜麦粉置于20～30℃的自然条件下,并用双层牛皮纸袋包装,可保证2个月内品质不发生改变[19, 93]。

4.5.4 结束语

藜麦这个未被充分利用的作物能够有效保持农业生态系统多样性、促进农业可持续发展、减少世界多地区的营养不良,引起了国际组织、各国政府、相关产业和研究人员的高度重视。作为早期从南美洲引进的特色杂粮作物,藜麦在我国发展迅速,特别是2015年以来,种植面积由5万 hm^2 迅速增长至2022年的31万余 hm^2,居世界第三位,已在我国20余个省份推广应用。众多企业也纷纷加盟,而且热情不减,有望发展成为一种特色新兴产业。随着我国居民生活水平的不断提高,居民对营养健康的需求也不断提高,而藜麦产业的发展,特别是营养健康食品的研发,将推动我国居民膳食结构的合理调整和健康水平的提升。

参 考 文 献

[1] 任贵兴, 赵钢. 藜麦研究进展和可持续生产. 北京: 科学出版社, 2015.

[2] 秦培友, 崔宏亮, 周帮伟. 藜麦种质资源描述规范和数据标准. 北京: 中国农业科学技术出版社, 2020.

[3] 阿图尔·博汗格瓦, 希尔皮·斯利瓦斯塔瓦. 藜麦生产与应用. 任贵兴, 叶全宝, 译. 北京: 科学出版社, 2014.

[4] Bazile D, Jacobsen S E, Verniau A. The global expansion of quinoa: trends and limits. Frontiers in Plant Science, 2016, 7: 622.

[5] Bhargava A, Shukla S, Ohri D. *Chenopodium quinoa*: An Indian perspective. Industrial Crops and Products, 2006, 23: 73-87.

[6] Afzal I, Basra S M A, Rehman H U, et al. Trends and limits for quinoa production and promotion in Pakistan. Plants (Basel), 2022, 11 (12): 1603.

[7] 任贵兴, 杨修仕, 么杨. 中国藜麦产业现状. 作物杂志, 2015, (5): 1-5.

[8] Filho A M, Pirozi M R, Borges J T, et al. Quinoa: Nutritional, functional, and antinutritional aspects. Critical Reviews in Food Science and Nutrition, 2017, 57(8): 1618-1630.

[9] Ahuja J K C , Haytowitz D , Pehrsson P R , et al. USDA national nutrient database for standard reference. Enhancing Understanding & Quantification of Soil root Growth Interactions, 2002: 273-294.

[10] Vilcacundo R, Hernandez-Ledesma B. Nutritional and biological value of quinoa (*Chenopodium quinoa* Willd.). Current Opinion in Food Science, 2017, 14: 1-6.

[11] 胡一波, 杨修仕, 陆平, 等. 中国北部藜麦品质性状的多样性和相关性分析. 作物学报, 2017, 43(3): 464-470.

[12] Ando H, Chen Y C, Tang H J, et al. Food components in fractions of quinoa seed. Food Science and Technology Research, 2002, 8(1): 80-84.

[13] Ruales J, de Grijalva Y, Lopez-Jaramillo P, et al. The nutritional quality of an infant food from quinoa and its effect on the plasma level of insulin-like growth factor-1 (IGF-1) in undernourished children. International Journal of Food Sciences and Nutrition, 2002, 53(2): 143-154.

[14] Kozioł M J. Chemical composition and nutritional evaluation of quinoa (*Chenopodium quinoa* Willd.). Journal of Food Composition and Analysis, 1992, 5(1): 35-68.

[15] Alvarez-Jubete L, Arendt E K, Gallagher E. Nutritive value of pseudocereals and their increasing use as functional gluten-free ingredients. Trends in Food Science & Technology, 2010, 21(2): 106-113.

[16] Santos R L B. Estudos iniciais para o cultivo de quinoa (*Chenopodium quinoa* Willd.) no Cerrado. Brasilia: Universidade de Brasília, 1996.

[17] Vega-Gálvez A, Miranda M, Vergara J, et al. Nutrition facts and functional potential of quinoa (*Chenopodium quinoa* Willd.), an ancient Andean grain: A review. Journal of the Science of Food and Agriculture, 2010, 90(15): 2541-2547.

[18] FAO/WHO/UNU. Energy and protein requirements. Report of a Joint FAO/WHO UNU Expert Consultation, 1985.

[19] Abugoch James L E. Quinoa (*Chenopodium quinoa* Willd.): Composition, chemistry, nutritional, and functional properties. Advances in Food and Nutrition Research, 2009, 58: 1-31.

[20] Li G T, Zhu F. Quinoa starch: Structure, properties, and applications. Carbohydrate Polymers, 2018, 181: 851-861.

[21] Tang H, Watanabe K, Mitsunaga T. Characterization of storage starches from quinoa, barley and adzuki seeds. Carbohydrate Polymers, 2002, 49: 13-22.

[22] Srichuwong S, Curti D, Austin S, et al. Physicochemical properties and starch digestibility of whole grain sorghums, millet, quinoa and amaranth flours, as affected by starch and non-starch constituents. Food Chemistry, 2017, 233: 1-10.

[23] Li G T, Zhu F. Amylopectin molecular structure in relation to physicochemical properties of quinoa starch. Carbohydrate Polymers, 2017, 164: 396-402.

[24] Steffolani M E, León A E, Pérez G T. Study of the physicochemical and functional characterization of quinoa and kañiwa starches. Starch/Stärke, 2013, 65(11-12): 976-983.

[25] Li G T, Wang S N, Zhu F. Physicochemical properties of quinoa starch. Carbohydrate Polymers, 2016, 137: 328-338.

[26] Jan K N, Panesar P S, Rana J C, et al. Structural, thermal and rheological properties of starches isolated from Indian quinoa varieties. International Journal of Biological Macromolecules, 2017, 102: 315-322.

[27] Li G T, Zhu F. Molecular structure of quinoa starch. Carbohydrate Polymers, 2017, 158: 124-132.

[28] Ogungbenle H N. Nutritional evaluation and functional properties of quinoa (Chenopodium quinoa) flour. International Journal of Food Sciences and Nutrition, 2003, 54(2): 153-158.

[29] Repo-Carrasco R, Espinoza C, Jacobsen S E. Nutritional value and use of the Andean crops quinoa (Chenopodium quinoa) and kañiwa (Chenopodium pallidicaule). Food Reviews International, 2003, 19(1/2): 179-189.

[30] Ruales J, Nair B M. Content of fat, vitamins and minerals in quinoa (Chenopodium quinoa, Willd.) seeds. Food Chemistry, 1993, 48(2): 131-136.

[31] Chauhan G S, Eskin N A M, Tkachuk R. Nutrients and antinutrients in quinoa seed. Cereal Chemistry, 1992, 69(1): 85-88.

[32] Konishi Y, Hirano S, Tsuboi H, et al. Distribution of minerals in quinoa (Chenopodium quinoa Willd.) seeds. Bioscience, Biotechnology, and Biochemistry, 2004, 68(1): 231-234.

[33] Kuljanabhagavad T, Thongphasuk P, Chamulitrat W, et al. Triterpene saponins from Chenopodium quinoa Willd. Phytochemistry, 2008, 69(9): 1919-1926.

[34] Kuljanab-hagavad T, Wink M. Biological activities and chemistry of saponins from Chenopodium quinoa Willd. Phytochemistry Reviews, 2009, 8(2): 473-490.

[35] Woldemichael G M, Wink M. Identification and biological activities of triterpenoid saponins from Chenopodium quinoa. Journal of Agricultural and Food Chemistry, 2001, 49(5): 2327-2332.

[36] Stuardo M, San Martín R. Antifungal properties of quinoa (Chenopodium quinoa Willd.) alkali treated saponins against Botrytis cinerea. Industrial Crops and Products, 2008, 27(3): 296-302.

[37] Sun X Y, Yang X S, Xue P, et al. Improved antibacterial effects of alkali-transformed saponin from quinoa husks against halitosis-related bacteria. BMC Complementary and Alternative Medicine, 2019, 19(1): 46.

[38] Letelier M E, Rodríguez-Rojas C, Sánchez-Jofré S, et al. Surfactant and antioxidant properties of an extract from Chenopodium quinoa Willd. seed coats. Journal of Cereal Science, 2011, 53(2): 239-243.

[39] Repo-Carrasco-Valencia R, Hellström J K, Pihlava J M, et al. Flavonoids and other phenolic compounds in Andean indigenous grains: Quinoa (Chenopodium quinoa), kañiwa (Chenopodium pallidicaule) and kiwicha (Amaranthus caudatus). Food Chemistry, 2010, 120(1): 128-133.

[40] Tang Y, Li X H, Zhang B, et al. Characterisation of phenolics, betanins and antioxidant activities in seeds of three Chenopodium quinoa Willd. genotypes. Food Chemistry, 2015, 166: 380-388.

[41] Mattila P, Pihlava J M, Hellström J. Contents of phenolic acids, alkyl- and alkenylresorcinols, and avenanthramides in commercial grain products. Journal of Agricultural and Food Chemistry, 2005, 53(21): 8290-8295.

[42] Hirose Y, Fujita T, Ishii T, et al. Antioxidative properties and flavonoid composition of *Chenopodium quinoa* seeds cultivated in Japan. Food Chemistry, 2010, 119(4): 1300-1306.

[43] Paśko P, Bartoń H, Zagrodzki P, et al. Anthocyanins, total polyphenols and antioxidant activity in amaranth and quinoa seeds and sprouts during their growth. Food Chemistry, 2009, 115(3): 994-998.

[44] Zhang Q P, Xing B, Sun M H, et al. Changes in bio-accessibility, polyphenol profile and antioxidants of quinoa and djulis sprouts during *in vitro* simulated gastrointestinal digestion. Food Science & Nutrition, 2020, 8(8): 4232-4241.

[45] Gawlik-Dziki U, Świeca M, Sułkowski M, et al. Antioxidant and anticancer activities of *Chenopodium quinoa* leaves extracts — *in vitro* study. Food and Chemical Toxicology, 2013, 57: 154-160.

[46] Świeca M, Sęczyk Ł, Gawlik-Dziki U, et al. Bread enriched with quinoa leaves: The influence of protein-phenolics interactions on the nutritional and antioxidant quality. Food Chemistry, 2014, 162: 54-62.

[47] Tang Y, Zhang B, Li X H, et al. Bound phenolics of quinoa seeds released by acid, alkaline, and enzymatic treatments and their antioxidant and α-glucosidase and pancreatic lipase inhibitory effects. Journal of Agricultural and Food Chemistry, 2016, 64(8): 1712-1719.

[48] Takao T, Watanabe N, Yuhara K, et al. Hypocholesterolemic effect of protein isolated from quinoa (*Chenopodium quinoa* Willd.) seeds. Food Science and Technology Research, 2005, 11(2): 161-167.

[49] Meneguetti Q A, Brenzan M A, Batista M R, et al. Biological effects of hydrolyzed quinoa extract from seeds of *Chenopodium quinoa* Willd. Journal of Medicinal Food, 2011, 14(6): 653-657.

[50] de L de O Pineli L, Botelho R B A, Zandonadi R P, et al. Low glycemic index and increased protein content in a novel quinoa milk. LWT-Food Science and Technology, 2015, 63(2): 1261-1267.

[51] Vilcacundo R, Barrio D, Carpio C, et al. Digestibility of quinoa (*Chenopodium quinoa* Willd.) protein concentrate and its potential to inhibit lipid peroxidation in the zebrafish larvae model. Plant Foods for Human Nutrition, 2017, 72(3): 294-300.

[52] Aluko R E, Monu E. Functional and bioactive properties of quinoa seed protein hydrolysates. Journal of Food Science, 2003, 68(4): 1254-1258.

[53] Nongonierma A B, Le Maux S, Dubrulle C, et al. Quinoa (*Chenopodium quinoa* Willd.) protein hydrolysates with invitro dipeptidyl peptidase IV (DPP-IV) inhibitory and antioxidant properties. Journal of Cereal Science, 2015, 65: 112-118.

[54] Vilcacundo R, Miralles B, Carrillo W, et al. In vitro chemopreventive properties of peptides released from quinoa (*Chenopodium quinoa* Willd.) protein under simulated gastrointestinal digestion. Food Research International, 2018, 105: 403-411.

[55] Wefers D, Gmeiner B M, Tyl C E, et al. Characterization of diferuloylated pectic polysaccharides from quinoa (*Chenopodium quinoa* Willd.). Phytochemistry, 2015, 116: 320-328.

[56] Cordeiro L M C, de Fátima Reinhardt V, Baggio C H, et al. Arabinan and Arabinan-rich pectic polysaccharides from quinoa (*Chenopodium quinoa*) seeds: Structure and gastroprotective activity. Food Chemistry, 2012, 130(4): 937-944.

[57] Pasko P, Barton H, Zagrodzki P, et al. Effect of diet supplemented with quinoa seeds on oxidative status in plasma and selected tissues of high fructose-fed rats. Plant Foods for Human Nutrition, 2010, 65(2): 146-151.

[58] 胡一晨, 赵钢, 邹亮, 等. 一种藜麦多糖在制备具有降血脂功效的食品或药品中的应用: CN201610710973. 3. 2016-08-23.

[59] Teng C, Shi Z X, Yao Y, et al. Structural characterization of quinoa polysaccharide and its inhibitory effects on 3T3-L1 adipocyte differentiation. Foods, 2020, 9(10): 1511.

[60] Teng C, Qin P Y, Shi Z X, et al. Structural characterization and antioxidant activity of alkali-extracted polysaccharides from quinoa. Food Hydrocolloids, 2021, 113: 106392.

[61] Hu Y C, Zhang J M, Zou L, et al. Chemical characterization, antioxidant, immune-regulating and anticancer activities of a novel bioactive polysaccharide from *Chenopodium quinoa* seeds. International Journal of Biological Macromolecules, 2017, 99: 622-629.

[62] Lamothe L M, Srichuwong S, Reuhs B L, et al. Quinoa (*Chenopodium quinoa* Willd.) and amaranth (*Amaranthus caudatus* L.) provide dietary fibres high in pectic substances and xyloglucans. Food Chemistry, 2015, 167: 490-496.

[63] Pagno C H, Costa T M, de Menezes E W, et al. Development of active biofilms of quinoa (*Chenopodium quinoa* W.) starch containing gold nanoparticles and evaluation of antimicrobial activity. Food Chemistry, 2015, 173: 755-762.

[64] Jahaniaval F, Kakuda Y, Marcone M F. Fatty acid and triacylglycerol compositions of seed oils of five Amaranthus accessions and their comparison to other oils. Journal of the American Oil Chemists' Society, 2000, 77(8): 847-852.

[65] Ryan E, Galvin K, O'Connor T P, et al. Phytosterol, squalene, tocopherol content and fatty acid profile of selected seeds, grains, and legumes. Plant Foods for Human Nutrition, 2007, 62(3): 85-91.

[66] Villacrés E, Pastor G, Quelal M B, et al. Effect of processing on the content of fatty acids, tocopherols and sterols in the oils of quinoa (*Chenopodium quinoa* Willd), lupine (*Lupinus mutabilis* Sweet), amaranth (*Amaranthus caudatus* L.) and sangorache (*Amaranthus quitensis* L.). Global Advanced Research Journal of Food Science and Technology, 2013, 2 (4): 44-53.

[67] Dinan L. The association of phytoecdysteroids with flowering in fat hen, *Chenopodium album*, and other members of the Chenopodiaceae. Experientia, 1992, 48(3): 305-308.

[68] Dinan L, Whiting P, Scott A J. Taxonomic distribution of phytoecdysteroids in seeds of members of the Chenopodiaceae. Biochemical Systematics and Ecology, 1998, 26(5): 553-576.

[69] Kumpun S, Maria A, Crouzet S, et al. Ecdysteroids from *Chenopodium quinoa* Willd., an ancient Andean crop of high nutritional value. Food Chemistry, 2011, 125(4): 1226-1234.

[70] Graf B L, Poulev A, Kuhn P, et al. Quinoa seeds leach phytoecdysteroids and other compounds with anti-diabetic properties. Food Chemistry, 2014, 163: 178-185.

[71] Foucault A S, Mathé V, Lafont R, et al. Quinoa extract enriched in 20-hydroxyecdysone protects mice from diet-induced obesity and modulates adipokines expression. Obesity, 2012, 20(2): 270-277.

[72] Gordillo-Bastidas E, Díaz-Rizzolo D A. Quinoa (*Chenopodium quinoa* Willd.), from nutritional value to potential health benefits: An integrative review. Journal of Nutrition & Food Sciences, 2016, 6 (3): 1000497.

[73] Navarro-Perez D, Radcliffe J, Tierney A, et al. Quinoa seed lowers serum triglycerides in overweight and obese subjects: A dose-response randomized controlled clinical trial. Current Developments in Nutrition, 2017, 1(9): e001321.

[74] Farinazzi-Machado F M V, Barbalho S M, Oshiiwa M, et al. Use of cereal bars with quinoa (*Chenopodium quinoa* W.) to reduce risk factors related to cardiovascular diseases. Food Science and Technology, 2012, 32(2): 239-244.

[75] de Carvalho F G, Ovídio P P, Padovan G J, et al. Metabolic parameters of postmenopausal women after quinoa or corn flakes intake: A prospective and double-blind study. International Journal of Food Sciences and Nutrition, 2014, 65(3): 380-385.

[76] Jenkins D J, Kendall C W, McKeown-Eyssen G, et al. Effect of a low-glycemic index or a high-cereal fiber diet on type 2 diabetes: A randomized trial. The Journal of the American Medical Association, 2008, 300(23): 2742-2753.

[77] Sanchez K A. Observations Regarding Consumption of Peruvian Native Grains (Quinoa, Amaranth and Kaniwa), Weight Status, and Perceptions of Potential Risk Factors, Warning Signs and Symptoms of Type 2 Diabetes Among Peruvian. College Park: University of Maryland, 2012.

[78] Li L K, Lietz G, Bal W, et al. Effects of quinoa (*Chenopodium quinoa* Willd.) consumption on markers of CVD risk. Nutrients, 2018, 10(6): 777.

[79] Zevallos V F, Herencia L I, Chang F J, et al. Gastrointestinal effects of eating quinoa (*Chenopodium quinoa* Willd.) in celiac patients. The American Journal of Gastroenterology, 2014, 109(2): 270-278.

[80] Small E. Quinoa-is the United Nations' featured crop of 2013 bad for biodiversity? Biodiversity, 2013, 14(3): 169-179.

[81] Kordialik-Bogacka E. Bogdan P, Pielech-Przybylskq K, et al. Suitability of unmalted quinoa for beer production. Journal of the Science of Food and Agriculture, 2018, 98: 5027-5036.

[82] FAO. Quinoa: An ancient crop to contribute to world food security. http://www.fao.org/docrep/017/aq287e/aq287e. pdf[2024-01-12].

[83] 罗秀秀, 秦培友, 杨修仕, 等. 藜麦苗生长过程中功能成分含量及抗氧化活性变化研究. 作物杂志, 2018, (2): 123-128.

[84] Miranda M, Vega-Gálvez A, López J, et al. Impact of air-drying temperature on nutritional properties, total phenolic content and antioxidant capacity of quinoa seeds (*Chenopodium quinoa* Willd.). Industrial Crops and Products, 2010, 32(3): 258-263.

[85] Multari S, Marsol-Vall A, Keskitalo M, et al. Effects of different drying temperatures on the content of phenolic compounds and carotenoids in quinoa seeds (*Chenopodium quinoa*) from Finland. Journal of Food Composition and Analysis, 2018, 72: 75-82.

[86] Schoenlechner R, Siebenhandl S, Berghofer E. Pseudocereals. San Diego: Academic Press, 2018.

[87] Koziol M J. Afrosimetric estimation of threshold saponin concentration for bitterness in quinoa (*Chenopodium quinoa* Willd.). Journal of the Science of Food and Agriculture, 1991, 54(2): 211-219.

[88] Gómez-Caravaca A M, Iafelice G, Verardo V, et al. Influence of pearling process on phenolic and saponin content in quinoa (*Chenopodium quinoa* Willd.). Food Chemistry, 2014, 157: 174-178.

[89] Schoenlechner R, Jurackova K, Berghofer E. Pasta production from the pseudocereals amaranth, quinoa and buckwheat. Using Cereal Science and Technology for the Benefit of Consumers, Amsterdam, 2005: 74-81.

[90] Caperuto L C, Amaya-Farfan J, Camargo C R. Performance of quinoa (*Chenopodium quinoa* Willd.) flour in the manufacture of gluten-free spaghetti. Journal of the Science of Food and Agriculture, 2001, 81(1): 95-101.

[91] Ruiz G A, Opazo-Navarrete M, Meurs M, et al. Denaturation and in vitro gastric digestion of heat-treated quinoa protein isolates obtained at various extraction pH. Food Biophysics, 2016, 11(2): 184-197.

[92] Pelgrom P J M, Vissers A M, Boom R M, et al. Dry fractionation for production of functional pea protein concentrates. Food Research International, 2013, 53(1): 232-239.

[93] Abugoch L E, Romero N, Tapia C A, et al. Study of some physicochemical and functional properties of quinoa (*Chenopodium quinoa* Willd.) protein isolates. Journal of Agricultural and Food Chemistry, 2008, 56(12): 4745-4750.

[94] Navarro-Lisboa R, Herrera C, Zúñiga R N, et al. Quinoa proteins (*Chenopodium quinoa* Willd.) fractionated by ultrafiltration using ceramic membranes: The role of pH on physicochemical and conformational properties. Food and Bioproducts Processing, 2017, 102: 20-30.

[95] 陆敏佳, 蒋玉蓉, 袁俊杰, 等. 藜麦叶片多酚最佳提取工艺及其抗氧化性研究. 中国粮油学报, 2016, 31(1): 101-106.

[96] 阙森琳, 蒋玉蓉, 曹美丽, 等. 响应面试验优化藜麦种子多酚提取工艺及其品种差异. 食品科学, 2016, 37(4): 7-12.

[97] 董晶, 张焱, 曹赵茹, 等. 藜麦总黄酮的超声波法提取及抗氧化活性. 江苏农业科学, 2015, 43(4): 267-269.

[98] Xing B, Teng C, Sun M H, et al. Effect of germination treatment on the structural and physicochemical properties of quinoa starch. Food Hydrocolloids, 2021, 115: 106604.

[99] Xing B, Zhang Z, Zhu M L, et al. The gluten structure, starch digestibility and quality properties of pasta supplemented with native or germinated quinoa flour. Food Chemistry, 2023, 399: 133976.

[100] 延莎, 毛晓慧, 杨莉榕, 等. 不同蒸煮方式对藜麦营养特性及风味的影响. 中国粮油学报,

2018, 33（4）: 20-26.

[101] Nickel J, Spanier L P, Botelho F T, et al. Effect of different types of processing on the total phenolic compound content, antioxidant capacity, and saponin content of Chenopodium quinoa Willd grains. Food Chemistry, 2016, 209: 139-143.

[102] Ramos Diaz J M, Sundarrajan L, Kariluoto S, et al. Effect of extrusion cooking on physical properties and chemical composition of corn-Based snacks containing amaranth and quinoa: Application of partial least squares regression. Journal of Food Process Engineering, 2017, 40（1）: e12320.

[103] 刘胜男, 赵紫悦, 杜浩楠, 等. 藜麦粉对面团粉质特性与馒头品质的影响. 轻工学报, 2018, 33（6）: 63-70.

[104] 张园园, 温白娥, 卢宇, 等. 藜麦粉对小麦面团、面包质构特性及品质的影响. 食品与发酵工业, 2017, 43（10）: 197-202.

[105] Wang S N, Zhu F. Formulation and quality attributes of quinoa food products. Food and Bioprocess Technology, 2016, 9（1）: 49-68.

[106] Ng S C, Anderson A, Coker J, et al. Characterization of lipid oxidation products in quinoa (*Chenopodium quinoa*). Food Chemistry, 2007, 101（1）: 185-192.

第 5 章　薏　苡

5.1　薏　苡　概　述

薏苡为一年生或多年生 C4 草本植物。在植物分类中，薏苡属于禾本科，黍亚科，玉蜀黍族，薏苡属，其干燥成熟种仁又称为薏苡仁、薏仁米、薏米、药王米、回回米、沟子米、水玉米、晚念珠、六谷米、珍珠米等（图 5.1）。薏苡的营养、药用价值极高，被誉为"世界禾本科植物之王"，自古就是食药皆佳的"粮药"之一。

图 5.1　薏苡和薏苡仁

5.1.1　薏苡的起源及分布

薏苡起源于东南亚的热带和亚热带地区，以及中国的广西及云贵高原一带。国外学者早期发现印度和泰国有染色体原始基数（$2n=10$）的水生薏苡种，其被认为是薏苡属中最原始的种群，也作为薏苡属植物起源地的标志属。1996 年，陆平等在广西作物种质资源考察中首次发现了广西南部有水生薏苡种的分布，且其具有染色体原始基数（$2n=10$），故认为广西南部是薏苡属植物的起源地之一。1998年，在贵州也发现了染色体原始基数（$2n=10$）的水生薏苡种，但其不能正常结实，靠水下茎繁殖。根据国内文献和浙江余姚河姆渡遗址考古，薏苡是远古至夏商时代最重要的作物之一，至少有 6000 年以上的栽培历史。薏苡多生长于海拔为 30～2500m 的湿润环境，喜温暖气候，对土壤无特殊要求，适应性强，抗旱抗涝。

薏苡主要分布在亚洲的热带和亚热带地区，如中国、日本、韩国及东南亚的老挝、越南、缅甸等国家。由于我国各省份地理环境、气候和栽培条件有较大差异，除青海、甘肃、宁夏等地未有种植薏苡外，其余各地均有种植，其中贵州、广西、云南、湖南、浙江、福建等省（区）的种植面积较大。现今薏苡的主要产区有四个，即以兴仁县为核心的贵州产区，以师宗县为核心的云南产区，以西林县为核心的广西产区，以浦城县为核心的福建产区。根据《薏仁米产业蓝皮书：中国薏仁米产业发展报告 No.1（2017）》统计，全国薏苡种植面积约 120 万 hm^2，年总产量近 50 万 t，但优质薏苡仁产量仅 20 万 t 左右（约产生 35%薏苡壳和 10%薏苡碎米副产物，受加工工艺技术影响严重），每年均需从越南、老挝等东南亚国家进口大量薏苡仁。目前，贵州兴仁县作为全国乃至全球最大的薏苡仁生产基地和产品集散中心，其生产的薏苡仁还销往新加坡、日本等国家和地区。

5.1.2 薏苡的分类

薏苡的分类主要根据表型差异，体现在假果的形态（梨形、卵形、球形和圆柱形等）、生长习性（是否有根状茎）和染色体形态（数目、大小和形态）方面。对于薏苡属的分类，一般认为世界上薏苡有 11 个种，即薏苡、薏苡（原变种）、念珠薏苡（变种）、窄果薏苡、水生薏苡、小珠薏苡、薏米、薏米（变种）、台湾薏苡（变种）、*Coix ouwehandii* Koord.和 *Coix gasteenii* Simon.。

我国复杂多样的地理气候使得薏苡有着丰富的遗传和表型变异，如今已经形成了多个种和变种。最早，《本草纲目》中描述为"一种粘牙者，尖而壳薄"、"一种圆而壳厚坚硬者"，即将薏苡按其种壳的薄厚划分为两种。我国薏苡属的分类在学术界还未统一，以往将薏苡属分为"1 种 1 变种"，即薏苡和川谷变种。陆平等[1]首次发现了薏苡属中最原始的水生薏苡种，并提出"4 种 8 变种"，即薏苡、小果薏苡、长果薏苡、水生薏苡 4 种，其中 8 变种有薏苡、珍珠薏苡、大果薏苡、菩提子、球果薏苡、扁果薏苡、薏米、台湾薏苡。《中国植物志》对薏苡"5 种 4 变种"的划分方式更为广泛认同，主要划分为薏苡、薏苡（原变种）、念珠薏苡（变种）、窄果薏苡、水生薏苡、小珠薏苡、薏苡仁、薏米（变种）、台湾薏苡（变种）。

随着薏苡仁需求量的增加，对薏苡仁的品质也越来越重视。为了能培育出产量高、品种优、抗性强且适合当地土壤、气候环境的薏苡品种，国家及各地区科研机构利用现代育种方法培育出薏苡新品种。贵州育成的"黔薏 1 号"通过国家审定，"黔薏 2 号"和"薏苡 03-2"进入国家和省区生产试验，育成 YY01-01 等8 个品系参加国家和贵州省区域试验；福建近年来也相继选育了"蒲薏 6 号""龙薏 1 号""仙薏 1 号""翠薏 1 号"等薏苡优良新品种，分别种植于浦城、宁化、新罗、仙游等地；浙江筛选出优质新品种"浙薏 1 号"，已通过浙江新品种认定；

广西也选育出了"白壳薏苡""桂薏 1 号"等优良品种;云南经过系统选育多年培育而成的"富薏 2 号",也通过全国农作物品种审定委员会的鉴定。

　　现今,全国共收集了 284 份薏苡种质保存在中国农业科学院国家种质库,其中广西收集的种质最多,达 121 份,贵州 27 份,安徽 22 份,江苏和浙江共 27 份,其他地区收集到 87 份。贵州省农业科学院亚热带作物研究所从 2008 年开始广泛收集、保存和鉴选薏苡种质资源,已收集到贵州、广西、云南、四川、重庆、湖南、湖北等省(区、市)450 份薏苡种质资源,并建立了薏苡种质资源圃。由于薏苡属于小杂粮,因此对其研究不够重视;同时各种繁多的项目开发严重破坏了野生或水生薏苡种质资源的原生地。因此,薏苡种质资源的保护与挖掘十分必要。

5.1.3　薏苡的生物学特征

　　薏苡属大部分物种为一年生草本,少数为多年生,其根系十分强大,生有宿根。薏苡的茎秆直立,高 1～2m,约有 10 节;但水生类型有匍匐茎,北方种质的茎秆较细,南方种质的茎秆多粗壮。茎秆上有分枝,且有很强的分蘖性。薏苡叶片呈线状披针形,长达 30cm,宽 1.5～3cm,中脉较为粗厚。植株为雌雄同株,不同花。总状花序,腋生成束,长 6～10cm,直立或下垂,具总柄。雌穗单生,位于花序的基部,外包被着念珠状总苞,雄小穗呈穗状数丛,排列在花序顶部并从念珠状总苞伸出(图 5.2)。果实成熟时,总苞坚硬似具珐琅质,呈卵形或卵状球形,内包颖果;颖果,长约 5mm。薏苡花期为 7～9 月,果期为 9～10 月。薏苡的生长十分喜欢湿润温暖的气候,多生长在水源充足之处,十分耐涝,但也可以旱作。

图 5.2　薏苡花序和果实

5.2　薏苡籽实营养成分

　　薏苡籽实由胚乳、糠层和外壳组成。去掉外壳和糠层,即得薏苡仁。薏苡仁作为我国传统的药食两用保健食品，其营养价值在禾本科植物中占第一位。薏苡仁富含碳水化合物、蛋白质、脂肪、粗纤维、矿物质和维生素等营养成分。其中，蛋白质远比大米、面粉高，有毒物质和重金属残留量较低，是典型的"绿色食品"。

5.2.1 碳水化合物

淀粉是薏苡仁的重要组成成分，占其干重的 70% 左右。薏苡仁淀粉颗粒呈现典型的 A 型衍射特征，体积平均粒径为 27.7～35.7μm，颗粒呈球形、多边形或不规则图形。薏苡仁淀粉温度和焓变分别为 71～76℃和 7～11J，其糊化性能与玉米和马铃薯相似。薏苡仁淀粉由直链淀粉和支链淀粉组成，其中支链淀粉占比为 74.52%～100.00%，支链淀粉含量≥98%属于糯性种质，其中"黔薏 1 号"和"黔薏 2 号"等品种中支链淀粉含量均为 100%。薏苡仁中还含有非淀粉多糖和寡糖，其中低聚果糖主要由 1-蔗果三糖、蔗果四糖和 1-β-D-蔗果五糖组成，而阿拉伯木聚糖由阿拉伯糖和木糖（物质的量比为 1.24：1.25）组成[2, 3]。薏苡仁还含有一部分抗性淀粉，抗性淀粉是一类难吸收的淀粉，其淀粉粒结构并不规整，且表面较为粗糙，呈现鳞片和沟壑状，无法直接被人体吸收，经小肠内发酵后才逐步吸收入血。此外，薏苡仁中还含有丰富的膳食纤维，占比 1.3%～3%。

5.2.2 蛋白质及氨基酸

薏苡仁的蛋白质含量高，为优质蛋白质资源，因为薏苡仁中的氨基酸组成较好，含有 8 种人体必需氨基酸，其比例非常接近人体的需要，比大米更容易被人体吸收利用。薏苡仁中优质蛋白质含量为 12%～19%，约为大米的 2 倍，野生种薏苡仁中含量更是高达 31.7%，而薏苡壳中蛋白质为 2.17%～2.80%。薏苡仁蛋白质主要包括清蛋白、球蛋白、醇溶蛋白和谷蛋白，其分子质量分别为 10～40kDa、10～90kDa、15～62kDa 和 19～40kDa。薏苡仁蛋白质中含有 19 种氨基酸，而必需氨基酸含量占氨基酸总量的 35%；其中谷氨酰胺含量最多，亮氨酸、丙氨酸和脯氨酸的含量次之，而赖氨酸为第一限制性氨基酸。另外，薏苡非种仁部位中也都含有 17 种氨基酸和人体必需氨基酸，其中内种皮中氨基酸总量和 7 种必需氨基酸总量最高，为 11.34%～13.98% 和 3.55%～4.26%；其次为薏苡的根和外种皮。

5.2.3 脂类

薏苡脂肪含量高，而且富含功能性油脂。麸皮的脂肪含量最高，可达 36%；其次是薏苡仁，脂肪含量为 5.1%～9.4%，其中糖脂约为 5.7%，磷脂约为 1.8%，且薏苡仁脂肪含量明显高于大多数谷物类；而在薏苡壳中也含有脂肪。薏苡仁的脂类中三酰甘油为 61%～64%，二酰甘油为 6%～7%，一酰甘油为 4%，甾醇酯为 9%，游离脂肪酸为 17%～18%。薏苡仁中脂肪酸及其酯类化合物丰富，包括棕榈酸、硬脂酸、十八碳烯酸、亚油酸、十八碳二烯酸、肉豆蔻酸、甘油酯 α-单亚麻酯及软脂酸酯、硬脂酸酯、棕榈酸酯、薏苡仁酯等，且不饱和脂肪酸含量非常丰富，主要为油酸（38%～51%）和亚油酸（30%～38%），占比可达 80% 以上。另外，薏苡仁中还发现薏苡仁油中有 25-羟基-24-甲基胆固醇（结构式见图 5.3）、(3α)-豆甾-7,24(28)-二烯-3-醇和(3α,5α)-豆甾-3-醇等。

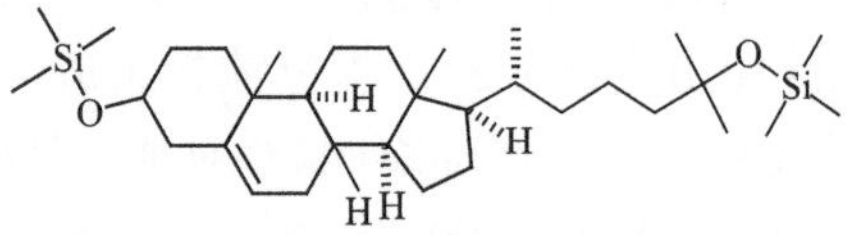

图 5.3　25-羟基-24-甲基胆固醇结构式

5.2.4　矿物质

薏苡仁富含人体不可缺少的多种矿物质，如 Ca、P、K、Zn、Mg、S 和 Mn 等，其中 P、K、Mg 和 S 的含量分别为 $3790\sim5227\text{mg}\cdot\text{kg}^{-1}$、$2325\sim4205\text{mg}\cdot\text{kg}^{-1}$、$1428\sim2235\text{mg}\cdot\text{kg}^{-1}$ 和 $1504\sim1841\text{mg}\cdot\text{kg}^{-1}$。为全面检测薏苡仁中的元素，采用微波消解－电感耦合等离子体发射光谱法可检测出 15 种矿物质，分别为 P、S、Mg、K、Si、Ca、Fe、Al、Zn、Na、Mn、Cu、Se、Sr 和 Ba。此外，由于 Se 的独特生理保健功效，近年来也有专业报道通过薏苡基因型的研究开发富硒薏苡仁。

5.2.5　维生素

薏苡中的维生素主要是维生素 E、维生素 B_1、维生素 B_2、维生素 B_5 等。维生素 E 又以 γ-生育酚及 γ-三烯生育酚为主（结构式见图 5.4）。薏苡中还有类胡萝卜素，含量约为 10mg β-胡萝卜素当量/100g（湿基计）。薏苡各个部位都含有丰富的维生素，维生素 E 和烟酸的含量主要集中在种子中，种皮中的维生素 E、维生素 B_1、维生素 B_2、维生素 B_6、维生素 B_{12} 和烟酸含量都比种仁中的高。

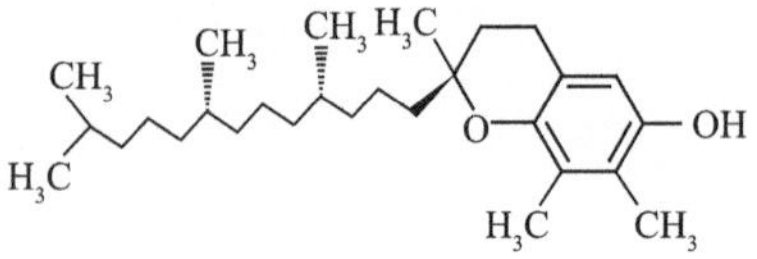

(a) γ-生育酚 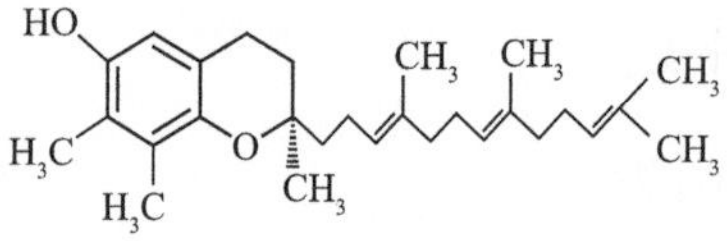　　　　　　　　　　(b) γ-三烯生育酚

图 5.4　γ-生育酚和 γ-三烯生育酚结构式

5.3 薏苡籽实功能成分

因薏苡仁具有较高的营养和药用价值,它在 1988 年被卫生部首批公布为药食同源植物品种之一;在欧洲被誉为"生命健康之禾";在日本被列为防癌食品,一直被视为珍贵的滋补、保健、美容佳品。薏苡仁富含多种功能成分,主要是薏苡多糖、薏苡仁油、多酚类、甾醇类和三萜类等。

5.3.1 薏苡多糖

多糖是一种天然高分子聚合物,在自然界中广泛存在,是多种植物的有效成分之一,不仅对细胞没有副作用,而且具有多种潜在的生物活性和药用效果。薏苡仁中含有丰富的活性多糖,包括薏苡多糖 A、薏苡多糖 B、薏苡多糖 C、中性葡聚糖、酸性多糖 CA-1、酸性多糖 CA-2 等多种功能性多糖组分,构成薏苡多糖的单糖主要包括甘露糖、鼠李糖、葡萄糖、阿拉伯糖、半乳糖等。例如,水溶性薏苡多糖 A(Coxian A)、薏苡多糖 B(Coxian B)和薏苡多糖 C(Coxian C)的单糖组成依次为(结构式见图 5.5)Coxian A(鼠李糖:阿拉伯糖:木糖:甘露糖:半乳糖为 0.1:0.1:0.1:1.1:1.0)、Coxian B(鼠李糖:阿拉伯糖:木糖:甘露糖:半乳糖:葡萄糖为 0.3:1.8:1.3:0.3:1.0:0.5)、Coxian C(单糖组成为葡萄糖),且三种多糖均表现出良好的降血糖活性。薏苡仁水溶性多糖 CA-1 和 CA-2 的分子质量分别是 160kDa 和 70kDa;CA-1 由鼠李糖、阿拉伯糖、木糖、半乳糖、半乳糖醛酸和葡萄糖醛酸(百分比为 1.8:43.8:10.8:33.2:3.2:7.2)组成,而 CA-2 由鼠李糖、阿拉伯糖、木糖、甘露糖、半乳糖、葡萄糖、半乳糖醛酸和葡萄糖醛酸(百分比为 2.4:37.0:11.8:1.7:35.6:2.9:2.6:6.0)组成。使用 $0.3mol \cdot L^{-1}$ 的 NaOH、95%的乙醇和水等对薏苡仁加以提取并获得 AAP-1 和 AAP-2 多糖组分,其分子质量分别为 94.2kDa 和 82.3kDa;其中 AAP-1 由鼠李糖、阿拉伯糖、葡萄糖和葡萄糖组成(物质的量比为 1.1:0.4:0.7:0.5),AAP-2 由木糖、鼠李糖、半乳糖和半乳糖组成(物质的量比为 0.4:1.4:1.6:0.5),AAP-1 和 AAP-2 多糖具有增强免疫力的作用。在超声功率为 480W、超声提取时间为 16min 及水料比为 $21mL \cdot g^{-1}$ 的工艺下获得 CSP-A 和 CSP-B 薏苡多糖,其主要是由 α-D-葡萄糖吡喃糖组成的中性多糖,并在体外模拟消化,具有较强的抗性。

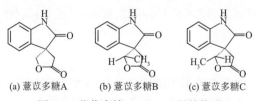

(a) 薏苡多糖A   (b) 薏苡多糖B   (c) 薏苡多糖C

图 5.5 薏苡多糖 A、B、C 的结构式

5.3.2 薏苡仁油

薏苡仁油因包含多种功能性物质，早已成为研究的热点。薏苡仁油经薄层色谱、气相色谱及气相色谱质谱联用技术，检测出棕榈酸、硬脂酸、肉豆蔻酸、十八碳一烯酸、十八碳二烯酸及月桂酸酯、硬脂酸酯、棕榈酸酯等物质。低浓度的薏苡仁油对呼吸、心脏横纹肌和平滑肌有兴奋作用，可显著扩张肺血管，改善肺脏的血液循环。目前临床上应用较多的抗肿瘤药——康莱特注射液，其主要成分就是薏苡仁油，它能影响人胰腺癌细胞的周期及其调节基因表达，具有镇痛作用等，已广泛应用于肝癌、肺癌、胰腺癌、鼻咽癌等多种癌症的辅助治疗中。

薏苡仁酯是从薏苡中提取出具有抗肿瘤活性的抗癌新化合物，是一种由一分子 2,3-丁二醇和两分子不饱和脂肪酸（顺式十六烯酸和反式十八烯酸）缩合而成的酯（结构式见图 5.6），对癌细胞有阻止生长和杀伤作用。目前，主要采用超声波辅助超临界 CO_2 流体萃取技术从薏苡中提取薏苡仁酯，提取率比单纯的超临界流体萃取技术提高了 14%，提取的温度、压力、CO_2 流速等也显著下降。

薏苡素（结构式见图 5.6）是一种黄色油状物，溶点为 151.5～152.5℃，溶于丙酮-石油醚。薏苡素最早是日本学者小山鹰二与大和正利在 1955 年从薏苡根中分离出的，具有镇静、消炎、抑制多突触反应、降温解热、降低血糖浓度、肌肉松弛以及抗惊厥、抗血栓等多种药理作用。

内酰胺类化合物也是薏苡糠中重要的脂类活性物质之一，主要有薏苡螺环内酰胺 A-E、薏苡内酰胺、甲基二吲哚-3-乙酸酯（结构式见图 5.6）、异吲哚-1-酮和螺甾内酯等。此外，薏苡中还分离出 α-单亚麻酯、神经酰胺等多种薏苡脂类活性物质，具有镇痛抗炎、抗癌、镇静、降温等功效。

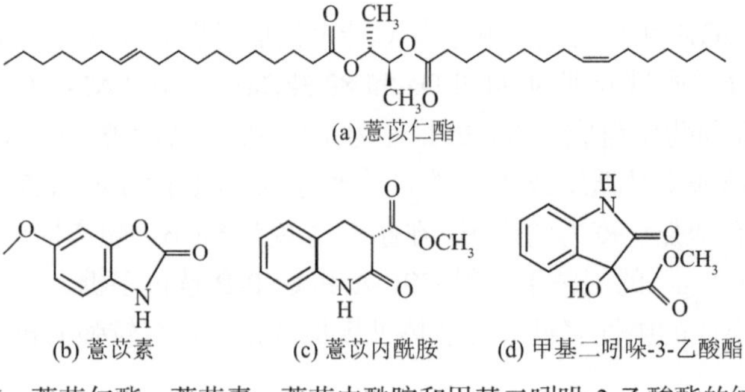

(a) 薏苡仁酯

(b) 薏苡素　　(c) 薏苡内酰胺　　(d) 甲基二吲哚-3-乙酸酯

图 5.6　薏苡仁酯、薏苡素、薏苡内酰胺和甲基二吲哚-3-乙酸酯的结构式

5.3.3 多酚类

多酚类是对分子中含有若干个酚性羟基的一大类植物化学素的统称，包含酚酸类、黄酮、单宁、芪和木质素等。薏苡仁富含多种酚类化合物，而薏苡仁不同

部位的多酚含量不一样，其中以薏苢仁糠中含量最高，其次是薏苢仁壳和糙薏苢仁，而精薏苢仁中含量最低。同样，游离酚和结合酚中也是以薏苢仁糠中含量最高，其次是薏苢仁壳、糙薏苢仁和精薏苢仁。目前，主要通过液相色谱、液相色谱-质谱和核磁共振等多种分析方法分离鉴定薏苢仁的多酚类物质。

1. 酚酸类

薏苢中含有多种酚酸类物质，主要包括对羟基苯甲酸、原儿茶酚酸、对香豆酸、香草酸、咖啡酸、阿魏酸、丁香酸、芥子酸和绿原酸，而阿魏酸、对羟基苯甲酸、对香豆酸和香草酸是薏苢麸皮中的主要酚酸类物质（结构式见图 5.7）。其中，薏苢麸皮中的对香豆酸、阿魏酸和绿原酸均具有显著的黄嘌呤氧化酶抑制活性、DPPH 自由基清除能力、氧自由基吸收能力和超氧自由基清除能力，同时还能激活 Na^+K^+-ATP（adenosine triphosphate，腺苷三磷酸）酶、$Ca^{2+}Mg^{2+}$-ATP 酶、谷胱甘肽过氧化物酶、超氧化物歧化酶和过氧化氢酶，抑制高铁血红蛋白、活性氧（reactive oxygen species，ROS）和丙二醛的生成。

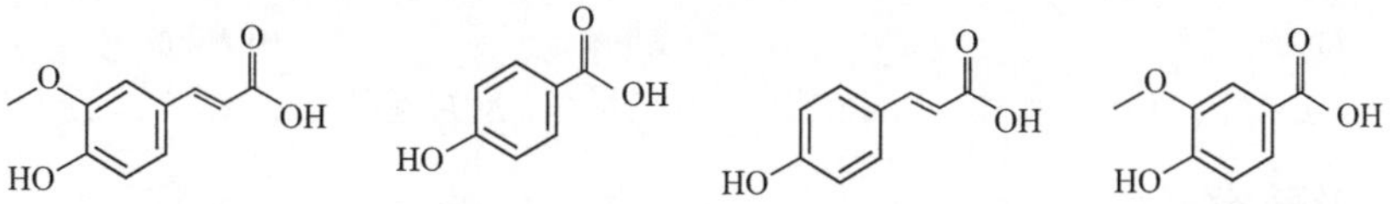

(a) 阿魏酸　　　(b) 对羟基苯甲酸　　　(c) 对香豆酸　　　(d) 香草酸

图 5.7　阿魏酸、对羟基苯甲酸、对香豆酸和香草酸的结构式

2. 黄酮类

薏苢中的黄酮类物质有槲皮素、芦丁、山奈酚、异甘草素、芹菜素、木犀草素、川陈皮素、橘皮素、圣草素、柚皮素和芒柄花黄素等（结构式见图 5.8）。橘皮素、柚皮素和川陈皮素是薏苢仁麸皮中含量最高的。

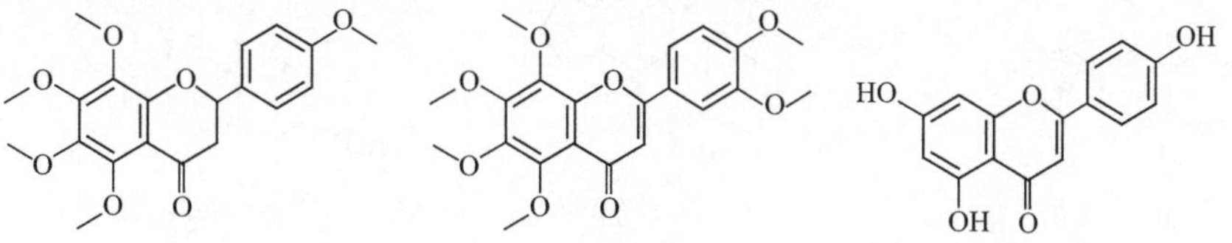

(a) 橘皮素　　　(b) 川陈皮素　　　(c) 柚皮素

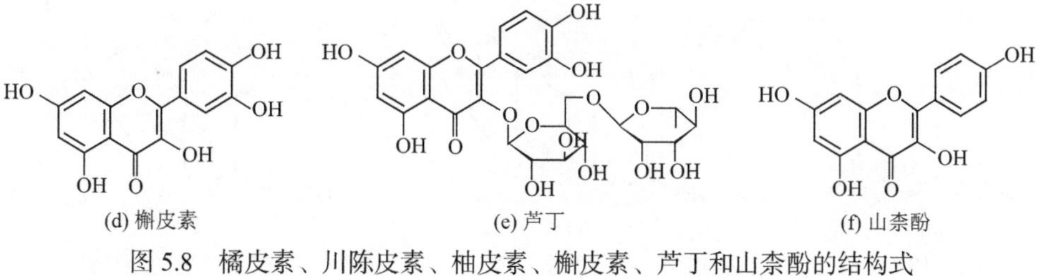

(d) 槲皮素　　　(e) 芦丁　　　(f) 山奈酚

图 5.8　橘皮素、川陈皮素、柚皮素、槲皮素、芦丁和山奈酚的结构式

3. 其他酚类物质

薏苡仁壳中含有松柏醇和木质素（丁香树脂醇、4-酮松脂醇、松脂烯醇），而薏苡仁麸皮中有对羟基甲苯醛、香草醛、丁香醛、香豆素（伞形酮和七叶亭）和新木质素等其他酚类化合物（结构式见图 5.9）。

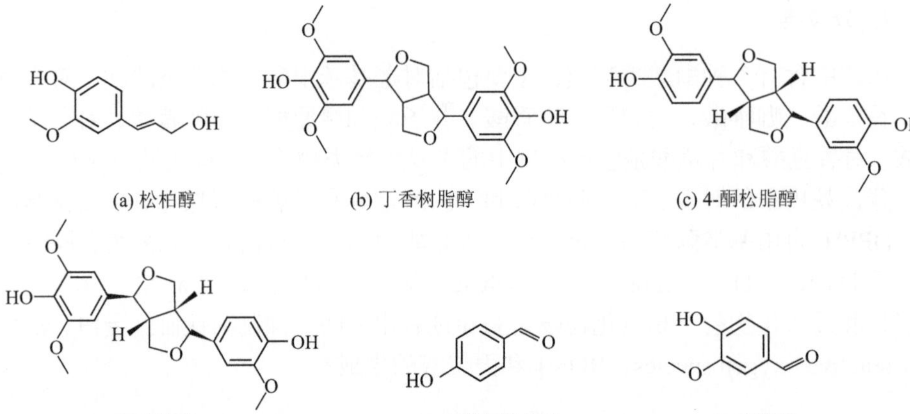

(a) 松柏醇　　　　　　(b) 丁香树脂醇　　　　　　(c) 4-酮松脂醇

(d) 松脂烯醇　　　　　　(e) 对羟基甲苯醛　　　　　　(f) 香草醛

图 5.9　松柏醇、丁香树脂醇、4-酮松脂醇、松脂烯醇、对羟基甲苯醛和香草醛的结构式

5.3.4　甾醇类

薏苡仁中有多种甾醇类物质，包括 α-谷甾醇、β-谷甾醇、γ-谷甾醇、菜油甾醇、麦角甾醇、胆甾醇、阿魏酰豆甾醇、阿魏酰菜子甾醇、芸薹甾醇、豆甾醇（结构式见图 5.10），其中 β-谷甾醇的含量最高。

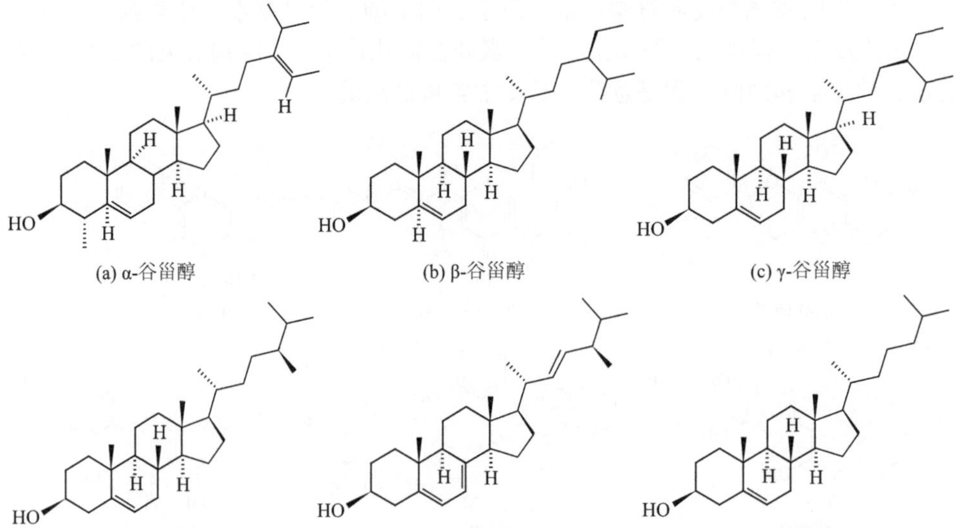

(a) α-谷甾醇　　　　　　(b) β-谷甾醇　　　　　　(c) γ-谷甾醇

(d) 菜油甾醇　　　　　　(e) 麦角甾醇　　　　　　(f) 胆甾醇

图 5.10　α-谷甾醇、β-谷甾醇、γ-谷甾醇、菜油甾醇、麦角甾醇和胆甾醇的结构式

5.3.5　其他活性化合物

薏苡仁中还含有其他活性化合物,如三萜类(软木三萜酮、异乔木萜醇)、吲哚、苯并噁嗪、茚、腺苷和生物碱(四氢哈尔明碱的衍生物、胡椒碱、胡椒新碱)等(结构式见图 5.11)。

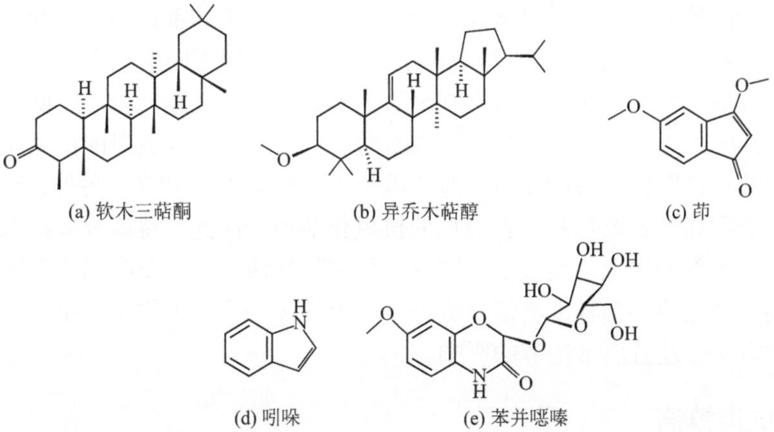

(a) 软木三萜酮　　　　　(b) 异乔木萜醇　　　　(c) 茚

(d) 吲哚　　　　(e) 苯并噁嗪

图 5.11　软木三萜酮、异乔木萜醇、茚、吲哚和苯并噁嗪的结构式

5.4　薏苡籽实功能成分的生物活性

薏苡在中国传统医学中始记载于《神农本草经》:味甘,微寒。主筋急,拘挛不可屈伸,风湿痹,下气。久服轻身益气,其根下三虫,一名解蠡。《本草纲目》中记载:薏苡仁,(仁、根)甘、微寒、无毒。主治风湿身疼,日暮加剧;水肿喘急;沙石热淋;肺痿咳嗽,有脓血;痈疽不溃;虫牙痛;疝疾;黄疸;杀蛔虫;月经不通;牙齿风痛。《中国药典》中记载:利水渗湿,健脾止泻,除痹,排脓,解毒散结。用于水肿,脚气,小便不利,脾虚泄泻,湿痹拘挛,肺痈,肠痈,赘疣,癌肿。薏苡仁油注射液一直用于临床抗肿瘤,尤以对脾虚湿盛的消化道肿瘤及痰热挟湿的肺癌更为适宜。现代科学研究和临床实践均证明,薏苡种仁及根、茎、叶都含有多种有效成分,其具有良好的抗氧化、抗炎镇痛、抗菌、抗病毒、增强免疫、抗肿瘤、抗癌、降血脂、降血糖、调节肠道菌群、美容瘦身、促进子宫收缩缓减痛经、促进排卵、抑制性激素合成与分泌、预防骨质疏松等生物活性。

5.4.1　抗氧化

薏苡仁的抗氧化活性一直是研究的重点。目前,主要采用 DPPH 自由基清除法、2,2′-联氮-双(3-乙基苯并噻唑啉-6-磺酸)(2,2′-azinobis(3-ethylbenzothiazoline -6-sulfonic acid)，ABTS)自由基清除测定、总氧自由基清除法、铁还原力法、过氧化氢自由基清除能力法、氧化自由基吸收能力法、过氧自由基清除能力测定、细胞抗氧化活性测定，以及 Cu^{2+} 诱导的低密度脂蛋白氧化修饰的抑制率测定等方法分析薏苡仁的抗氧化活性。不同品种薏苡仁的抗氧化活性存在显著差异，薏苡仁结合型多酚的抗氧化活性要显著高于游离型，薏苡仁不同部位的抗氧化活性排序为：薏苡仁麸皮>薏苡仁壳>红薏苡仁>白薏苡仁。采用不同溶剂提取薏苡仁的不同部位，提取液的抗氧化活性也存在显著差异，例如，薏苡仁种皮乙醇提取物的 n-丁醇组分比其他组分（正己烷、乙酸乙酯、水组分）具有更强的抗氧化活性，而薏苡仁热水提取物的 DPPH 自由基清除活力与维生素 C 相当。另外，红曲霉发酵可以显著提高红薏苡仁和白薏苡仁的抗氧化活性。因此，薏苡及其提取物或不同部位不同溶剂的提取物表现出不同程度的抗氧化活性，主要归因于不同植株部位或不同品系薏苡中多种生物活性成分含量差异（如多酚类物质含量）、提取溶剂、提取方法以及分离方法等的影响。

5.4.2　抗炎镇痛

　　薏苡仁在治疗炎症疾病以及缓解疼痛方面具有一定的作用，其抗炎作用可能与薏苡仁降低血管通透性、减少炎性渗出、干预 IKK/NF-κB 信号通路及降低多种炎症因子分泌水平有关。环氧合酶是一种参与花生四烯酸转化为前列腺素的限速酶，在系统性炎症中发挥着重要作用。薏苡仁、薏苡壳、薏苡仁麸皮等不同溶剂提取物均对诱导脂多糖、诱导巨噬细胞炎症反应中环氧合酶 2 下调而表现出抗炎活性，而抗炎活性的主要活性成分可能是酚酸化合物、黄酮类化合物、神经酰胺、薏苡仁酯及薏苡素等。风湿性关节炎的发病原因尚不明确，但大量研究结果显示其与炎症密切相关；而薏苡仁治疗类风湿性关节炎是通过抑制促炎性因子、抗氧化多方面实现的。另外，过敏也是抗炎症的一种症状。薏苡麸皮和糙薏苡仁的提取物可通过平衡 Th1/Th2 免疫反应来改善小鼠的过敏症状，或者可以降低组织胺和细胞活素类的释放，抑制蛋白激酶 B（Akt）的产生，从而影响 RBL-2H3 细胞的信号转导来减轻其过敏反应。

5.4.3　抗菌和抗病毒

　　薏苡仁具有抗菌和抗病毒活性。例如，薏苡仁油能够抑制大肠杆菌、金黄色葡萄球菌和枯草芽孢杆菌的生长，而其油中含有月桂酸、肉豆蔻酸、2,3-二羟丙酯、1,3-二辛酰甘油、N-甲氧基-N-甲基-3,4-二氢-2H-噻喃-6-甲酰胺、丙酰胺、5-氨基-1-(喹啉-8-基)-1,2,3-三唑-4-甲酰胺和吡啶等[4]；薏苡仁甲醇提取物（茎）对枯草芽孢杆菌 IFO 3009 有抑菌效应；薏苡仁中分离出的两种蛋白质对绿色木霉病菌、杨树溃疡病菌、小麦赤霉病菌的生长有较强的抑制作用，并确定其为同源性很高的壳聚糖酶。另外，薏苡仁甲醇提取物对 Epstein-Barr 病毒早期抗原激活作用有强烈的抑制作用，并以生物活性为指导分离出一个单取代甘油酯，即 α-单亚麻酯（结构式见图 5.12），当其浓度为 6.2μg·mL^{-1} 时，可引起 80%的细胞被抑制，表明 α-单亚麻酯为薏苡仁抗病毒活性成分之一[5]。

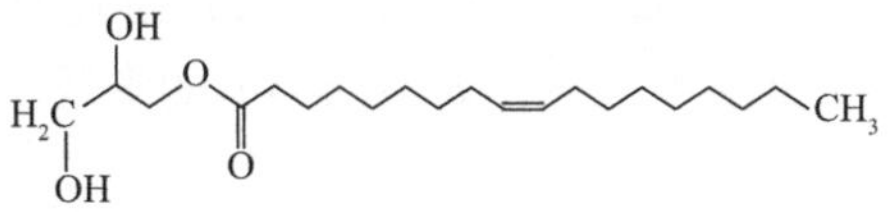

图 5.12   α-单亚麻酯的结构式

5.4.4 增强免疫

薏苡仁具有增强机体的体液免疫、细胞免疫和非特异性免疫的功能。薏苡仁含有丰富的蛋白质，其薏苡仁蛋白质具有增强免疫的功能。薏苡仁多糖可促进淋巴细胞的转化，有较好的免疫兴奋作用。薏苡仁中的薏苡仁酯、薏苡素等有效成分除了对激素调节、免疫系统和激活酶系统具有促进调节的作用，还有提高细胞和体液免疫的功效。另外，薏苡中的对香豆酸、4-羟基苯乙酮、毛地黄黄酮等活性成分可抑制肥大细胞的脱粒作用，抑制组胺释放，抑制肿瘤坏死因子-α 和白细胞介素 IL-4、IL-6 的分泌，从而增强免疫力。因此，薏苡仁的多种不同类型的植物化学物都具有免疫调节活性，结合使用将起到协同免疫调节的目的。

5.4.5 抗肿瘤、抗癌

薏苡的抗肿瘤、抗癌活性早已被世界公认。早期认为薏苡仁抗肿瘤的活性成分为脂肪酸及其酯类，故从薏苡中提取有效抗癌成分薏苡仁油，辅配大豆磷脂，即成为中国二类抗癌新药上市，商品名为康莱特注射液，经美国食品药品监督管理局批准进入治疗非小细胞肺癌的二期临床试验。围绕薏苡与康莱特注射液，还完成了一系列人类癌细胞试验，包括乳腺癌、膀胱癌、肺癌、肝癌、结肠癌、胃癌、黑色素瘤、口腔表皮癌和宫颈腺癌等。脂肪酸合成酶（fatty acid synthase，FAS）与癌症的发生息息相关，薏苡提取物和薏苡仁油对 FAS 有很强的抑制作用，其主要作用于 FAS 活性中心的 β-酮脂酰还原域和烯酰还原域。薏苡仁中含有丰富的膳食纤维，膳食纤维在肠道中发酵产生短链脂肪酸，可降低肠道的 pH，抑制腐生菌的生长，也减少了致癌物的产生，因此长期摄入可预防结肠癌。

薏苡各部位提取物及部分分离化合物均表现出不同程度的抗肿瘤增殖作用，而作用效果又取决于提取液的制备方法、化合物的种类以及癌细胞的种类等。例如，薏苡中内酰胺和螺酮选择性地对乳腺癌细胞表现出抗增殖特性[6]；薏苡提取物中游离多酚对人肝癌 HepG2 细胞的抑制作用显著强于结合酚；薏苡仁液-液萃物对多种肿瘤均有较强的抗增殖活性，其作用效果取决于溶剂的种类，根本原因即是与提取物中的有效活性成分及其含量相关，例如，对人膀胱癌 T24 细胞的抑制作用与棕榈酸、亚油酸与油酸的比例呈正相关，而乙醇提取物对 AGS 细胞的增殖抑制作用最强与其中的绿原酸和咖啡酸含量呈正相关[7]。因此，用薏苡仁的混合物来治疗/预防各种癌症似乎是可行的，这是由具有抗增殖活性的薏苡仁化合物的多样性（含有多重活性成分，如不同类型的多酚、多糖、内酰胺等）所决定的。

5.4.6　降血脂、降血糖

薏苡仁作为一种功能保健食品，其药理作用在国内外的研究越发广泛，对于薏苡仁有降血糖和增强免疫的功效一直是研究的焦点。薏苡仁、脱脂薏苡仁、薏苡仁麸皮、薏苡仁油、薏苡仁多酚等均可以降低血清甘油三酯、总胆固醇和低密度脂蛋白水平，延缓低密度脂蛋白氧化，提高 6-磷酸葡萄糖脱氢酶的活力。薏苡仁中的抗性淀粉和慢消化淀粉可使血脂异常的人群中高胆固醇血症患者的血清总胆固醇明显降低；同时，还可以让 50 岁以上人群的总胆固醇和甘油三酯水平均显著降低。薏苡仁多糖具有降血糖的功效，其作用于胰岛素受体，保护胰岛 β 细胞、抑制血清脂质过氧化、提高葡萄糖激酶活性、促进组织对葡萄糖的利用，是通过糖代谢和抑制肝糖原分解、糖酵解和糖异生实现的；或可抑制糖尿病的发生，主要是通过提高超氧化物歧化酶的活性和保护细胞来实现的。薏苡仁中含羟基的不饱和脂肪酸具有降血糖、降血脂作用，可缓解血液中过量的胆固醇，增强细胞膜的透性，阻止心肌组织和动脉的硬化，改善脂、糖代谢的紊乱。

5.4.7　调节肠道菌群

肠道菌群的紊乱与许多重大疾病的发生存在联系，疾病发生前后肠道菌群的相应变化都揭示了肠道菌群在调节人体健康稳态中的作用。薏苡仁或其提取物对肠道菌群具有一定的调节作用。薏苡仁中的抗性淀粉可促进肠道中有益菌群（如双歧杆菌）的增殖，在胃肠道环境中保护益生菌使其免于失活，抑制致病菌或潜在致病菌的增长；同时促进肠道蠕动，加快肠道上皮细胞的代谢，增加肠道绒毛长度、黏膜厚度和肌层厚度，对肠道生长代谢有积极作用。薏苡仁多酚提取物可使大鼠肠道中的有益菌群丰度相对增加，而使与脂质失衡有关的菌群丰度降低，同时大鼠血液中的胆固醇含量也在降低，表明薏苡仁多酚对改善高胆固醇血症大鼠肠道的菌群失调有积极作用，而酚类物质主要为阿魏酸、对香豆酸和芥子酸。薏苡仁多糖治疗糖尿病的作用很可能与改善肠道菌群失衡有关，经薏苡仁多糖治疗后的糖尿病小鼠肠道菌群的组成和多样性都发生了显著变化，乳酸杆菌及发酵乳杆菌丰度明显增加，这些可能与多糖代谢有关。另外，薏苡仁影响的肠道微生物的代谢途径与甘油酯代谢、不饱和脂肪酸生物合成、硫还原和谷胱甘肽转运系统有关，这些途径与许多慢性疾病的发展和进程相关，对维持人体健康有重要意义。

5.4.8 美容瘦身

薏苡仁是一种美容食品。在日本，薏苡仁成为人们用来滋补、保健、美容护肤的首选。薏苡仁含有丰富的蛋白质和维生素等，长期食用可以使人体的皮肤光泽细腻，对消除粉刺、雀斑、防脱屑、老年斑、妊娠斑、皲裂、皮肤粗糙等均有显著的治疗作用；且薏苡仁或其提取物能抑制黑色素的生成。薏苡仁也能够改变肠道菌群的比例，帮助顺利排便而改善人的皮肤状况。薏苡仁甘草汤可以防治尖锐湿疣复发，并明显降低其复发率。由薏苡仁乙醇提取物配制成的软膏能够治愈扁平疣。薏苡仁提取物应用在防晒化妆品上，由于它具有较强的紫外线吸收能力，可以减轻紫外线对人体的伤害。酿酒酵母发酵薏米的多糖分子量小，易于被秀丽隐杆线虫吸收和利用，能使秀丽隐杆线虫具有较高的抗氧化酶活性和较低的丙二醛积累，并通过抑制促衰老基因 daf-2 和 age-1 的表达，上调胰岛素/胰岛素样生长因子-1 信号通路中抗衰老基因 daf-16、sod-3、skin-1 和 gcs-1 的表达，最后有效增强秀丽隐杆线虫的应激耐受性，延缓衰老。这与薏苡仁的抗氧化、清除自由基、抗炎活性、调节肠道菌群以及氨基酸组成有关。

另外，薏苡仁具有抗肥胖特性。薏苡仁中的薏苡仁油、薏苡仁素、薏苡仁酯等成分具有有效的减肥作用，例如，薏苡仁油能显著减少大鼠体内的 LDL-C、胰岛素、瘦素和硫代巴比妥酸反应物的浓度，降低脂肪蓄积程度。薏苡仁水提物可以有效调节大鼠白脂肪细胞组织中瘦素和肿瘤坏死因子-α 的信使核糖核酸表达，减少高脂饮食造成的肥胖鼠的体重、食物摄取量、附睾周围和腹部脂肪蓄积，降低血脂水平。另外，薏苡仁的血糖指数显著低于糙米、芋头和白面包，与山药相近；而血糖负荷与绿豆面和山药相似，低于糙米、芋头和白面包。因此，薏苡仁具有抗肥胖的特性可以归因于富含的多种化学成分，如膳食纤维、多酚、抗性淀粉以及薏苡仁油等。

5.4.9 促进子宫收缩缓减痛经

薏苡仁有类雌激素的作用，它可以促进体内雌激素和黄酮的合成，帮助子宫收缩。薏苡仁米壳甲醇提取物可以通过阻断外部 Ca^{2+} 内流抑制子宫收缩，导致细胞内 Ca^{2+} 浓度下降，以达到治疗痛经的目的，其主要活性成分为柚皮素和槲皮素。薏苡仁麸皮和壳的醇提物均可抑制前列腺素 $F_{2\alpha}$、催产素、卡巴胆碱和高 KCl 溶液诱导的子宫收缩，并抑制大鼠子宫平滑肌外流钙引起的收缩和 Ca^{2+} 浓度升高，从而缓减痛经，其活性成分主要是类黄酮、植物甾醇和脂肪酸等[8]。另外，薏苡仁具有可以引起子宫平滑肌兴奋的作用，对治疗过期妊娠有一定疗效。因此，薏苡仁缓减痛经的可能机制，一是薏苡仁对抗前列腺素 $F_{2\alpha}$ 以促进子宫收缩，二是薏苡仁抑制诱导型环氧化酶和诱导型一氧化氮合酶表达以及抑制炎性增殖的镇痛抗炎作用。

5.4.10　促进排卵

中医临床常用薏苡仁搭配其他中药治疗妇女不排卵的情况，以改善排卵功能。身体质量指数>25kg·m^{-2} 的多囊卵巢综合征患者在饮食限制、运动及行为疗法的同时，每日食用 50～100g 薏苡仁，在半年左右时间里减重 2.5～5kg，恢复排卵而妊娠[9]。另外，从薏苡仁中分离到化学结构类似于谷维素的豆甾醇阿魏酸酯和菜油甾醇阿魏酸酯的 9∶1 混合物，每天灌胃 0.1mg 或 0.2mg，连续 3 周可诱导雌性金黄色仓鼠排卵和刺激卵巢卵泡生长。

5.4.11　抑制性激素的合成与分泌

薏苡仁对生殖系统的药理作用比较复杂，有的似乎有矛盾，如薏苡仁还能抑制孕酮、雌二醇和睾酮等性激素生物的合成和分泌。薏苡仁壳和麸皮的甲醇提取可通过降低 8-溴腺苷-3′,5′-环单磷酸钠的积累或芳香化酶活性来减少大鼠卵巢颗粒细胞中的孕酮和雌二醇的分泌，降低 P450scc 和 3b-HSD 酶的活性，且使 PKA、P450scc 和 StAR 等蛋白与 P450scc 和 StAR 等 mRNA 的表达下调；而提取物中柚皮素是降低大鼠卵巢颗粒细胞中孕酮和雌二醇分泌的重要成分。同时，薏苡仁壳的甲醇提取物可抑制大鼠睾丸间质细胞中自发的或 hGC-刺激的睾酮分泌，其机制可能涉及抑制蛋白激酶 A 和蛋白激酶 C 信号转导通路，同时抑制 17β-羟基甾体脱氢酶和促性腺激素释放激素诱导黄体生成激素分泌，而其主要活性成分为丁香醛和对香豆酸[10]。综上，推测薏苡仁可能主要抑制甾体激素生物合成的共同阶段。

5.4.12　预防骨质疏松

薏苡仁可以预防骨质疏松症。薏苡仁、薏苡仁饮食和薏苡仁提取液可抑制卵巢切除小鼠骨碱性磷酸酶磷酸活性、钙含量及卵巢切除小鼠骨矿物质密度的下降，提高抗酒石酸酸性磷酸酶活性，并促成骨细胞增殖，表明薏苡仁有效缓解了卵巢切除小鼠骨质疏松的状态。

5.4.13　其他

薏苡仁还具有抗溃疡、止泻及促进胆汁分泌的作用，能抑制抗水浸应激性溃疡和盐酸性溃疡的形成，抑制番泻叶引起的大肠性腹泻。薏苡仁麸皮中的多酚对香豆酸和阿魏酸等具有很强的黄嘌呤氧化酶抑制活性，对小鼠高尿酸血症具有很好的预防和治疗效果。

5.5　薏苡的精深加工技术

薏苡仁富含多种营养及生物活性物质，是一种药食同源的粮食作物。随着经济的发展和人们对膳食平衡的追求，其营养和保健功效日益受到人们重视。为了充分挖掘薏苡资源潜能、发挥薏苡的保健功能、全面提升薏苡产业附加值及发挥良好的经济效益，越来越多的学者利用先进技术对薏苡仁进行精深加工，如现代炮制、新型熟化、超临界萃取、萌芽、超微粉碎以及微生物发酵等技术。

5.5.1　现代炮制加工技术

炮制技术是我国独有的制药技术和非物质文化遗产。炮制是指以中医药基础理论为指导，按照中医辨证施治用药的需要、药物自身的性质及调配制剂等不同要求，将药材通过净制、切制、炮炙等操作工艺和方法进行再加工处理的一项制药技术，制成一定规格的饮片，以适应医疗要求及调配、制剂的需要，保证用药安全和有效。薏苡仁的常用炮制方法为麸炒、清炒、砂炒、土炒等，目前《中华人民共和国药典》收录的薏苡仁炮制品为麸炒薏苡仁，清炒、砂炒及土炒等其他炮制品有待于通过现代的研究方法进行论证，为临床提供用药依据并且扩大薏苡仁的使用范围。

1. 麸炒薏苡仁

麸炒薏苡仁是指将净制后的薏苡仁加适量的麦麸进行拌炒的炮制方法，是一种常用的炮制方法。根据《中华人民共和国药典》，先将炒制容器加热，至撒入麸皮即刻烟起，随即投入净薏苡仁，迅速翻动，炒至表面呈微黄色时，取出，筛去麸皮，放凉。每 100kg 薏苡仁，用麸皮 10kg。而《福建省中药饮片炮制规范》对麸炒薏苡仁进行了描述，具体炮制方法如下：取麸皮撒在热锅内，中火加热至麸皮冒烟时，加入净薏苡仁，迅速翻炒至表面呈黄色，透出焦香气时，取出，筛去麸皮，摊开，放凉，每 100kg 薏苡仁用麸皮 10～15kg[11]。

2. 清炒薏苡仁

清炒薏苡仁是不加任何辅料或药物进行炒制的炮制方法。根据《福建省中药饮片炮制规范》，取净薏苡仁，置热锅内，用文火炒至表面呈黄色，取出，摊开，放凉[11]。

3. 砂炒薏苡仁

《福建省中药饮片炮制规范》亦记载了砂烫薏苡仁的炮制方法，具体如下：取净薏苡仁，洗净，润透，蒸熟，干燥，后取砂子，置锅内，武火加热至灵活、滑利时，加入薏苡仁，烫至呈泡松状，取出，筛去砂子，摊开，放凉[11]。而《贵州省中药饮片炮制规范》关于砂炒薏苡仁的炮制方法如下：将净薏苡仁加水浸泡 3h，浸至透心后蒸熟，取出烘干，投入热锅中，用小火炒至薏苡仁发泡取出，立即筛去砂，放凉，注意炒制过程中需不断翻炒。

4. 土炒薏苡仁

土炒薏苡仁是指将净薏苡仁与土拌炒的方法。根据《福建省中药饮片炮制规范》，取净土（灶心土、红砖粉、红土或赤石脂），撒入热锅内，中火加热至土呈灵活、滑利状态时，加入净薏苡仁，迅速翻炒至表面尽染土色，取出，立即筛去土，摊开，晾凉。

5. 法炒薏苡仁

法炒薏苡仁指薏苡仁采用樟帮特色炮制方法制备而成，在江西、浙江等地以"法米仁""炒米珠""法苡"等用于临床。在《江西省中药饮片炮制规范》中，作为法炒薏苡仁法定技术标准，其具体方法如下：取净薏苡仁，入清水中浸胀，蒸熟至透心，取出，低温干燥，再用砂炒至爆米花为度。

薏苡仁经过炮制后，其化学成分发生了较大变化。薏苡仁炮制品中甘油三油酸酯的含量比生薏苡仁明显升高。炮制焦香的共同物质基础是麦麸与药物含有的糖、氨基酸及蛋白质等物质经过美拉德反应的产物，具体为糠醛和 5-羟甲基糠醛等物质（结构式见图 5.13），而麸炒后产生的尤其多；其中糠醛用作食品香料，5-羟甲基糠醛有健脾作用和毒副作用，具有抗心肌缺血、抗氧化、Ca^{2+} 拮抗等活性，因此也有研究建议将其作为中药新成分的研究。

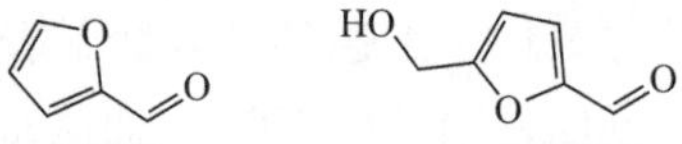

(a) 糠醛　　　　(b) 5-羟甲基糠醛

图 5.13　糠醛和 5-羟甲基糠醛的结构式

5.5.2　新型熟化技术

薏苡仁质地坚硬，直接粒食需经长时间浸泡和蒸煮，不仅耗时、耗能，还易造成营养流失，影响食用口感及其加工应用，而现今过热蒸汽熟化、挤压熟化以及微波熟化等新型熟化技术已经变成了改良薏苡仁品质的主要加工方式。

1. 过热蒸汽熟化

过热蒸汽熟化主要有高温高压、超高压技术、高温短时气流膨化等方法，这些方法均提高了薏苡仁的糊化度，改善了薏苡仁的蒸煮条件。高温高压预熟化薏苡仁的加工条件为料液比 1∶3、40℃浸泡 1h、115℃蒸煮 3min，在 0.25MPa 时，薏苡仁的糊化度达 70%以上，硬度、弹性、胶黏性和咀嚼性等均明显提高，且熟化均匀、颗粒破坏小、色泽变化小[12]。高温短时气流膨化薏苡仁的加工条件在预糊化时间为 30min、膨化温度为 250℃、膨化时间为 20s 和含水率为 6%时，膨化薏苡仁比薏苡仁原料直接煮熟时间缩短了 60min 以上；淀粉糊化度提高了 4.5%以上，薏苡仁淀粉消化性提高，且薏苡仁细胞内部呈蜂窝状结构，形成很多较大的空洞[13]。当采用 300MPa 超高压熟化薏苡仁时，薏苡仁含水率提高，白度增加，透光率略有降低，其弹性、黏聚性和咀嚼度也得到提高。另外，当采用超高压协同均质相结合处理薏苡仁时，薏苡仁粉主要营养成分保存较好，抗性淀粉含量显著增加，休止角较小，堆积密度较大，结块率较小，冲调性和蛋白质分散性较好，消化率较低。

2. 挤压熟化

挤压熟化加工技术是集混合、搅拌、破碎、加热、蒸煮、杀菌、膨化及成型等为一体的高新技术。挤压熟化加工是在压力、水分、温度一定的条件下，物料被送入挤压机，在螺杆、螺旋的推动作用下，物料喂入到挤出的过程是一步完成的，由于螺旋与物料、物料与机筒以及物料内部的机械摩擦作用，物料被输送、均质、剪切、搅拌、膨化、成型等，使物料得到进一步的细化和均化。当挤压熟化工艺为螺杆直径为 50mm，螺杆长度为 1600mm，模孔直径为 3mm，物料含水量为 20%，物料喂入量为 67.5kg·h^{-1}，螺杆转速为 300r·min^{-1}，使模头处温度控制在 125～130℃，生产稳定时模头处温度为 127℃，模头处压力为 9～12.7bar（1bar=10^{5}Pa）时，薏苡仁溶解指数和水吸收指数效果较好[14]。挤压熟化加工后，薏苡仁中的淀粉、蛋白质、纤维素及脂质含量均降低，淀粉分子及其溶胀性均降低，且淀粉颗粒未完全糊化；同时挤压熟化的薏苡仁水溶性指数和吸水率增加，黏度降低，流动性增强。另外，当薏苡仁复配茯苓挤压熟化和重组造粒后，快消化淀粉和抗性淀粉含量增加，淀粉水解指数和血糖负荷评估值均降低，食用后对餐后血糖的影响较小，利于维持餐后血糖的稳态。

3. 微波熟化

微波是 300MHz～300GHz 可产生高频电磁场的电磁波，使物料分子间产生高频振动，引起分子间高速摩擦，迅速提升物料温度；微波加热穿透性强、能耗低、加热均匀迅速，对薏苡仁的养分影响较小。例如，当薏苡仁的预熟化条件为料液比 1 : 3、40℃浸泡 1.5h、微波功率 529W、微波时间 5min、微波物料厚度 2.8cm 时，薏苡仁营养成分的破坏较小，可以降低薏苡仁的硬度，对薏苡仁色泽的影响也小，且预熟化后薏苡仁的弹性、胶黏性和咀嚼性均明显提高，能与小米共煮同熟[15]。另外，还出现了微波热处理和臭氧氧化协同熟化薏苡仁的新技术，即当微波热处理 6min 协同臭氧氧化 20min 时，薏苡仁的溶胀体积、吸水能力、淀粉稳定性效果都较好，并形成了较强的微孔淀粉。

5.5.3　超临界萃取技术

超临界流体是指温度和压力均超过该物质的临界温度和临界压力的流体。在可作为超临界流体的化合物中，CO_2 由于其性质稳定、廉价易得、无毒无臭、不污染环境和产品以及具有较低的临界温度（31.3℃）和临界压力（7.15MPa）等特点，是用于萃取最理想的超临界流体。浙江康莱特集团有限公司生产的国家中药二类新药——康莱特注射液，其工艺就是以薏苡仁为原料，用丙酮提取其薏苡仁油，并经过精炼、精制、制剂等工序制成。由于薏苡仁油萃取过程中需使用大量的丙酮、石油醚等有机溶剂，造成生产成本昂贵、操作危险性大，采用超临界 CO_2 萃取技术替代溶剂提取技术。薏苡仁油提取技术主要通过萃取、精馏、过滤脱酸与两级分离的过程，实现薏苡仁油的提取并降低其酸值；而超临界 CO_2 萃取条件为：将粉碎的薏苡仁粉放入萃取釜中，并向萃取釜中通入超临界 CO_2，萃取釜设定温度为 39～62℃、压力为 34～41MPa、CO_2 流量为 200～500kg·h^{-1}、萃取时间为 3～5h，经过以上方式提取薏苡仁油的得率大于 8.5%[16]。同时，浙江康莱特集团有限公司通过超临界 CO_2 萃取技术，获得了含有 16 种甘油酯的薏苡仁油，并将其制成药物制剂应用于肺癌、肝癌、胰腺癌、前列腺癌、卵巢癌或乳腺癌的治疗。另外，超临界 CO_2 萃取薏苡仁糠油条件为萃取温度为 50℃，分离 I 温度为 35℃，分离 II 温度为 31℃，CO_2 流量控制在 20kg·h^{-1}，调节萃取压力为 35MPa 时，薏苡仁糠油不饱和脂肪酸含量均达到 85%以上，其中油酸、亚油酸、亚麻酸、花生烯酸和棕榈油酸含量分别达到 45.59%、42.36%、0.89%、0.29%和 0.27%[17]。

超临界 CO_2 萃取技术与常规萃取技术相比具有明显的优势，但也存在一些缺点，例如，对某些组分的萃取效率较低，操作压力很高，存在安全问题。因此，出现了超声波辅助超临界流体萃取的新型技术，其可以降低超临界 CO_2 萃取技术的工艺温度、压力、CO_2 流量和减少萃取时间。超声波辅助超临界流体萃取的超声频率为 20MHz、萃取温度为 40℃、萃取压力为 20MPa、萃取时间为 3.5h 和 CO_2 流量为 3L·h^{-1} 时，其薏苡仁油的提取率比超临界 CO_2 萃取技术提高 14%[18]。

5.5.4 萌芽加工技术

发芽是一种廉价但有效的谷物加工方法，萌芽处理可以进一步提高谷物的营养价值和生物活性。发芽过程中，谷物主要宏量营养素被降解、代谢，同时发芽促进了次级代谢产物的富集，降低了谷物抗营养和难消化因子的水平。用 0.1% 的 NaClO 溶液处理薏苡仁籽粒 30min，清洗干净后将薏苡仁籽粒加入 10 倍体积的去离子水，25℃浸泡 12h，再将薏苡仁颗粒平铺于双层纱布之间，在 25℃、95% 相对湿度发芽 60h 条件下，其 γ-氨基丁酸和薏苡素含量分别增加了 243% 和 264%；发芽处理提高了薏苡仁对高脂血症小鼠的降脂和抗氧化作用，改善了薏苡仁热水提取液中维生素 B_1、维生素 C、游离氨基酸、多肽和多酚等的含量，提高了其对血管紧张素转换酶、酪氨酸酶和黄嘌呤氧化酶的抑制活性。另外，当以含 $10mg·L^{-1}$ 的 Na_2SeO_3、$11mmol·L^{-1}$ 的 $CaCl_2$、$87.7\mu mol·L^{-1}$ 的赤霉素和 $31.5mmol·L^{-1}$ 的谷氨酸钠溶液进行萌芽处理时，其发芽率最高达 90% 以上，萌芽糙薏苡仁中总硒、有机硒和 γ-氨基丁酸含量分别达 $0.42mg·100g^{-1}$、$0.37mg·100g^{-1}$ 和 $116.69mg·100g^{-1}$[19]。

5.5.5 超微粉碎加工技术

超微粉碎作为一种物理修饰途径，通过将物料颗粒粉碎至 $10\sim25\mu m$，得到具有界面活性的超微粉体，破坏了植物的细胞壁结构，显著改变了谷物的组分与微观结构，导致其理化性质与功能特性发生改变。粗薏苡仁粉经龙脉精研机，在振幅为 5.5mm、工作制式为翻转式，采用循环制冷系统于 $25\sim28℃$ 的室温环境下高频振动粉碎 15min 后，薏苡仁粉的颗粒粒径降低，平均粒径为 $33.04\mu m$，超微粉的糊化特性和热特性受到影响，全粉的热糊稳定性和凝胶的抗老化性得以改善；而混合添加剂（0.3% 单甘酯、0.3% 卡拉胶、10% 甘油、35% 糖浆）可以有效延缓薏苡仁粉凝胶的老化回生[20]。薏苡仁超微粉中的总黄酮、多糖、可溶性固形物含量增加，黏度和组织悬浮稳定性有很大提高，其风味物质以烷烃类、醛类、酯类为主，并含有醇类、芳香族化合物、呋喃类、酮类和酸类等。因此，薏苡仁经超微粉碎后，其物料粒径减小，溶解性和分散性提高，易于被人体吸收，并且能最大限度地保留原料的营养成分及活性功能成分，利于开发和制备高品质产品。

5.5.6 微生物发酵技术

微生物发酵转化植物性原料，实现产品品质及其生理功能的全面提升，改善原料原有品质、提升产品生理功能、丰富产品风味口感，已成为植物性原料基质开发应用的新途径。目前，主要应用红曲霉、酵母、芽孢杆菌、乳杆菌等对薏苡仁进行深发酵。

1. 红曲霉发酵薏苡仁

红曲霉发酵薏苡仁中的薏苡仁酯、薏苡素、洛伐他汀、红曲色素、生育酚、谷维素、植物甾醇等活性成分实现了富集与叠加。例如，将碎薏苡仁按装料量为 $7.22g\cdot100mL^{-1}$、料液比为 $50:17$、初始 pH 为 6.5、121℃蒸料 6min 后，按质量百分比接种 9%的红曲霉种子液（孢子浓度≥106 个·mL^{-1}），于 28℃温度下发酵 10 天，其中薏苡素、薏苡仁酯、洛伐他汀、红曲色素、α-生育酚和 γ-谷维素实现了新增富集，且从高增量活性成分中首次检出甾体类化合物(3β)-3-羟基-5-烯-17-甾酮（结构式见图 5.14），其已被国际公认为新型膳食补充剂；同时，超临界 CO_2 萃取的发酵物精油具有较强的抗氧化能力和抗人喉癌细胞 HEp2 增殖的作用；经食用安全性评价证实,超临界 CO_2 萃取的发酵物精油无急性毒性($LD50>10g\cdot kg^{-1}$，属于实际无毒)，细菌回复突变试验、小鼠骨髓细胞微核试验与精母细胞染色体畸变试验均为阴性，故无诱变性、细胞毒性或遗传毒性，是一种非常安全的食用精油[21]。红曲霉发酵的薏苡仁还可以通过保护抗氧化防御机制、降低氧化应激和抑制内质网应激、自噬、凋亡及与肺气肿相关的方式改善小鼠的肺损伤。红曲霉发酵的薏苡仁可提高 $FeCl_3$ 诱导大鼠的颈动脉闭塞水平，降低促炎 NF-kappa B/ICAM-1 信号通路和内质网应激 CHOP 的表达，并减少血栓形成面积，这都体现了红曲霉发酵的薏苡仁对血栓形成具有保护作用[22]。另外，红曲霉发酵薏苡仁和大麦与荷叶混合制成降脂颗粒茶，饲喂高脂血症大鼠，发现降脂颗粒茶具有降血脂的作用。因此，红曲霉对薏苡仁进行微生物发酵转化，可使薏苡仁营养组分发生改变，获得多重生物活性组分的功能性新产品并增加其利用价值。

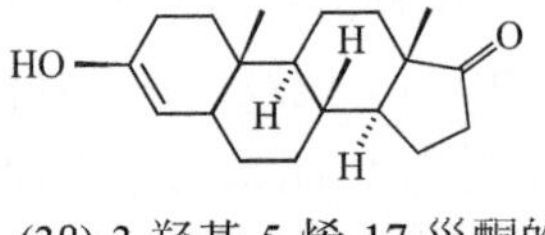

图 5.14　(3β)-3-羟基-5-烯-17-甾酮的结构式

2. 酵母菌发酵薏苡仁

薏苡仁是一种营养成分和药理成分都非常丰富的谷物，而薏苡仁酒更是一种营养丰富的保健饮品。例如，在料水比为 $1:4$、发酵温度为 30℃、酵母菌接种量为 2.2%、发酵初始 pH 为 5.1 的条件下制得的薏苡仁酒，其色泽清透，香气浓郁，口感纯正；且黄酮含量、薏苡素含量有所增加；另外，在香气成分中检测到活性成分二丁基羟基甲苯（结构式见图 5.15），二丁基羟基甲苯为强体外抗氧化剂，具有预防心血管疾病、癌症等功能[23]。另外，酿酒酵母发酵的薏米多糖比未发酵薏米多糖具有更高的抗氧化活性，可提高秀丽隐杆线虫抗氧化应激和热应激的能力，延长其寿命，且主要通过 *daf*-16 和 *skin*-1 这两条关键通路起作用。因此，薏苡仁富含多种营养素和药理成分，以酵母菌发酵薏苡仁制成的薏苡仁酒具有一定的市场潜力。

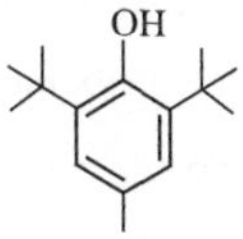

图 5.15　二丁基羟基甲苯的结构式

3. 芽孢杆菌发酵薏苡仁

枯草芽孢杆菌是一种革兰氏阳性细菌，因繁殖快、易培养、逆境强、无致病性等特点而被视为重要的谷物发酵剂。当接种量为 8.1%、发酵温度为 38℃和发酵时间为 96h 时，枯草芽孢杆菌发酵精薏苡仁实现了川芎嗪（结构式见图 5.16）的高富集，且总游离氨基酸、γ-氨基丁酸、总黄酮、总多酚、总三萜、薏苡仁酯含量均增加；同时，枯草芽孢杆菌发酵薏苡仁的正丁醇组分对人白血病 K562 细胞和人非小细胞肺癌 A549 细胞具有较强的抗肿瘤效应，其活性成分主要为川芎嗪、γ-氨基丁酸和酚类化合物[24]。枯草芽孢杆菌发酵薏苡仁还可以降低高脂血症仓鼠的血清和肝中总胆固醇、甘油三酯水平，降低血清中低密度脂蛋白胆固醇/高密度脂蛋白胆固醇的比值，增加粪便中胆固醇和甘油三酯含量，降低硫代巴比妥酸反应产物水平。另外，枯草芽孢杆菌发酵薏苡仁纳豆，其产品气味芳香，黏液较多，氨基酸成分丰富，感官品质良好。因此，以枯草芽孢杆菌发酵薏苡仁，不仅改良了薏苡仁的组织结构和营养成分，而且赋予了独特风味，还增强了薏苡仁的功能活性。

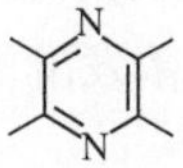

图 5.16　川芎嗪的结构式

4. 乳杆菌发酵薏苡仁

乳杆菌发酵薏苡仁中的游离氨基酸、游离脂肪酸、可溶性膳食纤维、有机酸等营养成分增加，且风味独特、黏度特性稳定，口感和外观更符合消费者的口味。植物乳杆菌 NCU137 发酵薏苡仁中的游离氨基酸、游离脂肪酸、可溶性膳食纤维、有机酸等营养成分显著高于未发酵薏苡仁，且风味独特、黏度特性稳定，口感和外观更符合消费者的口味。解淀粉乳杆菌 L6 发酵含 1.5%薏苡仁的全谷物酸奶，发现全谷物酸奶质构较柔软和黏稠、抗氧化能力较强，且在模拟体外消化后生成的葡萄糖值显著低于理论葡萄糖值。罗伊氏乳杆菌发酵的薏苡仁乳基质中活菌数可达到 12.96log CFU·mL^{-1}，其有机酸以乳酸和乙酸为主，挥发性风味物质丰富，鲜味较好，口感较柔和[25]；进一步研究发现，薏苡仁提取物主要是薏苡仁油、薏苡仁多糖和薏苡蛋白质，都可促进罗伊氏乳杆菌的活菌数的增加，其碳水化合物代谢、氨基酸代谢和核苷酸代谢通路均上调表达，且增加了基质中苯乳酸、维生素和生物素等生物活性代谢物的积累[26]。另外，罗伊氏乳杆菌分别与嗜热链球菌和保加利亚乳杆菌协同发酵的薏苡仁酸奶的咀嚼性、内聚性、胶黏性较好，滋味适中，且风味物质种类和含量都较多。因此，乳杆菌发酵的薏苡仁是一种潜在的绿色健康食品。

乳杆菌发酵薏苡仁也展现出了特有的功能活性。例如，植物乳杆菌或副干酪乳杆菌发酵的薏苡仁乳可使高胆固醇饲料喂养的仓鼠的血清胆固醇水平和低密度脂蛋白胆固醇与高密度脂蛋白胆固醇的比值降低，粪便中胆固醇和甘油三酯水平也有升高；而植物乳杆菌或副干酪乳杆菌发酵薏苡仁乳液组的血液中超氧化物歧化酶和总抗氧化活性增加，从而减轻了薄巴比妥酸反应物质的水平，表明植物乳杆菌或副干酪乳杆菌发酵薏苡仁牛乳和薏苡仁豆乳可改善高胆固醇血症。植物乳杆菌发酵的薏苡仁豆乳能抑制脂多糖（lipopolysaccharide，LPS）诱导的巨噬细胞 RAW264.7 的 NO、PGE2、TNF-α、IL-6、IL-1β 和 ROS 的产生，减少促炎因子基因（iNOS 和 COX-2）的表达，显著降低转录因子 NF-κB 活性，表明植物乳杆菌发酵的薏苡仁豆乳具有抗炎活性。罗伊氏乳杆菌发酵的薏苡仁乳能使高脂饲养小鼠的血清总胆固醇、甘油三酯、低密度脂蛋白胆固醇水平降低，高密度脂蛋白胆固醇水平升高，肝脏氧化应激减轻，脂质合成相关基因的表达下调，并防止高脂饮食小鼠肝脏脂肪堆积；同时，罗伊氏乳杆菌发酵的薏苡仁乳能改善大鼠肠道菌落结构，逆转了失调的肠道菌群，*Muribaculaceae*、毛螺菌、杜博西氏菌和阿克曼菌等丰度均增加，表明了罗伊氏乳杆菌发酵的薏苡仁乳可以改善高脂小鼠的脂质代谢和肠道菌群[27]。

综上，乳杆菌发酵的薏苡仁不仅可以改善其营养价值和功能活性，而且可以获得风味独特的新产品。

参 考 文 献

[1] 陆平, 李英才. 我国首次发现有水生薏苡种分布. 种子, 1996, (1): 54.

[2] Manosroi J, Khositsuntiwong N, Manosroi A. Biological activities of fructooligosaccharide (FOS)-containing *Coix lachryma-jobi* Linn. extract. Journal of Food Science and Technology, 2014, 51(2): 341-346.

[3] Yao Y, Zhu Y Y, Gao Y, et al. Effect of ultrasonic treatment on immunological activities of polysaccharides from adlay. International Journal of Biological Macromolecules, 2015, 80: 246-252.

[4] Diningrat D S, Risfandi M, Harahap N S, et al. Phytochemical screening and antibacterial activity *Coix lacryma-jobi* oil. Journal of Plant Biotechnology, 2020, 47 (1): 100-106.

[5] Tokuda H, Matsumoto T, Konoshima T, et al. Inhibitory effects on epstein-barr virus activation and anti-tumor promoting activities of *Coix* seed. Planta Medica, 1990, 56 (6): 653-654.

[6] Lee M Y, Lin H Y, Cheng F, et al. Isolation and characterization of new lactam compounds that inhibit lung and colon cancer cells from adlay (*Coix* lachryma-jobi L. var. ma-yuen Stapf) bran. Food and Chemical Toxicology, 2008, 46 (6): 1933-1939.

[7] Devaraj R D, Jeepipalli S P K, Xu B J. Phytochemistry and health promoting effects of Job's tears (*Coix lacryma-jobi*) — A critical review. Food Bioscience, 2020, 34: 100537.

[8] Huang Y J, Chen Y C, Chen H Y, et al. Ethanolic extracts of adlay testa and hull and their active biomolecules exert relaxing effect on uterine muscle contraction through blocking extracellular calcium influx in ex vivo and in vivo studies. Biomolecules, 2021, 11 (6): 887.

[9] 王飞儿. 薏苡仁辅助治疗多囊卵巢综合征. 中医杂志, 2011, 52 (3): 251.

[10] Hsia S M, Tseng Y W, Wang S W, et al. Effect of adlay (*Coix lachryma-jobi* L. var. *ma-yuen Stapf.*) hull extracts on testosterone release from rat leydig cells. Phytotherapy Research Ptr, 2009, 23 (5): 687-695.

[11] 《福建省中药饮片炮制规范》编写组. 福建省中药饮片炮制规范. 福州: 福建科学技术出版社, 2011.

[12] 孙军涛, 张智超, 肖付刚, 等. 高温高压蒸煮对六种杂粮糊化度的影响. 食品工业, 2019, 40 (10): 84-87.

[13] 刘晓娟, 杨磊, 毛新, 等. 高温短时气流膨化后薏米的煮熟特性研究. 食品工业科技, 2012, 33 (16): 153-156.

[14] 陈凯新. 挤压膨化参数对薏米产品特性的影响. 北京: 中国农业科学院, 2013.

[15] 李学琴. 茯苓复配谷物挤压膨化与重组造粒品质特性研究. 贵阳: 贵州大学, 2018.

[16] 李大鹏. 一种超临界 CO_2 萃取、精馏、过滤提取薏苡仁油的方法: CN103131533A. [2013-06-05].

[17] 林莉, 董玮, 张文华, 等. 超临界 CO_2 与水酶法提取不同热处理薏米糠油的品质. 贵州农业科学, 2018, 46 (8): 124-127.

[18] Hu A J, Zhang Z H, Zheng J, et al. Optimizations and comparison of two supercritical extractions of adlay oil. Innovative Food Science & Emerging Technologies, 2012, 13: 128-133.

[19] 党娟, 秦礼康, 杨先龙, 等. 富硒和 γ-氨基丁酸萌芽糙薏米培养液组分的工艺优化. 贵州农业科学, 2015, 43 (4): 182-186.

[20] Zhang T, Xiao S Y, Ding Z H, et al. Effects of superfine grinding on physicochemical properties and morphological structure of coix seed powders. Journal of Cereal Science, 2021, 102: 103361.

[21] Zeng H Y, Qin L K, Liu X Y, et al. Increases of lipophilic antioxidants and anticancer activity of *Coix* seed fermented by *Monascus purpureus*. Foods, 2021, 10 (3): 566.

[22] Tien A J, Chueh T H, Hsia C P, et al. *Monascus* adlay and monacolin K attenuates arterial thrombosis in rats through the inhibition of ICAM-1 and oxidative stress. Kidney & Blood Pressure Research, 2016, 41(6): 815-827.

[23] 郭克娜. 薏米酒生产技术及质量指标的研究. 重庆: 西南大学, 2013.

[24] Wen A Y, Zhu Y, Mazhar M, et al. Enhancement of anti-proliferative activity of the extracts from dehulled adlay by fermentation with *Bacillussubtilis*. Foods, 2021, 10(12): 2959.

[25] Yang Z J, Zhu X L, Wen A Y, et al. Development of probiotics beverage using cereal enzymatic hydrolysate fermented with *Limosilactobacillus reuteri*. Food Science & Nutrition, 2022, 10(9): 3143-3153.

[26] Yang Z J, Wen A Y, Qin L K, et al. Effect of *Coix* seed extracts on growth and metabolism of *Limosilactobacillus reuteri*. Foods, 2022, 11(2): 187.

[27] Yang Z J, Zhu X L, Wen A Y, et al. *Coix* seed-based milk fermented with *Limosilactobacillus reuteri* improves lipid metabolism and gut microbiota in mice fed with a high-fat diet. Frontiers in Nutrition, 2022, 9: 921255.

第 6 章 谷 子

谷子（*Setaria italica* L.）起源于中国，因其耐旱、耐盐等特性在全球范围广泛种植，谷子在粮食作物中的总产量位居全球第六。与大米和小麦等主要谷物相比，谷子是一种无麸质且营养丰富的全谷物，含有多种维生素、矿物质和高水平蛋白质。除了营养价值，谷子还含有高含量的膳食纤维、类胡萝卜素和酚类等生物活性成分，有助于预防和改善糖尿病、高血压、癌症等疾病。合理利用加工方式，可以最大程度地提高加工效率且保留谷子的营养成分，有效实现谷子的潜在功能特性。

6.1 谷子的生物活性成分

谷子是酚类化合物、类胡萝卜素、膳食纤维、植物甾醇、角鲨烯、叶酸等生物活性物质的重要来源，其含量和理化性质会受到品种、部位、提取方法、加工方式、环境条件等多种因素的影响。

6.1.1 多酚

谷子多酚由羟基苯甲酸衍生物、羟基肉桂酸衍生物、类黄酮和缩合单宁（原花青素）组成。按化合物结构不同可分为酚酸、类黄酮、缩合单宁三类；按存在形态不同可分为游离酚和结合酚，已鉴定出不同碾磨部分的 18 种游离酚和 13 种结合酚，超过 80%的总酚以游离状态的形式存在[1]。谷子酚类化合物的组成和含量因不同的栽培地点、环境条件、品种和检测部位而异。在烹饪或食用前通常对谷子进行脱壳处理以提高适口性，由于酚类化合物主要集中在外壳、麸皮等副产品中，碾磨过程中会造成酚类化合物的损失。谷子不同部位（即外壳、麸皮、种皮和胚乳）含有不同水平的多酚类物质，不同碾磨级分的总酚含量从高到低依次为外壳、麸皮、全谷、去壳谷子、抛光谷子，含量（以阿魏酸计）分别为 17.99mg·g^{-1}、10.44mg·g^{-1}、6.02mg·g^{-1}、1.89mg·g^{-1}、0.79mg·g^{-1}，抗氧化活性与总酚含量一致[2]；对游离酚和结合酚进行检测发现，麸皮中游离酚含量最高，而外壳中结合酚含量最高。

1. 酚酸

酚酸主要以游离、可溶的酯化和不可溶的结合形式存在于谷物中。谷子的酚酸含量较高，很大一部分以不溶性状态存在，由于与细胞壁结合其生物利用性很低。按分子结构的不同，酚酸可分为羟基苯甲酸衍生物和羟基肉桂酸衍生物两大类。羟基苯甲酸衍生物包括对羟基苯甲酸、香草酸、龙胆酸、丁香酸、原儿茶酸等，羟基肉桂酸衍生物包括芥子酸、对香豆酸、肉桂酸、阿魏酸和咖啡酸等，化学结构式如图 6.1、图 6.2 所示。由于结构中存在芳香酚环，酚酸可通过提供氢或电子作为抗氧化剂。Chandrasekara 等评价了谷子酚类对 DPPH 自由基、羟基自由基、单线态氧等活性氧的抑制作用，发现阿魏酸和对香豆酸具有有效的自由基清除活性[3]。阿魏酸作为一种主要的羟基肉桂酸，存在于谷子的可溶性和结合酚提取物中，是一种强大的抗氧化剂；除单体化合物外，Xiang 等首次报道了去皮谷子中四种阿魏酸二聚体的存在，具有更高的抗氧化活性；并且首次检测到 9 种羟基肉桂酸亚精胺以及 3 种黄酮 C-糖苷在游离部分富集[4]。

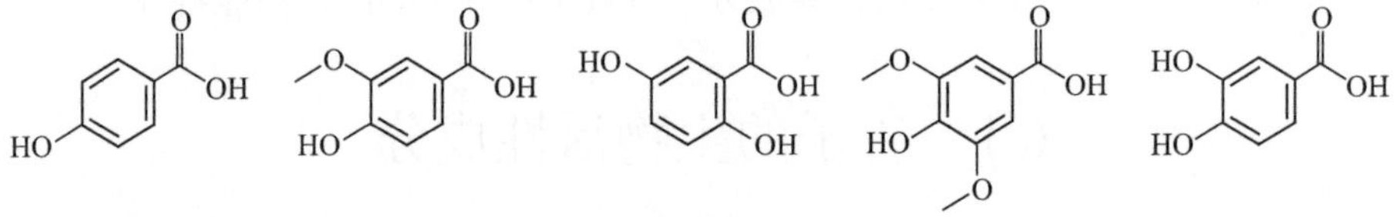

(a) 对羟基苯甲酸　　(b) 香草酸　　(c) 龙胆酸　　(d) 丁香酸　　(e) 原儿茶酸

图 6.1　谷子中羟基苯甲酸及其衍生物的结构式

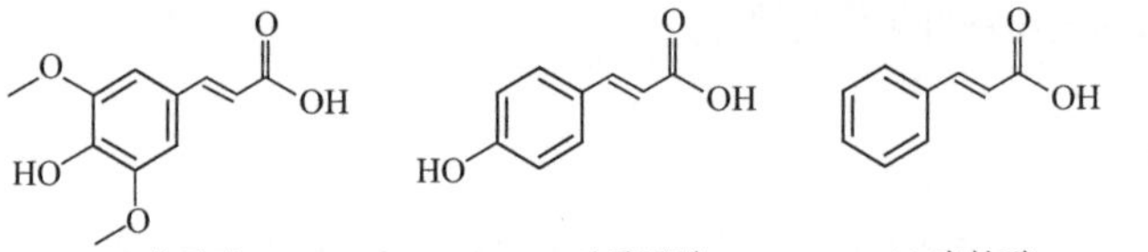

(a) 芥子酸　　　　　(b) 对香豆酸　　　　(c) 肉桂酸

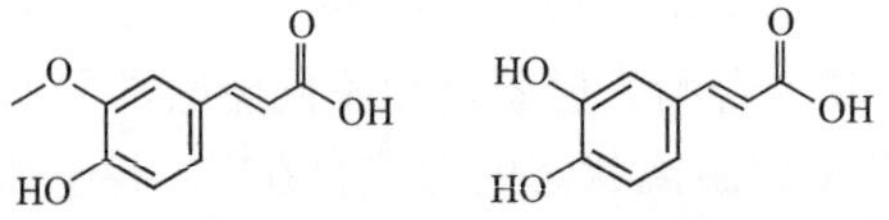

(d) 阿魏酸　　　　　(e) 咖啡酸

图 6.2　谷子中羟基肉桂酸及其衍生物的结构式

酚酸含量和组成因所考虑的酚类、碾磨部分和谷子类型而异。羟基苯甲酸衍生物和羟基肉桂酸衍生物的总含量分别为 $10.35\mu g \cdot g^{-1}$ 和 $287.55\mu g \cdot g^{-1}$（可溶部分），$33.84\mu g \cdot g^{-1}$ 和 $289.71\mu g \cdot g^{-1}$（结合部分）。可以看出，羟基肉桂酸及其衍生物是谷子中最常见的酚酸物质，占比达 80% 以上。麸皮和外壳的酚酸总含量分别占总酚酸可溶性和结合提取物的 73.7% 和 96.9%，而籽粒占比较低。表 6.1 展示了 8 种主要酚酸在不同碾磨级分的含量差异。咖啡酸、阿魏酸和芥子酸是可溶性部分的最主要酚酸，香草酸、对香豆酸和阿魏酸在结合酚提取物中含量丰富，对羟基苯甲酸、绿原酸和没食子酸在可溶和结合部分含量都很低。此外，品种间酚类化合物的定性和定量多样性受遗传和环境因素的控制。在相同环境下种植的两个谷子品种 CO6 和 CO7 中，CO6 品种总酚酸含量在可溶和结合部分仅为 $110\mu g\cdot g^{-1}$ 左右，CO7 品种中则达到 $250\mu g\cdot g^{-1}$ 以上，绿原酸、丁香酸、咖啡酸、对香豆酸和阿魏酸是主要的酚酸[6]。此外，无论采用何种检测和处理方式，中国谷子的阿魏酸和丁香酸含量普遍高于印度谷子，而对香豆酸含量较低，这表明不同品种和地区的谷子可能具有不同的特征酚类。

表 6.1　谷子提取物中可溶性和结合酚酸的含量（单位：$\mu g\cdot g^{-1}$ 脱脂粉）

| 样本 | 羟基苯甲酸衍生物 | | | | 羟基肉桂酸衍生物 | | | | | | 总量 |
	没食子酸	对羟基苯甲酸	香草酸	总量	咖啡酸	绿原酸	阿魏酸	芥子酸	对香豆酸	总量	
可溶性											
全谷物	6.91± 0.15	1.07± 0.05	2.37± 0.06	10.35± 0.86	85.22± 2.48	19.91± 0.62	93.4± 2.94	85.36± 2.08	3.66± 0.12	287.55± 6.24	297.90± 6.50
去壳	3.26± 0.07	0.44± 0.00	0.77± 0.02	4.47± 0.09	50.55± 3.62	13.96± 0.47	9.37± 0.03	41.43± 1.51	3.52± 0.08	118.83± 2.71	123.30± 2.80
珍珠粒	2.55± 0.08	0.23± 0.00	0.20± 0.01	2.98± 0.09	17.04± 0.86	2.21± 0.01	2.56± 0.02	18.69± 0.28	0.41± 0.00	40.91± 1.17	43.89± 1.26
外壳	25.49± 2.93	2.19± 0.19	5.71± 0.16	33.39± 1.28	145.23 ±2.91	32.53± 1.08	299.55± 4.53	151.84± 3.58	24.33± 0.53	653.48± 12.63	686.87± 13.91
麸皮	30.62± 1.80	7.67± 0.12	6.09± 0.27	44.38± 1.19	333.98 ±12.49	27.09± 0.79	48.78± 2.61	121.96± 1.56	42.97± 1.01	574.78± 8.46	619.16± 9.65
结合性											
全谷物	0.85± 0.02	1.06± 0.02	31.93± 1.49	33.84± 1.53	2.03± 0.06	3.21± 0.11	83.72± 2.51	4.13± 0.12	196.62± 4.91	289.71± 7.71	323.55± 9.24
去壳	1.06± 0.03	0.04± 0.00	1.86± 0.02	2.96± 0.05	0.73± 0.00	0.62± 0.02	15.72± 0.47	2.69± 0.04	4.84± 0.15	24.6± 0.68	27.56± 0.73
珍珠粒	1.14± 0.02	0.05± 0.00	1.97± 0.05	3.16± 0.07	0.41± 0.01	0.41± 0.01	1.65± 0.05	9.56± 0.21	1.09± 0.03	13.12± 0.31	16.28± 0.38
外壳	3.99± 0.09	3.78± 0.07	51.74± 1.01	59.51± 1.17	7.29± 0.22	10.26± 0.31	2120.66 ±51.62	75.24± 2.23	6454.04± 93.62	8667.49 ±148.00	8727.00 ±149.17
麸皮	0.19± 0.01	3.75± 0.08	61.49± 1.27	65.43± 1.36	1.91± 0.06	10.37± 0.24	1314.44 ±30.43	5.69± 0.13	552.84± 14.59	1885.25 ±45.45	1950.68 ±46.81

注：总量±后面的数据是标准差，与前面酚酸的标准差不是相加关系。

2. 类黄酮

类黄酮，又称黄酮类化合物。谷子富含类黄酮，包括黄酮、黄烷酮、黄酮醇、查尔酮、异黄酮、花青素等，其结构由含氧杂环中的 C6-C3-C6 骨架连接而成的两个苯环组成，以糖苷配基的形式存在。谷子中的类黄酮包括可溶性和结合性两大类，含量分别为 244.34μg·g^{-1} 和 368.28μg·g^{-1}。在谷子中鉴定出 8 种主要的类黄酮，包括 3 种黄酮醇（槲皮素、山柰酚、杨梅素）、2 种黄酮（芹菜素、木犀草素）、黄烷-3-醇（儿茶素）、黄烷酮（柚皮素）、异黄酮（黄豆苷元）[6]。其中，槲皮素是谷子中含量最丰富的类黄酮，山柰酚和木犀草素是游离酚提取物中的主要黄酮类化合物，黄豆苷元是开发功能性食品，为替代植物雌激素提供了良好来源。

黄酮含量受多种因素影响，包括栽培环境、气候条件、加工方式和品种等。同一地区 8 个谷子品种的总黄酮含量（以槲皮素计）范围为 4.0～8.1mg·g^{-1}，可能归因于植物生长过程中受到的环境条件的影响。山西 4 种不同栽培区域谷子的代谢物差异表明，黄酮类化合物的生物合成与温度和光照强度有关。与酚酸类似，在所有碾磨级分检测到的总黄酮提取物中，外壳和麸皮的总黄酮含量合计占比超过 70%。不同碾磨部分谷子类黄酮的不均匀分布具有不同的功能特性和工艺功能，例如，抛光后的谷子富含异黄酮，可以有效螯合二价金属，而外壳和麸皮组分富含黄酮，具有较强的抗氧化作用和淀粉消化酶抑制作用[6]。因此，谷子及其磨碎部分可用作促进健康的功能性食品成分。

3. 缩合单宁

单宁分为可水解、不可水解和缩合单宁，缩合单宁由黄酮-3-醇和/或黄酮 3,4-二醇聚合形成，谷子单宁主要为缩合单宁。作为一种多酚类化合物，单宁被认为是一种抗营养物质，因为它们会沉淀蛋白质、抑制消化酶活性并影响维生素和矿物质的利用。然而，它们对淀粉消化的抑制作用已被认为对预防 2 型糖尿病和代谢综合征具有潜在的益处。许多单宁分子已被证明能降低许多致癌物/诱变剂的致癌/致突变活性，其抗致癌和抗突变潜能可能与其抗氧化性能有关，对保护细胞的抗氧化能力非常重要[7]。与不含单宁的谷物相比，富含单宁的谷物表现出更高的抗氧化活性。

对 6 个印度谷子品种的单宁含量进行测定，范围为 324.20～413.80mg·100g^{-1}。在不同品种及不同处理组（整谷、脱壳谷物、谷壳）中，SiA-2593 品种及 17%的谷壳中观察到最高的单宁含量分别为 470.28mg·100g^{-1} 和 413.80mg·100g^{-1}。谷物中的单宁含量比谷壳中的少，这可能是由于单宁在谷壳部分积累。此外，单宁在10%的脱壳谷物中比在 17%的脱壳谷物中含量高，单宁损失分别为 19.23%和42.06%[9]，这表明单宁集中在最上层的谷糠中，而不是在内层，进一步证明了谷子脱壳会导致单宁含量显著减少。

6.1.2 类胡萝卜素

一般来说，去壳后的小米颜色是消费者评价其品质最直接的指标。许多化合物，包括类胡萝卜素（叶黄素和玉米黄素）、类黄酮，是植物中主要的黄色素，被认为赋予植物营养和药理益处。类胡萝卜素是以 8 个异戊二烯作为基本骨架，在一端或两端环化形成的 40 碳化合物。在谷子中发现了几种天然类胡萝卜素，平均含量可达 $1.73mg \cdot kg^{-1}$，包括玉米黄素（3,3′-二羟基-β-胡萝卜素）、叶黄素（3,3′-二羟基-α-胡萝卜素）和隐黄素（3-羟基-β-胡萝卜素）等，其最大吸收波长为 445nm，基本化学结构式如图 6.3 所示。

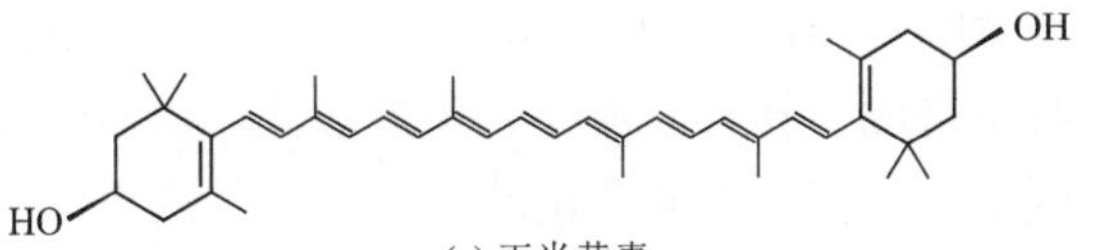

(a) 玉米黄素

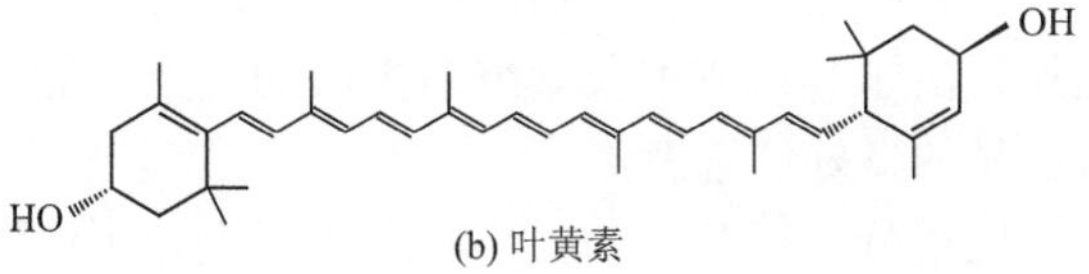

(b) 叶黄素

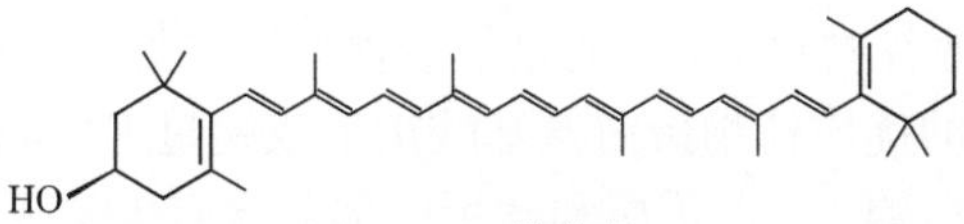

(c) 隐黄素

图 6.3 谷子中类胡萝卜素的结构式

类胡萝卜素的生物合成和降解影响其含量和组成，导致小米品种间的颜色差异。在谷子种质资源中，大多数黄色谷子主要含有叶黄素和玉米黄素（二者约占总类胡萝卜素的 90%）以及少量的隐黄素，一些白粒谷子几乎不积累类胡萝卜素。在积累类胡萝卜素的谷子品种中，麸皮和谷壳中的含量极低，而在抛光谷子中很容易被检测到，表明类胡萝卜素在胚乳中积累。对中国北方地区 102 个谷子品种的黄色素的含量进行测定，表明谷子品质与黄色素含量呈正相关，根据黄色素的积累程度，可以判断谷子的成熟水平，利用比色法帮助决定何时收获这种作物，对农业生产有重大意义[9]。对 200 个谷子品种的类胡萝卜素的组成和含量进行鉴定，发现类胡萝卜素平均含量为 $11.63\mu g \cdot g^{-1}$，显著高于小麦（$5.89\mu g \cdot g^{-1}$）和玉米（$9.57\mu g \cdot g^{-1}$）；叶黄素的平均浓度为 $3.02\mu g \cdot g^{-1}$，与玉米相近（$3.05 \mu g \cdot g^{-1}$）；玉米黄素含量为 $8.61\mu g \cdot g^{-1}$，显著高于玉米（$5.30\mu g \cdot g^{-1}$）[10]。谷子中的叶黄素和玉米黄素比其他作物的含量丰富，是一种很有前景的天然类胡萝卜素来源。

不同种类的类胡萝卜素由于所含共轭双键数量不同，其吸收光谱特性不同，从而呈现不同的颜色，为谷物的根、块茎或种子着色。由于其脂溶性特性可以破坏多不饱和脂肪酸以及其他细胞膜相关化合物的过氧化，可以通过淬灭单线态氧和清除自由基作为抗氧化剂。此外，类胡萝卜素还可作为维生素 A 前体，是人体膳食补充剂的重要来源。视力保护是类胡萝卜素最显著的功能。叶黄素和玉米黄素是眼睛黄斑部的主要色素，保护光感器官免受氧化损伤。其中，叶黄素被认为具有广泛的抗炎作用，可用于预防白内障及降低心血管疾病的风险；玉米黄素可用于预防眼睛损伤、治疗动脉粥样硬化及年龄相关性黄斑变性等疾病。AREDS2研究小组建议每天摄入 10mg 叶黄素和 2mg 玉米黄素以保持视力健康。

6.1.3　蛋白质

谷子蛋白质含量范围为 $91.7\sim112.0\mathrm{g\cdot kg^{-1}}$，主要由醇溶蛋白、谷蛋白、白蛋白和球蛋白四种蛋白质组成，其中，主要成分是富含脯氨酸的醇溶蛋白，约占总蛋白质的 60%。不同品种谷子蛋白质含量的差异主要是由于总醇溶蛋白积累的差异。谷子蛋白质及其水解物已证明有生物活性的作用，可进一步用于探索人类慢性疾病的管理。此外，由于其低成本及其浓缩蛋白的优异功能特性，谷子可被认为是替代动物蛋白食品的良好候选者。

除了不同的蛋白质组分，氨基酸的大小和组成在决定蛋白质功能方面也起着重要的作用。相较于其他谷物，谷子中的氨基酸含量往往处于较高水平（表 6.2），除赖氨酸外，谷子提供的优质植物蛋白氨基酸接近或超过 FAO/WHO 推荐标准，甚至可以与大豆浓缩蛋白媲美。白蛋白和球蛋白部分含有大量天冬氨酸、谷氨酸、甘氨酸、丙氨酸、赖氨酸和精氨酸；谷蛋白部分富含天冬氨酸、谷氨酸和亮氨酸；顾名思义，醇溶蛋白富含疏水性氨基酸，包括谷氨酸、脯氨酸和亮氨酸。组氨酸、亮氨酸、甘氨酸、脯氨酸在自由基清除中起着重要作用，以醇溶蛋白为原料制备的抗氧化肽，揭示了疏水性氨基酸组成可能与其强抗氧化活性相对应。

表 6.2　谷子与其他粮食作物的必需氨基酸含量比较（单位：$\mathrm{g\cdot 100g^{-1}}$ 蛋白质）

作物名称	蛋氨酸	色氨酸	赖氨酸	苏氨酸	缬氨酸	亮氨酸	苯丙氨酸	异亮氨酸
谷子	2.69	1.32	1.42	3.89	5.49	11.96	6.27	4.55
珍珠粟	1.86	1.33	3.42	3.55	4.79	8.52	4.88	3.45
穇子	2.74	0.91	2.83	3.84	5.65	8.86	5.70	3.70
糜子	2.20	0.80	1.50	3.00	5.40	12.2	5.50	4.10
小黍	2.21	1.35	2.42	4.24	5.31	8.08	6.14	4.14
稗子	3.08	1.31	2.13	4.72	6.59	12.46	6.86	6.04
大米	2.60	1.27	3.70	3.28	6.06	8.09	5.36	4.29
小麦	1.77	0.99	2.42	2.58	5.12	6.13	5.03	3.78
高粱	1.52	1.03	2.31	2.96	4.51	8.52	5.10	3.45

除氨基酸外，谷子蛋白质水解肽也被证明有丰富的生物学特性。谷子蛋白质水解肽的抗氧化性能与 α-生育酚相似，有显著的抗氧化、抗菌、抗炎特性。例如，3 种纯化谷子肽 FFMp4、FFMp6 和 FFMp10 对大肠杆菌 ATCC 9088 有很强的抗菌活性，可提高人体对病原微生物的抵抗力；谷子麸皮中与过氧化物酶高度同源的新型蛋白 "FMBP" 能有效抑制结肠癌的细胞生长[12]；谷子醇溶蛋白衍生肽 Pro-Phe-Phe 和 Ile-Ala-Leu-Leu-Ile-Pro-Phe 具有抗氧化作用，可能有利于缓解糖尿病或肥胖症引起的炎症反应[12]。此外，谷子醇溶蛋白具有高水平的疏水性氨基酸和脯氨酸，有助于与植物化学物质相互作用并将其吸附于疏水区上，达到有效保护和缓释的目的，因此纳米级醇溶蛋白颗粒可作为包封和传递活性化合物（如姜黄素）的有效载体[13]。

6.1.4　膳食纤维

膳食纤维（dietary fibers，DFs）是指不能被人体胃肠道消化酶消化，但能被大肠微生物选择性发酵和利用的碳水化合物及其相类似物质的总和，包括细胞壁多糖、低聚糖、抗性淀粉、木质素及与之结合的相关物质。DFs 可分为可溶性膳食纤维（soluble dietary fiber，SDF）和不溶性膳食纤维（insoluble dietary fiber，IDF）两类。不同类型的 DFs 具有不同的生理特性。SDF 包括低聚糖、果胶、β-葡聚糖等，可降低血液胆固醇和调节血糖水平；IDF 包括纤维素、半纤维素和木质素，有助于促进肠胃蠕动，改善肠道健康。2019 年世界卫生组织已经将 DFs 认定为第七大营养素。

谷子中的 DFs 以谷糠纤维为主，主要存在于糊粉层的细胞壁、麸皮组织及外壳中，在谷子加工的副产品的谷糠中含量尤其丰富。麸皮 DFs 的主要单糖是阿拉伯糖、木糖和葡萄糖，半纤维素占很大比例，其中阿拉伯木聚糖是主要成分，是由阿拉伯糖和葡萄糖醛酸连接而成的木聚糖骨架形成的。通过酶法可将谷子 DFs 分离出来，同时也是改善其功能特性的有效方法。通过酶法提取联合复合酶（纤维素酶和木聚糖酶）改性获得 SDF 和 IDF，可显著提高其对胆固醇的吸收能力。例如，木聚糖酶处理可以改变 DFs 的组成和微观结构，形成更多的可溶性多糖，与胆固醇吸收能力呈正相关。纤维的抗氧化能力可能得益于其存在的酚类物质。谷糠中酚酸主要以结合形式存在，与细胞壁多糖（主要是阿拉伯木聚糖和木质素）广泛连接，在 IDF 中含量丰富。尽管 SDF 中的总酚类含量（$0.54g\cdot kg^{-1}$）低于 IDF（$0.72g\cdot kg^{-1}$），但经复合酶处理后，存在于 IDF 中的结合酚释放，游离酚类的含量增加，SDF 表现出更强的氧自由基清除能力、α-淀粉酶抑制能力和胆酸钠吸收能力，其抗氧化潜力可能与酚酸的含量和存在形式有关[14]。Mohamed 等通过体外试验验证了不同颜色谷子的 IDF 的抗氧化能力，发现乙醇提取物中黄谷子和白谷子的主要活性成分分别是阿魏酸和没食子酸，且黄色品种的抗氧化剂含量更高，这也是黄谷子抗氧化能力强的原因之一[15]。此外，评估了 IDF 的体外降血糖作用，研究表明，纤维对葡萄糖的吸附能力与葡萄糖浓度成正比，并且黄、白谷子 IDF 的降血糖作用与市售的大豆 IDF 相当。总之，作为抗氧化、降血糖和降胆固醇的潜在功能成分，谷糠纤维有很大的应用价值。

6.1.5　抗性淀粉

淀粉是人类饮食的主要能量来源，也是餐后血糖水平升高的主要决定因素。然而，摄入的淀粉并不能完全被我们的身体吸收，这与淀粉类型和胃肠酶水解速率有关。按照相对水解速率，淀粉可分为快消化淀粉（rapidly digestible starch，RDS）、慢消化淀粉（slowly digestible starch，SDS）和抗性淀粉（resistant starch，RS）。不同于 RDS 和 SDS 被水解成葡萄糖并被小肠吸收，RS 在健康人体小肠中不能被消化吸收，而能在大肠中被肠道微生物组发酵分解。因此，RS 被视为一种膳食纤维，与其他非淀粉多糖具有相似的健康优势。此外，因 RS 耐受食品加工条件的能力和优越的功能特性，被确定为传统膳食纤维的潜在替代品。

不同产地、不同种类小米的淀粉含量如表 6.3 所示。谷子的高 RS 含量增加了谷子优于其他谷物的优势。几项前瞻性流行病学研究表明，淀粉的消化特性与患 2 型糖尿病、肥胖和其他代谢疾病的风险独立相关。谷子 RS 显著提高了大鼠的体重和消化率，并对降低血糖、血清胆固醇和甘油三酯有明显作用，其他体内研究也强烈证明了谷子 RS 的降血糖特性。

表 6.3　不同产地、不同种类小米的淀粉含量（单位：g·100g^{-1} 淀粉）

谷物名称	RDS	SDS	RS	参考文献
穄子	18.69～24.68	64.02～72.75	1.89～2.58	[16]
珍珠粟	46.30～50.10	37.20～38.70	9.70～16.50	[17]
谷子	13.10～26.80	32.20～43.10	35.20～51.20	[18]
糜子	27.64～41.26	47.56～55.80	8.12～19.00	[19]
稗子	21.99～24.80	30.70～36.56	41.44～44.60	[20, 21]
小黍	20.16～20.20	32.10～34.07	45.77～47.70	[20, 21]
圆果雀稗	16.37～19.20	29.60～37.67	45.95～51.20	[20, 21]

加工对谷子淀粉消化率和 RS 含量的影响很大，淀粉糊化和回生受到谷子加工技术的广泛影响。对谷子面粉进行副干酪乳杆菌 Fn032 发酵和水热处理后，淀粉组分显著增加，SDS 和 RS 的含量分别从 6.83% 和 7.61% 变化到 18.42% 和

22.68%。蒸煮降低了谷子 RS 的含量，增加了直链淀粉含量，为淀粉提供了高度的凝胶性；此外，淀粉膨胀力和溶解度随温度升高而增加，可能是由于直链淀粉分子结构发生了改变。在将可消化淀粉转化为老化淀粉 RS_3 方面（注：RS_3 抗酶解性最强，热稳定性强，因而在人体的胃肠道内不能被消化吸收。RS_3 是最主要的 RS，国内外对此类淀粉研究较多。），水热处理比干热处理更有效，更高的温度、更长的处理时间对 RS 的形成产生积极影响。适当的加工以改变谷子的理化性质可能会减轻高血糖病症，可以结合各种物理、化学和生物方法进行人工操作，以使特定形式的淀粉能以所需数量供人食用。

6.1.6　脂质

谷子的平均脂肪含量为 3.38%～6.49%，高于小麦、大米和荞麦。除了提供高能量的必需营养素，谷子脂肪是天然有益脂肪酸、甾醇、脂溶性维生素的良好来源。

1. 不饱和脂肪酸

谷子中含有 18 种脂肪酸，不饱和脂肪酸（unsaturated fatty acid，UFA）占比达到 80%以上，包括亚油酸、油酸、亚麻酸等，饱和脂肪酸（saturated fatty acid，SFA）包括棕榈酸、硬脂酸、花生酸等。亚油酸被证明是谷子中的主要脂肪酸（66.68%），其次是油酸、棕榈酸、硬脂酸和亚麻酸（分别占 16.11%、7.42%、6.84% 和 2.48%）[22]。亚油酸和油酸分别是主要的多不饱和脂肪酸（polyunsaturated fatty acid，PUFA）和单不饱和脂肪酸（monounsaturated fatty acid，MUFA），二者占比达 80%以上。不同发育时期的脂肪酸组成不变，含量动态变化。利用 GC-FID/MS 和 RNA-seq 技术对两个谷子品种（高脂 JG35 和低脂 JG39）的脂肪酸含量进行动态分析，发现 UFA 含量在种子发育过程中先升高后降低，而 SFA 含量呈现相反的趋势，特别是在授粉后 21 天阶段，同时观察到参与脂肪酸合成的关键基因（*ACCase* 和 *FATA/B*）的过表达以及 UFA 的最大积累[23]。此外，UFA 的含量与地区有一定的相关性，例如，QX 和 GP 谷子的亚麻酸含量较高，这与山西南部降水量相对较高相关[24]。

脂肪酸尤其是 UFA 对人体健康有积极的促进作用。亚油酸、亚麻酸和花生四烯酸等多不饱和脂肪酸因其在人体中的必要性而被称为必需脂肪酸，具有降低血脂并调节免疫功能的作用。与淀粉相互作用的脂肪酸的数量和类型在谷子的降血糖中起着重要作用。当在谷子淀粉中添加一定量本身具有的脂肪酸时，观察到淀粉-脂肪酸复合物的体外淀粉消化率和血糖指数显著降低，抗性淀粉含量增加，并且 UFA 比 SFA 降血糖的作用更明显，顺序为油酸>反油酸>亚油酸>棕榈酸>不加脂肪酸。顺式油酸比反式油酸能更有效地与淀粉络合，这可能与空间位阻和结构特征有关[25]。

2. 植物甾醇

在分子结构上，植物甾醇以游离态（甾醇、甾烷醇）和结合态（甾醇与脂肪酸、酚酸等结合成酯）的形式存在，通常所说的植物甾醇指的是游离态甾醇。植物甾醇属于四环三萜类化合物，与胆固醇结构高度相似，对降低胆固醇水平、预防心血管疾病有积极作用。早在 1999 年，美国 FDA 就批准添加植物甾醇及酯的食品可使用"有益健康"的标签。与其他谷物相比，谷子富含植物甾醇，绝大部分存在于麸皮中。谷子麸皮油是高附加值产品，甾醇是油脂中的重要生物成分，总甾醇达到 1958～2066mg·100g^{-1}，远高于商品花生油（147～171mg·100g^{-1}）和大豆油（205～287mg·100g^{-1}），同时富含 β-谷甾醇（869～916mg·100g^{-1}）、菜油甾醇（263～271mg·100g^{-1}）和豆甾醇（73～89mg·100g^{-1}），这也是谷子中最常见的 3 种植物甾醇，化学结构式如图 6.4 所示。此外，还在谷子中鉴定出一些含量较低的甾醇，包括芸薹甾醇、表甾醇、燕麦甾醇和 24-亚甲基胆固醇等 11 种，可治疗 2 型高脂血症和预防动脉粥样硬化的 β-谷甾醇含量最高，促进油菜素内酯合成调节细胞伸长率的菜油甾醇含量次之，豆甾醇含量最低。不同发育时期的甾醇含量在动态变化，在谷子品种 JG35 和 JG39 中，β-谷甾醇（39.62%～66.9%）和菜油甾醇（26.64%～41.69%）的含量先升高后降低，可能与促进细胞伸长、纤维素合成和细胞壁形成有关，而豆甾醇的含量（15.73%～27.88%）逐渐降低，这与其他油籽品种一致[23]。

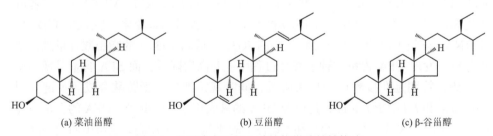

(a) 菜油甾醇　　　　　　　　(b) 豆甾醇　　　　　　　　(c) β-谷甾醇

图 6.4　谷子中主要的 3 种植物甾醇的结构式

3. 羟基肉桂酸甾醇酯

存在于谷物中植物甾醇的一种特殊形式是羟基肉桂酸甾醇酯，准确地说，是植物甾醇/三萜醇的阿魏酸/香豆酸酯。无论是酯化还是非酯化植物甾醇，均被证实具有显著降低胆固醇的作用。谷子中的羟基肉桂酸甾醇酯含量约为糙米的 80%。与其他谷物相比，谷子甾醇酯特征相当独特，包括菜油甾烷醇香豆酸酯、菜油甾烷醇阿魏酸酯、β-谷甾醇阿魏酸酯、豆甾烷醇香豆酸酯、豆甾烷醇阿魏酸酯五种，80%以上由阿魏酸/香豆酸豆甾醇组成[26]。

谷子羟基肉桂酸甾醇酯的一类重要活性成分是 γ-谷维素，由三萜醇/植物甾醇和阿魏酸酯化而成，可以从谷子油脂中提炼出来，具有抗高脂血症、抗糖尿病、抑制胆固醇、促进人体生长发育等作用。粗麸皮油中的 γ-谷维素含量为 1.6%～1.8%，相当于米糠油（1.6%～3.0%）的含量。通过不同方式提取谷子甲醇提取物中的 γ-谷维素，超低温粉碎（145.30mg·kg^{-1}）比针磨（116.07mg·kg^{-1}）的方式更能显著提高产量。由于来自谷子的甾醇酯成分与其他谷物的成分有很大不同，有望成为生理研究的重要来源之一。

4. 角鲨烯

角鲨烯是一种高度不饱和的长链三萜类化合物，在食品、医药、化妆品和化学工程中有多种应用，具有显著降低胆固醇、抗癌、抗氧化和抗炎作用。用于提取角鲨烯的植物资源一直是人们关注的焦点，谷子麸皮油中角鲨烯含量为 10.25～12.62mg·100g^{-1}[27]，与米糠油（8～28mg·100g^{-1}）和山茶油（12mg·100g^{-1}）的含量相近，因此谷子也是角鲨烯的良好来源。

6.1.7　维生素

1. 叶酸

叶酸（维生素 B$_9$）是人体必需的 B 族维生素之一，包括四氢叶酸及其衍生物。由于人体不能合成，应充分摄入富含叶酸的食物，世界卫生组织建议成人每天至少补充叶酸 200μg，以满足每日饮食需求。许多发展中地区的叶酸来源主要是蔬菜和谷物，每日叶酸摄入量不足严重的会导致先天性出生缺陷、中风、心脏病和贫血等疾病。叶酸已成为现代人类极度缺乏的维生素之一。

谷子是极好的叶酸来源，叶酸含量高于其他谷类作物。通过高效液相色谱（high performance liquid chromatography，HPLC）法对山西谷子总叶酸进行测定，含量为 370～2860μg·kg^{-1}，远高于小麦（380～430μg·kg^{-1}）、水稻（60～80μg·kg^{-1}）和玉米（190μg·kg^{-1}）[28]。同一谷子品种在不同地区种植所富含的叶酸含量不同，例如，晋谷 21、29、41、45 的叶酸含量在汾阳种植显著低于太原和长治。谷粒颜色对叶酸含量影响不显著，但脱壳后的小米颜色差异显著影响叶酸含量，从高到低依次为褐色、绿色、黄色、鲜黄、浅黄和白色米粒品种[29]。谷穗发育时期也是叶酸的限制因素之一，谷子叶酸代谢途径的基因表达分析表明，负责叶酸合成和降解的两种关键酶 SiADCL1 和 SiGGH 在穗期早期的表达量最高，与叶酸浓度呈正相关，促进叶酸及其衍生物积累[30]。

2. 生育酚

生育酚（维生素 E）是植物油中相当重要的脂溶性维生素，由 8 种不同的异构体（α-生育酚、β-生育酚、γ-生育酚、δ-生育酚和 α-生育三烯酚、β-生育三烯酚、γ-生育三烯酚、δ-生育三烯酚）组成。谷子油中生育酚总含量与米糠油相近（40～130mg·100g^{-1} 油）[31]。HPLC 法分析表明，α-生育酚和 γ-生育酚的比例很高，含量分别为（56.87±1.01）mg·100g^{-1} 油和（34.53±1.15）mg·100g^{-1} 油，约占总含量的 60%，β-生育酚、δ-生育三烯酚和 δ-生育酚含量次之，生育三烯酚的含量最少。一般来说，α-生育酚含量与抗氧化活性成正比，不仅在生物膜中抑制脂质过氧化，还在减少各种退行性疾病（如心血管疾病、癌症、神经系统疾病）等方面具有潜在作用。

3. 维生素 B_1/B_2

谷子中维生素 B_1 和维生素 B_2 含量丰富，是维持机体正常代谢必需的水溶性维生素。维生素 B_1 又称硫胺素，是最早被人们提取的水溶性维生素，主要存在于谷子胚乳中，可用于防治维生素 B_1 缺乏引起的脚气病，辅助治疗神经炎；维生素 B_2 又称核黄素，主要存在于谷子的糠皮层中，其含量是小麦和大米的两倍多，当其缺乏时会影响机体的生物氧化，引起代谢障碍，严重缺乏时会导致口角炎、舌炎等。对 240 个谷子品种的维生素 B_1 和维生素 B_2 进行测定，发现维生素 B_1 的含量范围为 4.77～6.81mg·kg^{-1}，平均含量为 5.57mg·kg^{-1}，维生素 B_2 的含量为 0.81～1.68mg·kg^{-1}，平均含量为 0.99mg·kg^{-1}。维生素含量易受到加工方式的影响。蒸煮方式可显著降低维生素 B_1 和维生素 B_2 的含量，可能是长时间的高温导致维生素被氧化，其中蒸小米（100℃，10min）中的维生素 B_1 和维生素 B_2 含量分别减少了 81% 和 27%，煮小米（100℃，30min）中的维生素 B_1 和维生素 B_2 含量分别减少了 78% 和 73%[32]。

6.1.8 矿物质

谷子中的矿物质含量丰富且种类全面，根据《中国食物成分表》，谷子中的钠、钙、镁、磷、钾含量分别是 4.3mg·100g^{-1}、41mg·100g^{-1}、107mg·100g^{-1}、229mg·100g^{-1}、284mg·100g^{-1}。谷子中的钙、镁、钾、铁、磷、铜、硒含量均大大超过稻米、小麦粉和玉米。利用微波消解-电感耦合等离子体原子发射光谱仪（inductively coupled plasma atomic emission spectrometer，ICP-AES）法测定谷子中的各金属元素，其钙、镁、钾、钙、锌、铝、铜元素含量达到稻米相应元素的 2～7 倍，尤其铁元素含量丰富，可以作为补血的优良谷物。谷子更是一种重要的富硒作物，硒元素含量位于谷物产品之首，平均硒含量为 71μg·kg^{-1}。目前，最新育种的'沁黄 2 号'种子所产小米的各项品质指标均符合甚至高于国家优级小米，元素硒含量高达 $202\mu g \cdot kg^{-1[33]}$。

多酚和植酸盐都被认为是抗营养物质，与二价阳离子（如 Fe^{2+}、Zn^{2+}、Cu^{2+} 等）结合，从而降低矿物质可用性。谷子在加工中无需精制即可保留矿物质，简单的加工方法，如脱壳、浸泡和蒸煮，可显著降低抗营养物质的含量，并且提高铁和锌等矿物质的生物利用度。将谷子粒在蒸馏水（1∶5，W/V）中室温浸泡 12h，去壳，并在蒸馏水（1∶3，W/V）中浸泡和煮熟，可电离的铁和可溶性锌分别增加了 55.45% 和 80.18%[34]。除遗传因素外，在种植时选择合适的土壤、环境条件也有利于谷子富集金属元素。谷子所含矿物质元素主要来源于土壤基质的矿物质成分，因此土壤的温度、通气程度、酸碱度对其吸收能力有所影响[35]。对同一地区的燕麦、荞麦、谷子中的矿物质元素含量进行对比研究，发现谷子的硒含量远远高于其他作物，说明其富集硒元素的能力较强，谷子对改善人体硒元素含量有重要价值。

6.2　谷子的功能特性

谷子及其制品具有降血糖、降血脂、抗氧化、预防癌症等重要的生物学功能，与其含有的酚类化合物、膳食纤维、活性多肽等生物活性物质密切相关。谷子已被公认为是潜在的功能性食品，可以更好地促进身体健康并帮助降低疾病风险。

6.2.1　降血糖

糖尿病是一种复杂的代谢紊乱型疾病，2021 年全球成年糖尿病患者人数达到 5.37 亿，预计到 2045 年，将有 7 亿成年人患有糖尿病[36]。2 型糖尿病占糖尿病的绝大部分，表现为高血糖、胰岛素抵抗和 β 细胞损伤，已成为一种全球性代谢疾病。尽管抗高血糖药物选择的数量在不断增加，但近几十年来，患有 2 型糖尿病的人数呈指数级增长。良好的生活习惯及健康饮食管理能有效改善糖尿病。流行病学研究表明，扩大消费谷子的日常饮食会降低患慢性疾病的风险，如胆固醇代谢和 2 型糖尿病。谷子的健康益处主要归功于其多酚、活性多肽和其他活性物质等。

谷子中酚类化合物对糖水解酶（α-葡萄糖苷酶和 α-淀粉酶）有显著的抑制作用，可以有效延缓葡萄糖吸收并降低餐后血糖。不同碾磨级分以剂量依赖性方式抑制 α-葡萄糖苷酶和 α-淀粉酶的活性,并且对两种酶的抑制活性排序依次为外壳>麸皮>去壳谷物>磨碎谷物[6]。外壳和麸皮抑制效果更好，可归因于存在的阿魏酸、对香豆酸和槲皮素等主要酚类化合物，已报道它们是强 α-葡萄糖苷酶和 α-淀粉酶抑制剂，不仅与酶/淀粉形成复合物、抑制酶活性及淀粉水解，还通过缓解氧化应激来治疗糖尿病。

从生谷子和熟谷子中分离出的蛋白质可以通过改变肠道微生物群的组成和相对丰度来减轻糖尿病引起的肠道菌群失衡。谷子蛋白质由于不能完全消化，增加了部分消化产生短链肽的可能性，蛋白质水解产生少量的氨基酸和肽，从而被肠道微生物利用，引起部分肠道微生物的变化。例如，氨基酸脱羧产生胺和多胺促进阿克曼氏菌水平显著增加，缓解葡萄糖代谢紊乱；瘤胃球菌科 UCG-014 与血浆循环异亮氨酸水平呈负相关，延缓胰岛素抵抗发展[37]。除此之外，蒸煮提高了谷子的体外蛋白质消化率，诱导产生更多的活性多肽或氨基酸，缓解肠上皮屏障受损的通透性，增加肽或氨基酸的生物利用度，从而激活 GLP-1R/PI3K/AKT 通路，有助于修复受损的胰腺 β 细胞及保持葡萄糖稳态。

谷子的不溶性纤维能抑制 α-淀粉酶的活性，从而阻碍碳水化合物的消化，延迟葡萄糖释放，并且有效吸附葡萄糖，减缓其扩散。谷子的水提取物在链脲佐菌素诱导的糖尿病大鼠中显示出强烈的抗高血糖作用，也可降低动脉粥样硬化指数并增加对动脉粥样硬化的保护。谷子中有益脂肪酸的含量能保持淀粉较低的消化率，此外，在加工过程中避免脂肪酸的构型转变为反式形式，也有利于保持其低血糖特性。例如，油酸大大降低了谷子的淀粉水解率，淀粉与油酸形成的配合物相比与反式油酸形成的配合物更耐酶解[38]。Ren 等[39]研究谷子补充剂对糖尿病大鼠的降糖作用，发现谷子可能通过以下机制改善 2 型糖尿病：调节肠道微生物群的结构，特别是通过增加乳酸杆菌的相对丰度来改善血糖代谢；通过 NF-κB 信号通路减少炎症；通过胰岛素介导的 PI3K/AKT 信号通路抑制糖异生的关键酶、刺激糖酵解和修复脂肪酸合成，从而维持糖代谢稳态。

6.2.2　降血脂和预防心血管疾病

2 型糖尿病由于胰岛素抵抗常引发血脂异常，表现为血浆甘油三酯、总胆固醇、低密度脂蛋白胆固醇水平升高和高密度脂蛋白胆固醇水平降低。血脂异常又称高血脂症，包括高甘油三酯血症、高胆固醇血症、低密度脂蛋白血症和高密度脂蛋白血症。降低胆固醇含量是缓解血脂异常的有效方法之一。膳食纤维的摄入与血浆胆固醇含量密切相关，膳食纤维与胆汁酸结合，影响胆汁酸的再吸收，多余的胆固醇会被代谢以补充胆汁盐，从而降低体内胆固醇和脂质的水平[40]。体内的大多数胆汁酸以胆酸钠的形式存在，膳食纤维结合胆酸钠的能力与溶解度和分子量有关。当浓度为 $2.0g \cdot L^{-1}$ 时，胆酸钠在 DFs、IDF 和 SDF 中的结合量分别为 $6.16g \cdot kg^{-1}$、$10.39g \cdot kg^{-1}$ 和 $16.76g \cdot kg^{-1}$，SDF 的结合能力最强，且结合能力与胆酸钠浓度呈正相关[14]。此外，植物甾醇也能通过与胆固醇竞争在小肠中的吸收，从而降低低密度脂蛋白胆固醇水平。

以低密度脂蛋白胆固醇、血浆甘油三酯升高和高密度脂蛋白胆固醇降低为特征的脂质代谢紊乱与动脉粥样硬化和心血管疾病的发病机制有关。队列研究的荟萃分析（对风险因素与疾病结果相关性的几项前瞻性研究的分析）表明，全谷物（包括谷子）的膳食摄入量与心血管疾病发病率存在一定的负相关关系。动脉粥样硬化是大部分心血管疾病发生的基础，而炎症反应在动脉粥样硬化的形成过程中发挥着重要作用。与炎症反应相关的 C 反应蛋白是晚期心血管疾病的重要预示因子，涉及高脂血症大鼠的研究报告称，谷子可以降低血清血浆甘油三酯水平和 C 反应蛋白水平，可能潜在地用于预防心血管疾病。脂联素因其具有抗动脉粥样硬化和改善胰岛素抵抗的特性而受到广泛的关注，其血浆浓度随着肥胖和 2 型糖尿病的发生而降低。谷子膳食蛋白质可能通过增加脂联素浓度来显著提高血浆脂联素、高密度脂蛋白胆固醇和降低胰岛素水平，改善胰岛素敏感性和胆固醇代谢。高血压也是心血管疾病的主要独立因素，增加冠心病和外周动脉疾病的风险。对预处理（挤压或发酵）的谷子提取的蛋白质并用消化蛋白酶水解生成 ACE 抑制肽，对降低自发性高血压大鼠血压有显著作用，与不经处理的生谷子相比，挤压加工可以增强蛋白质水解物的抗氧化能力，改善高血压和减轻相关心血管疾病[41]。

6.2.3　抗氧化特性

氧化应激是指活性氧或氮物质（体内细胞氧化还原过程的产物）的产生与人体天然抗氧化防御系统的活性之间存在不平衡的情况。严重的氧化应激与各种疾病有关，包括心血管疾病、癌症、2 型糖尿病和胃溃疡等。抗氧化防御机制对防止疾病的发展（如急性胃黏膜损伤）至关重要。已证明谷子的抗氧化作用对预防活性氧引起的胃肠道损伤有良好作用，抑制脂质过氧化反应，增强膜流动性和完整性，保障离子跨膜转运正常进行和胃肠道细胞的完好。谷子中的生物活性物质可能通过以下机制减少氧化应激，包括通过抑制酶或螯合自由基产生所涉及的微量元素来抑制活性氧的形成、清除活性氧、上调或保护抗氧化防御系统（如谷胱甘肽自由基清除系统）、增加血浆中的尿酸水平以减少和清除自由基等。

谷子的抗氧化能力通过不同的原理来评估，包括 DPPH 自由基清除活性、ABTS 自由基清除活性、金属离子螯合能力和铁离子还原/抗氧化能力等。多酚的抗氧化活性是体外研究最多的特性，酚类和类黄酮具有通过螯合金属离子、防止自由基诱导的细胞损伤的保护剂、防止自由基形成和改善抗氧化剂内源系统而充当抗氧化剂的能力。多酚含量和自由基阳离子清除活性之间呈显著正相关，其抗氧化活性取决于多种因素，包括基因型、提取方式、检测部位等。不同品种谷子表现出不同的 DPPH 自由基清除活性，这些差异可能取决于酚类化学性质和官能团，如羟基的位置和数量、键合能和空间位阻等[5]。Zhang 等[1]以 DPPH/ABTS 自由基清除活性和铁离子还原/抗氧化能力法等 3 种独立方法，证实了谷子不同碾磨级分酚类提取物的抗氧化能力差异显著，外壳和麸皮的抗氧化活性较高，与酚类存在位置一致，主要包含香草酸、对香豆酸、阿魏酸、儿茶素等酚类化合物，并得出结论：谷子的副产品可作为抗氧化剂的天然来源。谷子蛋白质水解物也表现出抗氧化能力，3 种小米醇溶肽有效减少了活性氧和丙二醛的产生，并促进了谷胱甘肽诱导的 HaCaT 细胞的增殖，在细胞中显示出抗氧化活性[12]。

适当的加工方式会促进生物活性物质的积累，从而影响抗氧化活性。谷子的发芽和发酵有利于生物活性成分的显著增加，例如，发芽后细胞壁成分的酶促降解可释放活性物质，发酵后乳酸菌产生 β-葡萄糖苷酶、果胶酶和酯酶等降解细胞壁，联合处理效果更为显著。谷子 β-葡聚糖提取物的 DPPH 自由基清除活性在发芽后从 23.78%提高到 78.74%，铁离子还原/抗氧化能力法从 29.56%增加到 48.98%，这与 β-葡聚糖浓度和纯度的增加有关[42]。酶促修饰是通过影响水溶性成分来增加膳食纤维清除自由基能力的良好方式。酚类化合物主要存在于 IDF 中，但它们往往与半纤维素和木质素等成分结合在一起，可能会影响抗氧化反应的进程，经纤维素酶和木聚糖酶处理后，游离酚类物质含量增加，SDF 的抗氧化能力增强[43]。针对热处理，干热处理释放酚类成分而增加抗氧化活性，水热处理则倾向于降低抗氧化活性。

6.2.4　预防癌症

广泛存在于植物和食品中的天然活性分子通过调节多种细胞途径显示出抗癌活性，包括诱导 ROS 介导的细胞凋亡、细胞周期停滞、AMPK/mTOR 介导的自噬，以及通过增强免疫调节活性来抑制细胞增殖等。谷子含有的抗氧化剂、β-葡聚糖、植物甾醇和木质素等有助于预防结肠直肠癌、乳腺癌、前列腺癌和许多其他类型的癌症。例如，从谷子麸皮中分离的结合多酚是一种经过验证的广谱抗肿瘤剂；谷子蛋白质和醇溶蛋白肽也被用作抗炎和抗癌剂；谷甾醇可以预防化学物质诱发的结肠癌，在肿瘤大鼠上观察到癌细胞的数量显著减少；木质素的抗癌功效则是通过形成丙酸、乙酸和丁酸等短链脂肪酸来诱导双歧杆菌的生长来实现的。

对于大多数肿瘤细胞来说，膳食脂肪不能满足其快速增殖的需求，因此它们倾向于从头合成脂肪酸。然而，乳腺癌细胞处于富含脂质的微环境中，可以为乳腺癌的生长提供大量脂肪酸。因此，SFA 向 MUFA 的转化可能是乳腺癌细胞快速增殖的关键。谷子麸皮结合多酚（bound polyphenol of inner shell，BPIS）通过抑制 SFA 向 MUFA 的转化来抑制细胞膜的合成，从而有效抑制乳腺癌细胞的增殖，这主要归因于活性成分牡荆素和丁香酸。Zhang 等[44]也证明晋谷 28 和晋谷 34 的酚类物质在预防人乳腺癌细胞 MDA 和肝癌细胞 HepG2 体外生长表现出显著的抗增殖活性[5]。

结直肠癌（colorectal carcinoma，CRC）是第三大诊断和第二致命的癌症，严重威胁人类健康。近年来，CRC 的发病率和死亡率不断上升，特别是在一些发展中国家。炎症性肠病（inflammatory bowel disease，IBD）是一种由异常免疫介导并具有复发倾向的胃肠道炎症性疾病，是增加 CRC 患病率的风险因子之一，其持续时间与癌症发病率呈正相关，长期炎症是癌细胞的新恶性表型。宏基因组学研究表明，肠道菌群紊乱是 IBD 和 CRC 的关键危险因素，谷子的摄入不仅减轻了小鼠的结肠炎症并降低了偶氮甲烷（azoxymethane，AOM）/葡聚糖硫酸钠（dextran sulfate sodium，DSS）诱导的结肠炎相关的 CRC 的风险，还通过谷子的微生物代谢物（吲哚衍生物和短链脂肪酸）激活肠道受体芳基烃受体（aryl hydrocarbon receptor，AHR）和 G 蛋白偶联受体（G-protein-coupled receptors，GPCR）来介导，抑制信号传导因子 STAT3 的磷酸化和参与细胞增殖、存活和血管生成的相关信号蛋白，避免癌细胞的增殖[45]。BPIS 通过降低炎症细胞因子（IL-1β、IL-8 和 IL-6）的水平和促进抗炎细胞因子 IL-10 的表达阻断 NF-κB 核转位，由 miRNA-149 介导靶基因 Akt 实现对炎症反应的控制。此外，BPIS 还通过减少其 CpG 岛的甲基化来上调 microRNA-149 的表达，诱导细胞周期停滞在 G2/M 期，从而增强人结直肠癌 HCT-8/Fu 细胞对药物的化学敏感性，促进其凋亡[46]。

6.2.5　抗菌

谷子的生产力受到各种因素的限制，其中之一是其易受霜霉病、麦角病和细菌性褐条病等病菌病害，产量和质量发生严重损失。谷子的生物活性代谢产物（如酚类、肽类化合物）具有抗细菌和抗真菌活性。以食品为来源的活性成分不仅具有营养价值和安全性，而且可以作为一种可能的资源来增强机体对入侵病原体的天然防御。从谷子中分离得到的 β-葡聚糖在最低抑菌浓度下对粪肠球菌、变形杆菌和宋内志贺氏菌有良好的抗菌活性[47]。从谷子种子中分离出一种分子质量为 26.9kDa 的高效新型抗真菌肽，主要通过攻击细胞壁使菌丝中的细胞质收缩并最终导致菌丝体死亡，对绿色木霉、灰葡萄孢菌和尖孢镰刀菌有很强的抗真菌活性，从而保护植物免受真菌感染，防止造成巨大的经济损失[48]。谷子的膳食纤维被证明可作为嗜酸乳杆菌、鼠李糖乳杆菌和双歧杆菌的优良底物，促进有益菌群的生长。发酵的谷子产品被证明同时具有益生元和益生菌活性，选择性刺激结肠中对人体有益的细菌群，其中乳酸菌可产生抗菌蛋白细菌素，细菌素对蛋白酶高度稳定，可抑制食源性病原体（包括肠膜明串珠菌和单核细胞增生李斯特菌）的生长，具有显著的杀菌活性[49]。

6.3　谷子加工技术

作为全谷物的一种，谷子包含皮层和胚的部分，比精制谷物提供更丰富的膳食纤维、矿物质、维生素、植物甾醇、角鲨烯等物质。然而，该部分的存在也会使食用品质和加工品质面临较大挑战。谷子的加工和增殖涉及多个单元操作，包括传统加工技术、热处理技术、非热处理技术。各类加工技术的碾磨、发芽、发酵和焙烤等对营养物质的生物利用度产生显著影响，改善谷子口感，增强其感官和营养特性，合理利用加工技术，可以显著提升谷子的食用品质、营养品质以及加工品质。

6.3.1　传统加工技术

传统加工技术包括浸泡、碾磨、发芽、发酵等，适当的前处理（如浸泡、碾磨）可以提高后续加工的效率，并且提升谷物的加工和食用功能。生物加工处理（如发芽、发酵）在减少谷子抗营养物质、增强抗氧化活性、改进技术功能特性以及体外淀粉和蛋白质消化率方面发挥了很大作用。

1.　浸泡

浸泡是一种传统的前处理加工技术，广泛应用于谷物蒸煮、发芽、发酵等前处理工艺中。在浸泡过程中水分逐渐渗透谷物内部，组织结构发生改变，籽粒膨胀并且皮层软化，结构强度降低，淀粉性质改变更易糊化；同时，内源酶系统被激活，酶活性显著增强，促进发芽、碾磨等后续加工，此外，谷物的质构特性、流变学特性、糊化特性等均发生改变，有利于改善其加工品质、食用品质和营养品质。

浸泡对谷子尤其是发芽谷子的营养物质具有显著影响，是提高发芽谷子 γ-氨基丁酸和膳食纤维水平的最常用方法之一。与其他预处理方法相比，浸泡的促进效果并不突出，因此浸泡与其他预处理方法相结合，可能对全谷中营养物质的积累有更好的效果。谷子浸泡 46.5h 后蛋白质含量显著增加，这种蛋白质含量的增加可能归因于在发芽过程中碳水化合物的减少和氨基酸的生物合成。在优化发芽处理后，谷子的总膳食纤维含量从 22.20%增加到 27.42%，可能是通过影响组织学的完整性和破坏蛋白质碳水化合物的相互作用导致细胞壁多糖结构的改变，这种变化导致新细胞壁合成和膳食纤维发生变化[50]。

除营养物质外，浸泡可以用于减少抗营养物质（如多酚、植酸），以提高矿物质的生物利用度和蛋白质体外消化率，同时会激活某些内部酶，从而改善谷子的营养价值。谷子是矿物质的良好来源，由于存在植酸盐等抗营养因子，只有少量矿物质被人体吸收利用。植酸盐会螯合钙、铁、锌、磷等元素，限制矿物质的利用。在脱壳和碾磨前浸泡有助于植酸盐的浸出，降低植酸含量。此外，内源性植酸酶被激活，也有助于降解植酸。

浸泡是加工方便小米产品必不可少的步骤之一。浸泡过程中原料充分吸水以便淀粉在蒸煮时充分糊化，在后续加工过程中，加水复原后的米和刚刚糊化好的淀粉一样容易消化，并可有效抑制其回生。为了保障淀粉充分糊化，需考虑最佳的浸泡温度、浸泡时间、米水比例等浸泡条件。当浸泡温度高于 60℃时，小米淀粉的糊化特性发生变化。无论何种米水比例，当浸泡温度低于/高于小米淀粉的糊化温度时，其峰值黏度、谷值黏度均增大/下降。此外，考虑小米的吸水膨胀能力，确定最佳浸泡条件是温度为 20～40℃、米水比例为 1 : 5（$W : V$）。李航等[51]的研究也证明浸泡过程中的加水量会影响淀粉的充分糊化和煮制时间，米水比例为 1 : 2 时米粥达到最佳口感。随着加水量的增多，煮制时间先延长后缩短，可能是因为初始小米吸水量不足，部分淀粉从固态转换为熔融状态，产生与糊化相同的效果，该过程消耗了时间，而后期加水量足以破坏细胞壁结构，可溶性物质溶出，吸水率加快，因而缩短了煮制软化的时间。

浸泡是广泛使用的前处理技术，不仅可以改变谷子的组织结构和物质含量，改善其营养品质，并且可以增强内源酶活性，促进发芽等后续加工。深入研究浸泡过程中营养物质的迁移规律，确定合适的浸泡条件以减少营养物质的损失及提高加工效率是值得考虑的问题。

2. 碾磨

全谷物是指含有相对比例的麸皮、胚芽和胚乳的谷物，并因其营养特性和对健康的有益影响而备受关注。相比之下，精制谷物在碾磨过程中会失去麸皮和胚芽，只剩下胚乳。而麸皮层富集蛋白质、膳食纤维和其他矿物质，全谷物比精制谷物保留更多的营养成分，被认为更健康。然而，皮层往往残留农残、重金属和微生物等，并且致密的纤维结构影响蒸煮等后续加工，因此对谷物进行适当的碾磨十分必要。

碾磨是谷子脱壳后加工工艺的重要工序，轻碾加工介于未碾磨（仅脱壳）和完全碾磨（抛光）之间，要求损失部分不能超过全籽粒的 2%，是碾磨过程中主要使用的技术。为了增加谷子的适口性，通常进行脱壳和轻碾加工处理，传统方式是用木头臼和杵来去除的，如今通过使用脱壳机、碾米机和抛光机等实现[2]。相比大宗谷物（如稻米、小麦等），谷子通过磨损来脱皮相对较难，这主要是因为它们的尺寸相当小[47]。此外，谷子的谷壳和麸皮占比很大，而麸皮层富集蛋白质、膳食纤维和矿物质等营养素，各营养成分分布不均，在碾磨前应确定皮层的碾磨程度以保留大部分营养物质。

不同碾磨级分中的营养物质和抗营养物质的含量不同。谷子的各种碾磨级分，如全谷粉、糙米粉和抛光粉，在营养物质、抗营养物质和功能特性方面有明显的差异。全谷粉中的矿物质含量和不溶性膳食纤维非常丰富，主要为木质素、纤维素和半纤维素，而糙米粉中的蛋白质和可溶性膳食纤维含量较高[52]。在抗营养成分中，全谷粉中的总酚、总黄酮和原花青素含量较高，糙米粉中的植酸含量较高。一项相似的研究也证明，富含麸皮的级分含有最高含量的蛋白质、膳食纤维、植酸、类胡萝卜素和铁，以及较高的 DPPH 清除活性和总抗氧化活性，但蛋白质和碳水化合物的消化率相对较低，而胚乳级分的植酸和总多酚含量显著降低，导致亚铁还原能力和总抗氧化活性降低[53]。

因此，确定营养素在谷子中的定位来进行碾磨加工，可以实现不同的功能，改善其加工品质。例如，大部分多酚和植酸通常集中在籽粒的果皮、种皮和糊粉层中，碾磨过程中的副产品可以作为天然抗氧化剂和抗营养物质的潜在来源。不溶性膳食纤维阻碍淀粉分子重排，对面筋网络结构具有破坏作用，轻碾加工去除了麸皮中的大部分不溶性膳食纤维，保留了可溶性膳食纤维，改善了糊化特性和流变特性，有利于提高加工品质。碾磨过程由于麸皮的部分去除，半精制面粉的抗营养素含量低，改善了其矿物质生物可及性；此外，在一定程度上去除了含脂肪的部分，增加了面粉的保质期，并相应地改善了它们的食用和感官特性[54]。如何选择性地对谷子进行脱壳和抛光，对胚乳和营养物质的损失最小，而不影响面粉的稳定性，是一个值得考虑的问题。

除提高营养品质和加工品质外，轻碾加工对感官品质也有显著影响。Liu 等[55]研究了碾磨对谷子挥发性成分的影响，并得出结论，糙米、碾米和麸皮三种碾磨级分共包含 34 种挥发性化合物，如醛、苯衍生物、醇、酮、碳氢化合物、酸、酯、杂环和含硫化合物，同时还发现，麸皮的整体香气是特有的杂环化合物所致的。与精制谷物相比，糙米及其麸皮的利用逐渐成为饮食调整的主要发展方向之一。

谷子的碾磨和筛分远比大宗谷物难度高，因此开发方便高效的碾磨技术来满足工业生产的需要是今后的研究方向之一。此外，应优化碾磨条件，以提供具有高营养成分、高产量和高质量的轻碾米及面粉等产品。

3. 发芽

发芽处理是谷物吸胀作用开始的一系列有序的生理过程和形态发生过程。谷子的发芽过程显著影响蛋白质、脂肪、总膳食纤维、总酚含量和抗氧化活性等营养特性，以及植酸和单宁等抗营养物质，从而促进其功能特性，改善其加工品质，增加发芽谷子的利用率，满足日益增长的需求。

目前对谷子发芽过程的研究集中在营养素及其相关酶活性变化上。发芽可以增加谷子的营养品质、激活内源酶,并赋予其更高的抗氧化活性。谷子发芽后的蛋白质、总膳食纤维和总酚含量分别提高了 29.72%、58.02%和 77.42%,抗氧化活性(铁离子还原能力)提高了 109.50%,脂肪含量减少了 27.98%(表 6.4),这可能是由于在发芽过程中通过酶促反应,谷子游离和可溶形式的营养物质的内在生物合成。同时,植酸和单宁等抗营养物质含量分别下降了 39.02%和 45.07%,植酸及其盐类的减少是由于植酸酶将其水解为肌醇和磷酸,而单宁含量的降低可能是由于浸泡和发芽过程中单宁化合物的浸出与分解。萌发后功能成分 γ-氨基丁酸的含量显著提升,可能是谷氨酸脱羧酶催化 L-谷氨酸进行 γ-脱羧生成 γ-氨基丁酸[56]。β-葡聚糖是潜在的天然抗氧化剂之一,发芽后观察到谷子提取物中 β-葡聚糖浓度和纯度有所增加,以及 DPPH 自由基清除能力和还原铁抗氧化能力有所提高[41],可以通过提高 β-葡聚糖浓度来清除自由基,治疗各种氧化应激性疾病。

表 6.4 发芽对谷子营养物质和抗营养特性的影响

特性	未发芽	发芽
蛋白质/(g·100g^{-1})	10.60 ± 0.20^b	13.75 ± 0.22^a
脂肪/(g·100g^{-1})	3.86 ± 0.02^a	2.78 ± 0.03^b
总膳食纤维/(g·100g^{-1})	10.22 ± 0.15^b	$16.15\pm.26^a$
总酚含量/(mg GAE·g^{-1})	1.55 ± 0.05^b	2.75 ± 0.02^a
抗氧化活性/(μmol·g^{-1})	1.79 ± 0.02^b	3.75 ± 0.01^a
植酸/(mg·g^{-1})	8.890 ± 0.02^a	5.421 ± 0.02^b
单宁/(mg·g^{-1})	3.040 ± 0.03^a	1.670 ± 0.01^b

注:同一行字母不同表示差异显著($P<0.05$)。

发芽被认为是一种有效的预处理方式,不仅可以改善谷子面粉的营养和功能特性,还可以增加其储存稳定性,提升加工品质。一方面,脂肪分解代谢以及脂肪酸氧化以供给谷子种子发芽所需能量,从而降低面粉中的粗脂肪及游离脂肪酸含量,减少面粉酸败的可能性[48]。另一方面,抗氧化剂在减少自由基引起的脂肪氧化反应方面发挥着重要作用,对防止含脂肪面粉的氧化及延长其保质期十分必要。

发芽处理可以调控淀粉和蛋白质的消化特性。体外淀粉消化率(in vitro starch digestibility,IVSD)在控制血糖吸收和血糖负荷方面起着重要的作用,发芽和发酵处理组合可以加速水解酶的活化(α-淀粉酶和 β-淀粉酶、β-葡萄糖苷酶等),导致淀粉颗粒分子水解,提高其消化率,β 淀粉酶水解产生麦芽糖,赋予食品更甜的味道,α-淀粉酶水解降低其黏度[57]。此外,抗营养因子单宁的显著减少避免了与水解酶的结合，也有助于提高 IVSD。体外蛋白质消化率（in vitro protein digestibility，IVPD）与单宁和植酸盐等也呈显著负相关，源于抗营养因子的降解从而释放出与其结合的内源性蛋白水解酶[58]。

谷子发芽能改善 β-葡聚糖的特性。发芽后，谷子 β-葡聚糖提取物的发泡能力和稳定性分别从 165%提高到 173%和 58.34%提高到 64.34%。这可能是由于增溶蛋白质和纤维含量在发芽过程中的增加，发泡能力提高；蛋白质的表面暴露，以及蛋白质溶液的界面张力和表面张力降低，从而实现了良好的发泡性和稳定性[41]。

尽管对谷子发芽过程中营养成分的变化进行了广泛的研究，但其变化的机制尚未完全揭示，并且营养成分含量受浸泡时间、发芽时间和发芽温度等条件的影响，参数的适当组合可以提供特定的营养价值。此外，大部分研究还停留在单一的发芽前处理方法上，可采用不同预处理方法相结合的方法，优化组合处理方法的工艺流程，尽可能提高发芽全谷物中的有益营养成分。发芽谷子对慢性疾病有潜在的预防作用，利用组学技术深入探究生物活性物质在体内的作用机制将是未来研究的重点。

4. 发酵

发酵被认为是最古老的食品加工和保存方式之一，涉及的微生物在人工调控/自然条件下经一段时间将原材料转化为具有高营养价值的食品，并赋予食品丰富多样的风味、香气和质地，主导微生物包括有益细菌（如乳酸菌）、真菌（如酵母菌）和霉菌（如根霉）。各种微生物菌株已被用于发酵谷子面粉，如副干酪乳杆菌 Fn032、嗜酸乳杆菌、鼠李糖乳杆菌、双歧杆菌、长双歧杆菌和布拉氏酵母菌。

发酵有几种方式，可以针对不同的需求选取合适的发酵方式。①湿法加工：谷物蛋白质基质浸泡软化，激活一系列内源酶（如淀粉酶、蛋白酶和磷酸酶），产生可发酵糖和氨基酸，促进发酵开始，同时增强植酸盐的降解并增加消化率；②多用途中间产品：发酵或不发酵均可食用，如新鲜酵母、混合谷物发酵粉等；③共同发酵：利用无关原料的发酵来改善质地和营养，例如，基于互补的氨基酸特征谱，利用豆类的高赖氨酸含量弥补谷子的低赖氨酸含量；④混合培养发酵：利用食品中预先存在的天然混合微生物进行发酵，其含量和组成受食品基质中化学物质和生物活性物质的影响。

发酵通过提高营养物质含量、增加其生物利用率或降低抗营养物质含量来增加营养价值。对谷子进行微生物发酵处理，与不溶性纤维结合的酚类物质得到释放，增加了酚类物质的生物可及性。发酵过程中蛋白质水解活性的增强提高了蛋白质消化率，同时白蛋白/球蛋白的比例和总蛋白的可提取性的增加，提高了蛋白质的质量。淀粉是微生物利用的主要能量来源，内源菌群发酵水解淀粉，增加了总可溶性糖和还原糖，改善谷子发酵过程中的体外淀粉消化率。另外植酸含量的降低也可能是淀粉消化率提高的原因,因为植酸与体外淀粉消化率呈显著负相关。此外,发酵通过限制单宁、酚类、植酸盐和胰蛋白酶抑制剂的作用来增加矿物质、蛋白质和膳食纤维等营养物质的生物利用度。

经微生物(如副干酪乳杆菌 Fn032)发酵处理后的谷子的理化性质有很大变化。Fn032 发酵使蛋白质含量(12.02%~20.54%)、总淀粉(15.78%~51.01%)和淀粉组分显著增加,其中慢消化淀粉和抗性淀粉含量分别从 6.83%、7.61%增加到了 18.42%、22.68%,对延缓淀粉消化、减轻血糖负荷有重要作用[59]。将发酵与高水分处理方式相结合,对谷子面粉的理化成分、热特性、淀粉消化率和糊化特性也有很大影响,并显著影响了快消化淀粉、慢消化淀粉和抗性淀粉的含量。发酵处理为改善谷子粉的理化性质和增加营养特性提供了可能。此外,使用 Fn032和蛋白酶进行固态发酵,不仅增强了谷子面粉的理化和营养特性,而且提高了谷子粉的营养价值。Fn032 产生的生物活性多肽表现出显著的自由基清除活性和对大肠杆菌 ATCC 8099 的抗菌活性,对胰蛋白酶具有很强的抵抗力[60]。

发酵是一种历史悠久的加工方式,可用于提高产品的风味和口感,是一个复杂的代谢过程。由于基质被不同的微生物(如乳酸菌和酵母菌)转化为简单的化合物,会发生许多生化变化,其中营养成分和抗营养成分的比例发生变化,从而影响储存特性。发酵还可能导致产生的脂肪分解为脂肪酸和甘油,使食品具有特殊的发酵风味。使用微生物对谷子进行发酵,在改善食品营养价值和健康功效方面具有巨大的潜力,未来可以用于制备功能性食品补充剂,提升产品附加值。

5. 酶解

酶解是一种非均相反应,是指在酶的作用下将复杂有机化合物(如不溶性纤维素、蛋白质、碳水化合物)水解成小分子的过程。相对于传统食品加工技术,酶解辅助加工技术更加环保、高效、安全。在食品加工中,常用的酶有淀粉酶、蛋白酶、纤维素酶、木聚糖酶、植酸酶、脂肪酶和葡萄糖氧化酶等,可广泛应用于谷子及其制品品质改良方面。

碳水化合物(如淀粉、膳食纤维)可在酶的作用下转化为单糖,从而导致黏度和流动特性的改变,常用降解酶包括淀粉酶、α-葡萄糖苷酶、普鲁兰酶、木聚糖酶、1,3-β-D-葡聚糖酶和 α-半乳糖苷酶。例如,添加谷氨酰胺转氨酶可以显著改善小米粉的黏度;添加葡萄糖淀粉酶可以提高小米粉的溶解度[61];用米曲霉 α-淀粉酶处理改性谷子淀粉可以增加其溶解度[62]。对于不溶性膳食纤维,酶制剂破坏细胞壁使其大分子部分键断裂,变为短链,通过降解大分子、释放小分子而提高膳食纤维溶解性,同时可使粒径变小、表面结构复杂化,从而暴露更多的亲水性基团,促进其性质与性能的改善,常用酶包括纤维素酶和半纤维素酶(木聚糖酶)[61]。Zhu 等利用小米糠酶对膳食纤维进行改性,发现持水性、膨胀力都有明显的提高，对胆固醇、花生油等亲脂性物质都有良好的吸附能力[40]。

　　酶解也被广泛应用于提高蛋白质的功能特性中，而不降低其营养品质。与天然蛋白质相比，水解蛋白质级分具有相对较低的分子量、较高的生物利用度和更好的功能特性，包括溶解度、乳化性、凝胶性、持水能力、持脂能力以及发泡能力[63]。参与水解蛋白质以改善其功能和理化性质的酶包括胃蛋白酶、碱性酶、胰蛋白酶、中性酶和风味酶等。脱脂小米粉经复合蛋白酶、木瓜蛋白酶、碱性蛋白酶、风味酶和中性酶处理后，蛋白质回收率分别为 59.6%、62.8%、81.8%、78.9% 和 67.5%，必需氨基酸含量高于 FAO/WHO 的推荐摄入量，蛋白质水解物的溶解度显著提高，发泡特性显著改善。此外，酶解能有效消除抗营养因子，并提高营养成分生物利用度。植酸酶、鞣酸酶、纤维素酶、半纤维素酶和多酚氧化酶等可以降解小米中的植酸盐、单宁和多酚等抗营养因子，提高矿物质生物利用度和体外蛋白质消化率[64]。

　　酶处理技术可以改进食品风味质地和感官特性。葡萄糖氧化酶、木聚糖酶和蛋白酶对无麸质小米面包的质地、流变学和感官品质的提升有显著作用，可以增加面包比体积和弹性，降低硬度和内聚性；经 $0.1g \cdot 100g^{-1}$ 蛋白酶处理的面包硬度、咀嚼性、内聚性显著降低，具有更佳的口感、香气和适口性，可用于制备质地和感官特性更佳的小米面包[65]。酶法改性反应条件温和、专一性强、对设备要求低且环境友好，但存在反应时间长、生产效率较低及生产成本高等问题，开发更为有效的酶制剂（如抗营养因子降解酶）以促进技术工业化应用，深入探究酶制剂对谷子品质的改良机制是今后研究的重点之一。

6.3.2　热处理技术

　　热处理是食品保存中最广泛使用的方法，可以破坏微生物，从而延长保质期。然而，热处理长期以来一直被认为可以增加食物的消化率，并且也会导致某些热不稳定营养素的损失，从而降低营养价值。热处理技术的应用既要考虑如何提高加工效率、降低能耗，又要尽量避免谷物的营养成分和活性成分的损失。根据热处理过程中水分含量的不同，可分为干热处理和水热处理。

　　1. 干热处理

　　干热处理是指高温条件下对低水分含量的食品物料进行加热，实现消灭微生物、降低脂肪酶和脂氧合酶的活性，延长货架期的一种物理加工方法[66]。

　　1）焙烤

　　焙烤是一种传统的食品热加工技术，该技术通过辐射、传导、对流 3 种热量传递方式对食品进行加热处理，从而对食品进行熟化和定型，改变其色泽、风味和适口性等理化性质。传导和对流是主要的受热方式，辐射起到辅助作用。常用的辐射焙烤方式是红外焙烤和微波焙烤。红外焙烤利用热元件产生热辐射，由于红外线与水的固有频率相似，含水谷物中的水分子快速受热汽化，实现谷物的膨胀和熟化；微波焙烤利用微波辐射产热，通过内摩擦热，谷物内部温度快速升高，从而产生大量过热蒸汽，蒸汽释放引起谷物膨胀熟化。相较于传统对流焙烤，辐射焙烤具有供能高、热损低、加热均匀、产品品质好、节约成本等优点。红外焙烤具有较高的传热系数，焙烤过程中红外辐射提供的热流量超过了总热量的60%，并且在较低的空气温度下红外焙烤所需的能量相对于传统对流焙烤减少了20%；同时，红外焙烤避免了对流焙烤物料重量损失严重的问题，有利于产品品质的形成。

焙烤处理可以增加谷子的生物活性成分含量和抗氧化活性。高温处理后增加了酚类物质的可提取性，结合酚类从细胞壁释放转化为游离酚类，共轭多酚类（如单宁）降解为简单酚类，导致总酚、总黄酮和原花青素水平显著提高，其中除游离香草酸和结合对香豆酸外，其他酚酸的含量均显著提高[47]。焙烤时间和温度对谷子维生素E含量、DPPH和ABTS自由基清除率具有一定影响，如图6.5所示。通过响应面分析得到最佳工艺参数，即在焙烤温度为175℃、焙烤时间为5min、水分含量为20%时，维生素E含量（74.50μg·g^{-1}）、DPPH（44.58%）和ABTS（44.45%）自由基清除率拟合最佳[67]。焙烤显著提高了直链淀粉含量低的大米、大麦和谷子样品的淀粉消化率，热处理后的RS含量与谷物样品中的直链淀粉含量呈正相关。

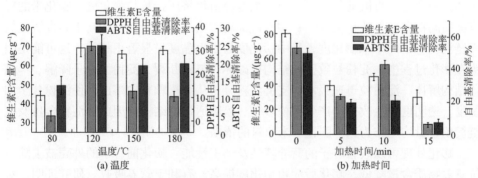

图6.5 温度和加热时间对谷子维生素E含量及自由基清除率的影响

焙烤也导致了挥发性香气化合物的产生和不良气味的消除。与生谷子相比，焙烤过的谷子大约有44种香气化合物被鉴定。未经处理的谷子中的主要化合物是己醛、2-甲基-萘、(E,E)-2,4-癸二烯醛和十五酸，而焙烤过的谷子中的主要化合物是己醛、2-呋喃甲醇、乙基吡嗪和(E,E)-2,4-癸二烯醛，可见焙烤不仅增加了醛类和杂环类物质的含量，还大幅降低了碳氢化合物和苯类衍生物的含量，对形成独特气味品质起到积极作用，赋予谷子特征香味。还有研究发现，焙烤和煮制的香气特征不同的原因在于新生成的吡嗪类物质（如甲基吡嗪、2-乙基-5-甲基吡嗪和2-乙基-3,5-二甲基吡嗪）具有独特的烘烤和坚果味，这源自氨基酸和碳水化合物在低水分和高温度下发生的美拉德反应[68]。

2）膨化

膨化是传统的食品加工方法之一，可以应用于谷物豆类，以制备即食产品，从而提高其作为食品的利用率。膨化技术具有产品多样化、营养成分保存大、易于贮藏、原料适用性广、利用率高、不易老化、生产设备简单、无污染的特点。按膨化方式不同可以分为挤压膨化、微波膨化、油炸膨化、气流膨化和焙烤膨化等，其中挤压膨化是最常见用于处理小米的加工方式之一。

挤压膨化技术是利用压力、热能、机械剪切力等多种作用对原料的处理，形成从原料预处理到产品成型一体的高新技术，利用外力使原料膨化进而形成多孔疏松且具有一定形状的产品，该加工方法适用于含淀粉的原料，因此常应用于谷物膨化中[69]。已有研究证明，谷子的重量/体积与膨化性能之间存在显著的相关性。谷子在膨化过程中，通过在短时间内高温处理谷粒的方式，胚乳内部产生蒸汽导致其膨胀，含有预糊化淀粉的淀粉质胚乳能够建立压力并均匀地向各个方向扩展。

不同产地小米之间的膨化度差异明显，膨化后的感官评价也有所差别，与其理化性质密切相关。例如，小米水分含量、密度对膨化后的口感有一定影响；小米的淀粉含量、直链淀粉含量、快速黏度分析仪挤压指数与膨化度、膨化米的感官品质间存在显著的相关性[70]；中直链淀粉含量的小米膨化度均高于高直链及低直链淀粉含量的小米膨化度，其中膨化度与回生黏度呈显著正相关。这可能是因为在膨化过程中，淀粉粒致密的结构被破坏，氢键断裂、淀粉大分子降解、半晶体结构解体，淀粉粒迅速吸水，支链淀粉分子从淀粉颗粒中溶出，使淀粉分子的黏度、透明度发生改变，产生蓬松多孔、松脆适口的结构。因此，淀粉含量及直链淀粉含量均可作为选择膨化小米原料的依据。

膨化处理可以改善谷子的营养特性及加工性能。膨化前谷子的外壳被去除，抗营养物质含量降低，膨化后淀粉糊化度提高，有利于营养吸收。研究证明，对谷子进行膨化处理在 230℃下可得到最高的膨化产量和最佳的质量和熟度。熟谷的粗脂肪和粗纤维含量显著低于生谷，而碳水化合物和能量值明显较高，这主要是因为谷物外层的脂肪和纤维含量较高，因此与位于内层的营养物质相比，受到加工方式的影响更大。同时，膨化显著提高了淀粉和蛋白质的消化率，因为在膨化过程中淀粉颗粒从蛋白质基质中分离出来，从而使其更易于被酶消化（表 6.5）。在这些过程中，体外淀粉消化能力的增强可能是由于部分淀粉颗粒的膨胀和破裂以及淀粉酶和磷酸化酶的激活；蛋白质消化率提高，这可能是由于胚乳在膨大过程中发生的细胞壁局部破裂，或蛋白质在高温处理下彻底变性，组织结构疏松多孔，有利于与消化酶的接触。

表 6.5 生谷子和膨化谷子的营养特性比较

营养特性	生谷子	膨化谷子
粗蛋白/（%干重）	11.1±0.17	12.0±0.32
脂肪/（%干重）	8.6±0.17	5.5±0.24*
总矿物质/（%干重）	3.3±0.02	2.7±0.03*
粗纤维/（%干重）	8.2±0.09	3.7±0.20*
碳水化合物/（%干重）	68.8±0.23	76.1±0.38*
能量值/（kcal·100g^{-1}）	396.9±1.24	401.9±1.16**
淀粉消化率/（mg·g^{-1}，以麦芽糖计）	75.2±0	107.1±3.0*
蛋白消化率/%	79.6±1.31	88.1±0.91*

注：*表示 $P<0.05$，**表示 $P<0.01$（$n=3$，n 指测量的样品次数）。

2. 水热处理

水热处理（hydrothermal treatment，HTT）是指在一定的温度和湿度下对谷物样品进行处理，改变谷物组织结构，并提高后续加工效率，是一种广泛应用的谷物预处理方法。近年来有研究者指出，不同水热处理法对淀粉的结构、性状、功能有一定影响，影响营养成分的生物利用度及淀粉消化性。

1）挤压

食品挤压加工是一种利用螺杆挤压所产生的高温、高压、剪切力、摩擦力等作用对食品原料进行破碎、捏合、混炼、熟化、杀菌、预干燥、成型等加工的技术。在挤压加工过程中蛋白质易发生降解，淀粉易发生凝胶化，而且脂肪、淀粉、蛋白质之间会形成复合物，进而导致产品微观结构、物理化学性质等发生改变。一般来说，物料在机械力的作用下通过高温挤压模口，让产品成型，从而达到所需的产品形状和组织状态。挤压技术可分为单螺杆挤压、双螺杆挤压、多螺杆挤压、冷挤压和热挤压等技术。

挤压加工在一定程度上能抑制脂肪的氧化，延缓氧化速度，延长产品的保质期，改善产品的品质。在挤压过程中，脂质可能也会与多糖、蛋白质等大分子结合生成复合物，降低游离脂肪酸的含量，延缓脂肪酸值的上升，抑制酸败。经干热空气处理、蒸汽处理以及挤压处理的小米糠在 35 天储藏期间，其脂肪酸值分别从 5.19mg·g^{-1}、4.98mg·g^{-1}、5.03mg·g^{-1} 升高至 25.98mg·g^{-1}、13.68mg·g^{-1}、9.60mg·g^{-1}，分别增长了 4 倍、1.7 倍和 0.9 倍，经挤压处理后的小米糠脂肪酸值增幅最小，上升速率最慢，稳定性最好[71]（图 6.6）。Wang 等[72]也发现挤压处理对谷子长期储藏期间的味道稳定性有所影响，可以抑制难闻气味的形成。

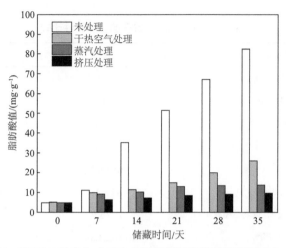

图 6.6　处理方式对小米糠储藏期脂肪酸值的影响

　　在挤压过程中，筒体温度、螺杆转速、水分含量、原料种类等因素均会影响谷子的营养和风味特性。Kharat 等[73]发现在筒体温度为 118.23℃、水分含量为 15.88%，以及较低程度的螺杆转速（400r·min^{-1}）条件下，谷子具有较高的膨胀率、吸水指数、水溶性指数和总体可接受性，而体积密度和硬度值较低。对小米粉进行双螺杆挤压熟化处理，在熟化温度为 135℃、含水率为 35%、螺杆转速为 120r·min^{-1} 的条件下，产品挥发性成分共检出 33 种，其中醇类 10 种、醛类 9 种、酯类 6 种、烷类 3 种、酮类 2 种、其他 3 种，经熟化后的风味物质种类相比熟化前更突出。

　　挤压加工对谷子营养物质有不同程度的影响，通过与其他加工方式联合处理可以更加有效地改善谷子的营养、功能和理化性质。挤压可以改变蛋白质的结构和性质、提高蛋白质的消化率，并且用消化蛋白酶水解可以用于生成 ACE 抑制肽，并表现出高 ACE 抑制活性[40]。预处理（发芽、发酵和超声处理）和挤压联合处理谷子对 γ-氨基丁酸、总酚含量、抗氧化活性和理化性质有显著影响。与对照组（仅挤压处理）相比，经过预处理的挤出物的 γ-氨基丁酸含量显著增加，其中发芽挤出物（7.24mg·100g^{-1}）的含量最高，其次是超声处理的挤出物（6.15mg·100g^{-1}），并且预处理组的总酚类化合物和抗氧化活性均优于对照组。此外，预处理组的油酸、棕榈酸和亚麻酸含量增加，亚油酸含量降低，同时具有更高的吸水率和溶解度指数。因此，加工方式联合挤压有助于改善谷子品质，开发更营养、健康的功能性食品。

2）蒸煮

蒸煮可以分为蒸制和煮制，也可以分为常压蒸煮和高压蒸煮[74]。蒸煮通过流通的水蒸气，在高温和水的作用下有效破坏谷物分子的共价键、氢键，从而达到熟化谷物的目的[75]。与焙烤不同的是，蒸煮属于水热处理，谷物胚乳细胞在蒸煮过程中破裂，结合酚、不溶性 β-葡聚糖等成分分解出来，在高温环境下造成分解。与蒸制相比，煮制需要在沸水中长时间加热，导致谷物营养成分流失比蒸制严重[76]。

高压蒸汽处理后，谷子的酚类含量提高，类黄酮含量降低，DPPH 自由基清除活性显著增强，体外蛋白质消化率显著降低，主要归因于蛋白质变性、降低蛋白质对酶的抵抗力以及蛋白质与其他物质互相作用[77]。一方面，蛋白质可萃取性的降低是高温下二硫化物交联的形成和蛋白质二级结构的变化导致的；另一方面，酚类物质含量增加，增加其氧化概率，而过氧化物的形成会氧化氨基酸残基并聚合蛋白质，降低体外蛋白质消化率。同时，观察到体外淀粉消化率的显著降低，可能是因为形成直链淀粉-脂质复合物以及直链淀粉和支链淀粉回生[78]。

谷子的食用质量取决于三个重要指标，即颜色、味道和口感，并受到烹饪时间、吸水率、固体损失、烹饪过程中谷物的伸长率和胶化温度等参数的影响。谷子在食用前通常要去壳并在水中煮熟，经过蒸煮处理会导致产品的感官特性发生变化，与未处理的样品相比，谷子的吸水率和膨胀指数显著降低，并且样品颜色较深。为了克服谷子在壳浸泡和蒸煮过程中重要营养物质的损失，Rajeswari 等[79]开发了一种碱性蒸煮方法，即将谷子浸泡在石灰水中，达到或接近混合物的沸点，然后去壳；与未加工的面粉相比，经碱性处理的面粉表现出更高的蛋白质、灰分、碳水化合物含量，而脂肪和抗营养因子含量较低，从而为开发健康食品提供了借鉴。Zhang 等[80]结合固相微萃取和气相色谱-质谱联用量化晋谷 21 蒸煮后的挥发性化合物，共鉴定出 12 种香气化合物，其中醛类在香气特征中发挥了重要作用，较长的烹饪时间（40min）会产生较高浓度的香气化合物，且品种之间存在显著差异，相比于其他三种谷子，晋谷 21 的大多数香气化合物中含量最高，可能有助于提高其食味品质和营养价值。

3）微波加工技术

微波加工技术是一种新型高效的热处理技术。微波是指频率在 300MHz～300GHz 的高频电磁波，其对应的波长范围为 1mm～1m，加工业微波系统的工作频率通常为 915MHz 或 2.45GHz，因其具有加热速度快、时间短、操作安全、易于操作和能耗低等优点，目前已被广泛应用于食品的加热烹调、干燥、杀菌、辅助提取等领域。

微波机理包括热效应和非热效应（或称生物效应）[81]。传统加热主要依靠热传导和对流传热，热量从物料表面传导到内部，往往是一个缓慢的过程。而微波加热是一种依靠物体吸收微波能将其转换成热能，使自身整体同时升温的介电加热方式。在微波加热过程中，物料中的极性分子产生定向移动，将电磁波传递并转化为热能，使物料迅速升温。而非热效应一般应用于杀菌和钝酶过程，在高频交变电磁场作用下，细胞膜发生不可逆电穿孔，致使细胞内物质（DNA、蛋白质等）外漏，胞膜电位遭到破坏，细胞正常生理功能受损，细胞生长受到抑制甚至死亡。然而，由于食品体系的复杂性，相关微波非热效应的理论机制仍处于探索假说阶段，作用机制仍存在争议。

微波处理可以钝化酯酶，通过超高频电磁波作用于谷糠，其中的非极性分子转动动能转化为热能，谷糠温度快速、均衡地上升，导致脂肪分解以及酶的变性失活，从而提高谷糠在储藏过程中的稳定性。此外，微波处理可以提高活性成分提取效率，并且较大程度地保留营养成分。蒸汽和微波处理均显著提高了谷子的总多酚含量，且微波处理更显著；尽管这两种处理方式均显著降低了类黄酮的含量，但是微波处理减少了其的流失（表 6.6）[77]。

表 6.6　不同加工方式处理下小米的产量和酚含量

样本	产量/（g·100g^{-1}）	总多酚/（mg·100g^{-1}）	总黄酮/（mg·100g^{-1}）	原花青素含量/（mg·100g^{-1}）
未处理	5.82±0.25^a	72.70±2.29^c	87.63±1.24^a	39.95±0.54^a
蒸汽处理	5.44±0.17^b	76.22±1.53^b	57.44±2.06^c	28.00±1.00^b
微波处理	5.16±0.25^c	104.46±0.96^a	74.65±1.96^b	26.69±0.74^c

注：同列数字后不同字母表示数据间具有显著差异（$P<0.05$）。

微波处理具有加热均匀、操作简单等优点，广泛应用于微波稳定化、微波杀菌、微波干燥等加工中，应用前景十分广阔。在微波处理过程中，应确定最佳工艺参数，以最大限度地保留营养与活性物质和达到品质改善的目的。例如，在微波稳定化处理过程中，既要考虑微波处理对脂酶活力的钝化效果，又要防止因温度过高水分过度蒸发而使谷糠出现焦糊现象。此外，用单一的微波处理方式来改善谷子品质有限，采取微波处理与其他加工方式相结合的方式，可以更高效地提高其营养价值，有助于开发新型健康的食品。

3. 非热处理技术

传统热加工技术具有能耗高、效率低、活性物质易损失等缺点，非热处理技术主要包括超声波、高静水压、低温等离子体、γ 辐照、胁迫处理等，具有节能环保、效率高、损耗低的优点，有效保留了谷物的营养物质，改善食用品质和储藏稳定性。

1）超声波

超声波是由于机械振动在介质中传播的超出人耳听力范围的一种机械波，频率在 20kHz～1MHz，其效果与功率和时间有关。传质、加热和空化是超声波作用的三种主要物理机制[82]。超声对促进细胞内的传质以刺激酶活性和改善细胞通透性和代谢具有积极影响，并且对活性物质的辅助提取和物理改性有促进作用。

超声处理对蛋白质、淀粉、膳食纤维等成分的理化性质有显著影响。Nazari 等[82]研究了超声波对小米浓缩蛋白以及谷蛋白的功能特性和结构的影响，结果表明，高功率超声可以显著提高小米浓缩蛋白的溶解度和起泡能力。超声作用主要是通过机械效应、空化效应、热效应等促进淀粉分子链运动，改变淀粉颗粒内部原有氢键及双螺旋结构，通过对淀粉颗粒表面及内部结构的影响来调控淀粉的理化性质。超声处理后没有改变小米淀粉的晶体结构和分子结构，然而小米淀粉颗粒表面产生了一定程度的凹陷和孔隙，分子有序性略有降低；与原淀粉相比，经超声处理后的小米淀粉颗粒粒径、透明度增大，表观黏度减小，热稳定性增强[83]。超声利用产生的剪切力、湍流作用等，使物料表层结构受到一定程度的破坏，有助于膳食纤维的改性。超声处理后的 SDF 表面出现褶皱，凹凸不平，可能是因结构经超声作用被空气泡破裂后产生的微射流撞击，导致表面结构出现孔隙，其中还有球状物附着，可能是残余的蛋白质与酯类。改性后的 SDF 表面出现许多裂痕，结构疏松多孔，可能是由改性条件下的交联作用导致半纤维素和木质素缺失，这使得孔隙率增加，孔隙增大，最终影响 SDF 的理化性质（图 6.7）。同时，SDF 的持水力、水膨胀力、持油力、结合脂肪能力、总抗氧化能力及热稳定性显著提高。

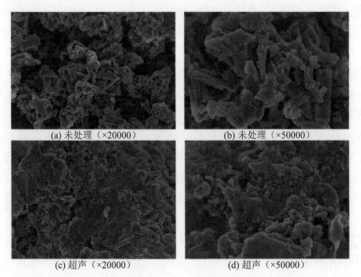

(a) 未处理（×20000）　　　　　　　(b) 未处理（×50000）

(c) 超声（×20000）　　　　　　　　(d) 超声（×50000）

图 6.7　不同处理的小米 SDF 的扫描电子显微镜图

超声波辅助提取活性物质在加工行业上应用广泛。利用超声波辅助酶法（料液比为 1∶22（g·mL^{-1}），加酶量为 1%，温度为 60℃，超声时间为 21min，超声功率为 220W）提取小米多糖，提取量达 30.34mg·g$^{-1[84]}$。利用超声波辅助技术（乙醇浓度为 72%，超声时间为 41min，温度为 38℃）提取小米多酚，多酚得率为 74.34mg·100g$^{-1[85]}$。采用超声波辅助无水乙醇萃取方式提取小米谷糠油，利用超声波的空化作用，加速溶剂对油脂的溶解程度，提取率达到 78.57%$^{[86]}$。可以看出，超声波辅助提取具有操作简单、得率高、溶剂消耗少和提取时间短等优点。

2）高静水压

高静水压技术是一种新型的非热加工环境友好技术，能灭活病原微生物及酶，相比其他加工方式，其对食品中营养物质与感官品质的损害较小，可以很好地保持食品的色、香、味及营养成分$^{[59]}$。它利用流体的压缩来传递压力，高压一般为 100~1200MPa，温度为 20~50℃。高静水压技术广泛应用于活性物质提取、微生物灭活和抑制酶活性等加工过程中。

高静水压对谷子的酚类含量和抗氧化性能有积极影响。在 200MPa 和 60℃条件下处理发芽谷子，总酚含量和抗氧化活性显著提高，同时抗营养物质（植酸和单宁）水平下降，提高了面粉的质量。这是因为高压能有效提高细胞内外的传质速率，增加细胞壁、细胞膜、细胞器破裂的可能性，从而促进酚类物质的溶解并增加其含量$^{[87]}$。此外，高压联合浸泡可以有效改善谷子的理化特性。高压加工中的操作参数（如压力、温度、浸泡时间等）是影响谷子特性的主要因素，其中压力和温度是主要影响因素。高压浸泡显著提高了吸水量，从而提高了淀粉糊化程度，达到最大值 64.93%；水的有效扩散系数随着压力和温度的增大而增大，最大值达到 6.77×10^{-9}m^2·s^{-1}，谷子通过增加水扩散速率来获得更高的水分含量，直至淀粉部分糊化，最终得到最佳处理条件如下：压力为 400MPa、温度为 60℃、浸泡时间为 60min。因此，确定合适的工艺参数可以有效改善谷子的吸水性、糊化特性和生化特性$^{[87]}$。

经高静水压处理后的谷粒和面粉的储藏稳定性显著提高。对发芽和非发芽谷子高压加工后面粉的功能、吸湿和热力学特性进行分析，发现水分吸收、热力学特性、铺展压力和玻璃化温度与获得面粉储存的最大稳定性有关$^{[88]}$。对谷子高静水压（400MPa）处理后，在 10~37℃下储存 64 天，乳酸菌和酵母菌被灭活，微生物数量基本不变，与未处理组相比，α-淀粉酶和葡萄糖淀粉酶能保持较低的活性，pH 在储存期间几乎没有变化，说明高静水压可以通过灭活微生物和抑制酶活性来保持较好的稳定性$^{[89]}$。

虽然高静水压处理谷子在改善品质、提取活性成分和增强其储藏稳定性等加工领域表现出促进作用，但是对高静水压的相关研究仍比较少，理论基础比较欠缺，与国内食品市场的需求不匹配。因此，还应加快对高静水压的深入研究，为生产提供更好的理论支持。

3）低温等离子体

等离子体被认为是继固态、液态和气态之后的第四种物质状态，是部分或完全电离的含有活性物质的气体混合物。等离子体可分为热等离子体和低温等离子体。在等离子体中，如果电离气体的电子、离子和中性粒子等成分处于热力学不平衡状态，电子温度远高于离子温度，则被称为低温等离子体。低温等离子体可以产生一系列活性物质，如激发态粒子、活性氧、活性氮和羟自由基。当气体电离时，产生不同的离子和高能自由电子，通过改变外电场可以有效控制等离子体的流动方向，从而对样品产生影响。

低温等离子体技术可用于改善谷子口感和增加其生物活性成分含量方面。对发芽全谷中酚类合成和酚酸组成的影响不同。一方面，通过破坏发芽的全谷类刺激细胞产生氧化应激，激活抗氧化酶系统，从而促进酚类化合物的合成，提高抗氧化性能。另一方面，低温等离子体可以通过灭活相关酚类合成酶的活性来抑制酚类的合成。低温等离子体可使籽粒表面受到刻蚀，表面能增加，进而增加籽粒的亲水性，改善其蒸煮品质[90]。低温等离子体对谷子存在的风味较差、口感粗糙、蒸煮时间长等缺点也能有效改善。

等离子体技术涉及的高能电子、带电粒子、紫外线、氧自由基等物质与微生物的灭活有关。通过高能电场、辐射或自由基的攻击破坏细菌的细胞壁和细胞膜，以及细胞质中的蛋白质和核酸（图 6.8），不仅能达到灭菌的效果，还能延长谷子的货架期。此外，作为谷物，谷子受到真菌毒素污染的可能性很大。我国规定谷子中真菌毒素限量值为 $5\mu g \cdot kg^{-1}$，通过低温等离子体可以有效控制真菌毒素的含量，尤其是黄曲霉毒素。尽量减少直接或间接摄入真菌毒素，是保障人们健康的必要措施。

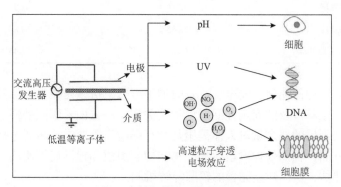

图 6.8　低温等离子体灭菌机理

低温等离子体是一项发展中的技术，主要应用于谷子的品质改善和杀菌过程中，可以有效减少食品中微生物的数量并有效降解真菌毒素，对保障粮食的安全性和储藏稳定性具有重要意义。然而，其处理效果取决于多种因素，如工艺参数、微生物类型、原料表面特性和真菌毒素性质等，并且真菌毒素降解产物的安全性难以保证。未来应深入探究其微生物灭活及真菌毒素的降解机理，为其投入实际生产提供依据。

4）γ辐照

γ辐照是一种非热加工的物理杀菌技术，通常利用 ^{60}Co 作为放射源，能杀灭食品和农产品中的各种腐败微生物和致病微生物。其原理是 γ 射线与物质相互作用后，将其部分能量传递给物质的原子或分子，进而生成一对阳离子和阴离子，这些离子通过高能量电离辐射在食品中产生物理、化学和生物学效应，达到杀虫、灭菌、抑制发芽等目的。

γ辐照能显著改善谷子的蛋白质消化率。高剂量 γ-辐照会引起蛋白质构象改变、氨基酸氧化、共价键断裂及自由基的形成。对全谷粒和去壳谷粒分别用高温（170℃）或辐照（1.0kGy/2.5kGy）处理，发现热处理几乎不改变 IVPD，联合辐照处理后全谷粒和去壳谷粒组的 IVPD 分别提高了 2.59%和 2.13%，对全谷粒组的影响更显著（表 6.7），且 2.5kGy 剂量对 IVPD 的影响大于 1.0kGy 剂量，这表明辐照对 IVPD 具有促进作用[91]，推测辐照裂解了醇溶蛋白中的二硫键，导致蛋白质结构展开，将更多的蛋白质位点暴露给蛋白质水解酶，从而提高 IVPD。此外，γ 辐照在延长谷子储藏期方面有积极促进作用，相比于传统的储藏方法，辐照储藏技术具有冷处理、低耗能、高效率、辐照均匀等典型特征。

表 6.7　热处理和辐照处理后小米的蛋白质消化率　　　（单位：%）

组别	全谷粒	去壳谷粒
未处理	52.16	54.86
热处理	52.35	54.87
热处理+辐照处理	54.48	57.46

辐照作为一种低能耗、安全、有效的加工方式，可以延长谷物保鲜期并改善其感官特性，但其涉及的安全性问题也备受关注。一方面，辐照处理的最佳剂量有待研究，处理后的残余量对人体健康是否有影响，需要进一步通过病理学试验证明。另一方面，辐照处理毒素后的产物结构、组成和毒性尚不明确，亟须对其安全性进行评估，从而建立完善的辐照降解机制。

6.4　谷子加工产品

谷子在中国北方广泛种植，主要用来熬制小米粥。中医认为，谷子性味甘、咸、微寒，具有滋养肾气、健脾胃、清虚热等疗效。目前小米主要的加工食用方式局限于传统的初级加工（蒸煮类加工）。随着社会经济的快速发展，人们对杂粮食品的需求度增加，市面上逐渐出现以小米为基础的速食产品、发酵饮品和复配产品等，给人们生活带来了巨大便利。

6.4.1 传统食品

小米根据加工利用程度，可分为初级加工和深加工。初级加工产品包括小米粥和小米饭、小米面食、谷子饲料等，还包括谷糠、谷子秸秆等非食用副产品，其中以小米粥为主导产品。《本草纲目》记载，小米粥极有养胃之功效，对小儿腹泻也有疗效。谷子的深加工产品包括速食小米粥、冲剂小米粉、小米黄酒、小米醋以及黄色素和米糠膳食纤维等提取物。

随着人们对食品营养结构要求的提高，复合食品应运而生，主要表现在小米与其他杂粮复配方面。赵旭等[92]通过正交试验对小米面包配方进行优化，小米粉添加量可达 20%，得到的产品表皮色泽均匀呈现棕黄色，内部呈现淡黄色，体积大，柔软细腻，富有弹性，除了具有面包烘焙香气，还有小米特有的清香。宋莲军等[93]在馒头中添加小米制作杂粮馒头，不仅具有比白面馒头更低的血糖指数，更适合供高血糖人群食用，而且还能有效改善人们的膳食结构。当小米粉添加量为 25%时，能够显著改善馒头的感官特性，使之更有弹性、易于咀嚼。

6.4.2 速食食品

速食食品以米、面、杂粮等粮食为主要原料加工制成，只需简单烹饪即可作为主食，能最大限度地保持原料的原生态，兼顾营养价值和食用方便性。随着经济的增长和人们生活方式的改变，对速食食品的需求越来越大。谷子速食产品主要包括小米速食粥、小米速溶粉、小米方便米饭、速食谷子麦片、婴幼儿营养辅助食品等。单独的小米速食产品存在一定的营养缺陷，一般通过搭配其他食物进行均衡。

小米速食粥主要包括小米方便粥、小米复合速食粥、孕妇型小米粥等。杜连启等[94]以小米、玉米和大米等为主料，以枸杞、花生、芝麻为辅料研究了一种适合孕妇的小米复配粥，以满足孕妇对营养的需求；任建军等[95]研究小米方便米饭，在最佳的工艺条件下产品复水率高，品质优良。速溶粉和速食麦片的出现适应了目前快速的生活节奏。宋超洋[96]通过挤压熟化联合酶解制备小米速溶粉，对其加工艺参数进行了优化；侯涛等[97]利用苦荞和燕麦麸皮，与小米进行复配，利用苦荞丰富的赖氨酸含量与小米进行互补，同时燕麦麸皮含有丰富的膳食纤维，能够进一步使产品的营养得到完善。牛奶中往往缺乏矿物质、维生素和可溶性纤维，因此可以添加小米互补，Simha 等[98]将小米与牛奶混合制作断奶期婴幼儿奶粉，富含多种维生素、纤维和铁。多样的速食食品具有烹饪时间短、口味统一、营养丰富、保质期长、易携带等优点，极大地方便了人们的生活。

6.4.3　即食食品

即食食品，顾名思义，指不需要任何烹饪即可食用，包括即食零食、即食饮料等。谷子即食零食主要以小米饼干为主，一般通过膨化及焙烤的加工方式改善其粗糙的口感。饼干中的糖、油的含量较多，水分含量相对较低，其对面粉筋力质量的要求较低，便于较大比例地添加小米粉。小米粉的膨胀性使谷物食品和休闲食品具有独特质地，用其制成的饼干比传统饼干硬度低而且脆度高，同时膨化后的小米粉的口感得到大大改善。另外，在普通黄油饼干中添加一定比例的小米粉，可降低对加工工艺的要求，同时小米丰富的膳食纤维还可降低黄油饼干中多余油脂和糖分在肠道中的吸收，减少热量负担。

小米谷物饮料的基本工艺流程主要是通过原料的预处理→高温糊化→酶处理→过滤→调制→灌装→杀菌→成品。小米谷物饮料包括小米饮料、小米乳饮料与小米豆饮料，复配其他原料以及不断改善制作工艺是提高饮料品质的有效途径。王燕[99]对小米饮料工艺进行了研究，成品具有小米特有的风味，色泽适中，细腻爽口；宋佳敏等[100]以发芽糙小米为主要原料，制备发芽糙小米饮料，并对其液化工艺进行优化；张爱霞等[101]对无醇小米饮料的研制与营养分析进行了探索，制备出芳香纯正、口味酸甜、营养丰富的无醇型功能饮料。利用小米制备谷物饮料的研究越来越多，逐渐向复合谷物饮料和功能性饮料的方向发展。

6.4.4　发酵食品

谷物发酵保留了其原有的营养价值，大分子物质（如淀粉、蛋白质、不溶性膳食纤维等）通过酶或者微生物的作用被降解，可增加有利于人体的益生元，同时改善了粗糙的口感和较差的稳定性[102]。常见的小米发酵产品形式有饮料、发糕、粥、酒、醋、粟米酱等。

经过酒曲多种微生物的糖化发酵作用，赋予产品新的功能特性和独特的感官品质，适当饮用有降血压、健脾胃、护肝脏、除风下气等疗效。刘敬科等[103]研究了河北小米酿造黄酒的工艺，最优糖化工艺条件参数如下：糖化温度为 30℃、糖化时间为 60h、接种量为 1g·kg^{-1}。马吉瑶等[104]探究了小米酒对小鼠血清中相关抗氧化酶活性的影响，证明与同酒精浓度的酒基相比，小米酒可减少氧化应激对肝脏的损伤。目前市面上出现了各类风味小米酒，如陕西风味香菇小米酒、猴头菇小米酒、安梨小米酒等。此外，无醇饮料、发酵乳酸菌小米饮料、小米醋等饮品也深受消费者欢迎。

除饮品外，小米发酵同样应用于其他食品中。发酵粥的菌种主要是乳酸菌，王志伟[105]将糯米、糜米、小米和玉米楂四种原料混合发酵酸粥，最后表明最佳发酵酸粥的原料配比为 1∶1∶1∶1，发酵产品酸度适中，口味突出；郭璞等[106]比较了小米酸粥和小米粥组分的差异，发现发酵会提高酸粥的多酚含量和抗氧化活性；张桂英等[107]利用自然发酵法制备发酵剂，用其发酵的小米糕色泽金黄、酸甜适中、口感弹糯。周长海等[108]将粟米浸泡、蒸煮、制曲后与蒸熟的大豆混合，加入盐水进行发酵，酿制出的成品酱营养丰富，味道鲜美。

6.4.5　功能性食品

小米是一种无麸质、营养丰富的全谷物食品，与目前的主食大米和小麦相比，小米含有多种维生素、矿物质和高水平的蛋白质，并且具有更低的血糖指数。此外，小米中的一些活性物质（如多酚）可以辅助治疗糖尿病、癌症和心血管疾病。因此，以小米为基础的食品具有开发功能性食品的潜力。大量数据表明，增加谷子食用量与降低血糖有关[109]，开发低 GI 食品以改善血糖是小米功能性食品研发的热点。

张宗颖[110]对低 GI 杂粮复合馒头粉配方进行了筛选，以黄豆的高蛋白质弥补小麦、小米的不足，并初步证明该产品适合糖尿病人食用并具有一定的降血糖保健效果。王兆燃[111]研发了一种富含膳食纤维并且蔗糖含量较低的小米蛋糕；赵瑞华等[112]则对香菇小米低糖饼干配方进行了优化；华燕菲[113]研制了一种食味品质好的低 GI 小米绿豆面条，与小麦面条相比，不仅具有更丰富的氨基酸，同时人体 GI 测定试验表明，小米绿豆面条的 GI 值为 48.94，小于 55，属于低 GI 食品，适于糖尿病患者食用。

国外对小米功能性食品的研究集中在改善糖尿病和乳糜泻等方面上，利用稗子、谷子、圆角雀稗等粟类制作低 GI 益生元杂粮饮料，可提供至少 $10g·100g^{-1}$ 推荐用于每日摄入的可溶性膳食纤维，并含有 96.46mg 酚类物质，GI 值低至 45.07，可用于替代牛奶，适于乳糖不耐受、牛奶过敏、高血糖或高胆固醇血症的人群饮用[114]。Lestari 等[115]以谷子、葛粉和芸豆为原料，制备高膳食纤维和高抗性淀粉的低 GI 曲奇棒，满足了糖尿病人群的需求。Thejasri 等[116]研发了一种藜麦小米无麸质饼干，不仅适合乳糜泻和麸质不耐受的人群食用，而且由于其丰富的膳食纤维含量和其他植物化学成分，也可以成为许多患有生活方式病的人群的良好选择。Sharma 等[117]使用发芽的小米（谷子、稗子和圆角雀稗）制备面粉来制作无麸质饼干，发芽面粉混合物含有更高的蛋白质、总酚含量和抗氧化活性，功能特性显著提高，并且饼干的感官品质得以改善。

结合小米本身无麸质、高纤维、生物活性成分含量高的自身特点，小米食品的发展方向可以从以下几个方面着手：①加强小米与大宗粮食及豆类的合理搭配，弥补自身营养缺陷，提升营养价值；②产品开发多样化，在传统食品的基础上重点开发方便食品，如速食类、冲调类；③覆盖人群全面化，加快推进针对特殊人群的食品研制，如孕妇、断奶期儿童、老年人以及高血糖、高血脂、麸质/乳糖不耐受人群；④加强对小米功能性食品的营养与健康评价，利用其营养保健功能开发大众化和主食化产品；⑤结合传统加工方法，创新现代加工技术，提高小米产品品质，促进其实现工业化生产。加速小米产品的加工开发，对优化食品结构、满足人们健康生活需求都具有重要的现实意义。

参 考 文 献

[1] Zhang M, Xu Y F, Xiang J L, et al. Comparative evaluation on phenolic profiles, antioxidant properties and α-glucosidase inhibitory effects of different milling fractions of foxtail millet. Journal of Cereal Science, 2021, 99: 103217.

[2] Chandrasekara A, Naczk M, Shahidi F. Effect of processing on the antioxidant activity of millet grains. Food Chemistry, 2012, 133(1): 1-9.

[3] Chandrasekara A, Shahidi F. Content of insoluble bound phenolics in millets and their contribution to antioxidant capacity. Journal of Agricultural and Food Chemistry, 2010, 58(11): 6706-6714.

[4] Xiang J L, Zhang M, Apea-Bah F B, et al. Hydroxycinnamic acid amide (HCAA) derivatives, flavonoid C-glycosides, phenolic acids and antioxidant properties of foxtail millet. Food Chemistry, 2019, 295: 214-223.

[5] Pradeep P M, Sreerama Y N. Phenolic antioxidants of foxtail and little millet cultivars and their inhibitory effects on α-amylase and α-glucosidase activities. Food Chemistry, 2018, 247: 46-55.

[6] Pradeep P M, Sreerama Y N. Soluble and bound phenolics of two different millet Genera and their milled fractions: Comparative evaluation of antioxidant properties and inhibitory effects on starch hydrolysing enzyme activities. Journal of Functional Foods, 2017, 35: 682-693.

[7] Chung K T, Wei C I, Johnson M G. Are tannins a double-edged sword in biology and health? Trends in Food Science &Technology, 1998, 9(4): 168-175.

[8] Shejawale D D, Hymavathi T V, Manorama K, et al. Effect of processing on nutraceutical properties of foxtail millet (Setaria italica) varieties grown in India. Journal of Food Measurement and Characterization, 2016, 10(1): 16-23.

[9] Yano A, Takakusagi M, Oikawa K, et al. Xanthophyll levels in foxtail millet grains according to variety and harvesting time. Plant Production Science, 2017, 20(1): 136-143.

[10] Liu M X, Zhang Z W, Ren G X, et al. Evaluation of selenium and carotenoid concentrations of 200 foxtail millet accessions from China and their correlations with agronomic performance. Journal of Integrative Agriculture, 2016, 15(7): 1449-1457.

[11] Shan S H, Li Z W, Newton I P, et al. A novel protein extracted from foxtail millet bran displays anti-carcinogenic effects in human colon cancer cells. Toxicology Letters, 2014, 227(2): 129-138.

[12] Ji Z W, Mao J Q, Chen S G, et al. Antioxidant and anti-inflammatory activity of peptides from foxtail millet (Setaria italica) prolamins in HaCaT cells and RAW264. 7 murine macrophages. Food Bioscience, 2020, 36: 100636.

[13] Chen X, Zhang T Y, Wu Y C, et al. Foxtail millet prolamin as an effective encapsulant deliver curcumin by fabricating caseinate stabilized composite nanoparticles. Food Chemistry, 2022, 367: 130764.

[14] Dong J L, Wang L, Lv J, et al. Structural, antioxidant and adsorption properties of dietary fiber from foxtail millet (Setaria italica) bran. Journal of the Science of Food and Agriculture, 2019, 99(8): 3886-3894.

[15] Mohamed L B, John N A, Zhou H M. Solvent optimization extraction of antioxidants from foxtail millet species' insoluble fibers and their free radical scavenging properties. Food Chemistry, 2013, 141(2): 736-744.

[16] Singh P, Raghuvanshi R S. Finger millet for food and nutritional security. African Journal of Food Science, 2012, 6(4): 77-84.

[17] Sandhu K S, Siroha A K. Relationships between physicochemical, thermal, rheological and invitro digestibility properties of starches from pearl millet cultivars. LWT-Food Science and Technology, 2017, 83: 213-224.

[18] Yin S Y, Kuo S M, Chen Y R, et al. Genetic variation of physicochemical properties and digestibility of foxtail millet (Setaria italica) landraces of Taiwan. Molecules, 2019, 24(23): 4323.

[19] Yang Q H, Zhang P P, Qu Y, et al. Comparison of physicochemical properties and cooking edibility of waxy and non-waxy proso millet (Panicum miliaceum L.). Food Chemistry, 2018, 257: 271-278.

[20] Sharma B, Gujral H S. Modifying the dough mixing behavior, protein and starch digestibility and antinutritional profile of minor millets by sprouting. International Journal of Biological Macromolecules, 2020, 153: 962-970.

[21] Bora P, Ragaee S, Marcone M. Characterisation of several types of millets as functional food ingredients. International Journal of Food Sciences and Nutrition, 2019, 70(6): 714-724.

[22] Zhang A X, Liu X D, Wang G R, et al. Crude fat content and fatty acid profile and their correlations in foxtail millet. Cereal Chemistry, 2015, 92(5): 455-459.

[23] Yuan Y, Liu C, Zhao G, et al. Transcriptome analysis reveals the mechanism associated with dynamic changes in fatty acid and phytosterol content in foxtail millet (Setaria italica) during seed development. Food Research International, 2021, 145: 110429.

[24] Yang L J, Li R R, Cui Y F, et al. Comparison of nutritional compositions of foxtail millet from the different cultivation regions by UPLC-Q-Orbitrap HRMS based metabolomics approach. Journal of Food Biochemistry, 2021, 45(10): e13940.

[25] Ren X, Chen J, Wang C, et al. Invitro starch digestibility, degree of gelatinization and estimated

glycemic index of foxtail millet-derived products: Effect of freezing and frozen storage. Journal of Cereal Science, 2016, 69: 166-173.

[26] Tsuzuki W, Komba S, Kotake-Nara E, et al. The unique compositions of steryl ferulates in foxtail millet, barnyard millet and naked barley. Journal of Cereal Science, 2018, 81: 153-160.

[27] 刘玉兰, 黄会娜, 范文鹏, 等. 小米糠（胚）制油及油脂品质研究. 中国粮油学报, 2019, 34(5): 44-49, 55.

[28] Bekaert S, Storozhenko S, Mehrshahi P, et al. Folate biofortification in food plants. Trends in Plant Science, 2008, 13(1): 28-35.

[29] 邵丽华. 山西省小米叶酸含量的研究. 临汾: 山西师范大学, 2014.

[30] Hou S Y, Man X X, Lian B Y, et al. Folate metabolic profiling and expression of folate metabolism-related genes during panicle development in foxtail millet (Setaria italica (L.) P. Beauv). Journal of the Science of Food and Agriculture, 2022, 102(1): 268-279.

[31] Ji J M, Liu Y L, Ge Z F, et al. Oleochemical properties for different fractions of foxtail millet bran. Journal of Oleo Science, 2019, 68(8): 709-718.

[32] 张玲艳, 李洁莹, 韩飞, 等. 蒸煮对小米营养成分及抗氧化活性的影响. 食品科学, 2017, 38(24): 113-117.

[33] 张鑫鑫, 杨燕强, 花锦, 等. "沁州黄" 小米营养成分及应用研究进展. 食品与机械, 2022, 38(1): 224-231.

[34] Pawar V D, Machewad G M. Processing of foxtail millet for improved nutrient availability. Journal of Food Processing and Preservation, 2006, 30(3): 269-279.

[35] 张艾英, 郭红亮, 韩芳, 等. 不同气候和土壤对小米品质的影响. 中国农业科学, 2019, 52(18): 3218-3231.

[36] Patimah S, Arundhana A I, Mursaha A, et al. Development of foxtail millet and flying fish flour-based cookies as functional food. Current Research in Nutrition and Food Science, 2019, 7(2): 504-516.

[37] Vojinovic D, Radjabzadeh D, Kurilshikov A, et al. Relationship between gut microbiota and circulating metabolites in population-based cohorts. Nature Communications, 2019, 10: 5813.

[38] Annor G A, Marcone M, Corredig M, et al. Effects of the amount and type of fatty acids present in millets on their invitro starch digestibility and expected glycemic index(eGI). Journal of Cereal Science, 2015, 64: 76-81.

[39] Ren X, Wang L X, Chen Z L, et al. Foxtail millet improves blood glucose metabolism in diabetic rats through PI3K/AKT and NF-κB signaling pathways mediated by gut microbiota. Nutrients, 2021, 13(6): 1837.

[40] Zhu Y, Chu J X, Lu Z X, et al. Physicochemical and functional properties of dietary fiber from foxtail millet (Setaria italic) bran. Journal of Cereal Science, 2018, 79: 456-461.

[41] Chen J, Duan W, Ren X, et al. Effect of foxtail millet protein hydrolysates on lowering blood pressure in spontaneously hypertensive rats. European Journal of Nutrition, 2017, 56(6): 2129-2138.

[42] Sharma S, Saxena D C, Riar C S. Characteristics of β-glucan extracted from raw and germinated foxtail (Setaria italica) and kodo (Paspalum scrobiculatum) millets. International Journal of

Biological Macromolecules, 2018, 118 (Pt A): 141-148.

[43] Zhu Y, He C H, Fan H X, et al. Modification of foxtail millet (Setaria italica) bran dietary fiber by xylanase-catalyzed hydrolysis improves its cholesterol-binding capacity. LWT-Food Science and Technology, 2019, 101: 463-468.

[44] Zhang L Z, Liu R H. Phenolic and carotenoid profiles and antiproliferative activity of foxtail millet. Food Chemistry, 2015, 174: 495-501.

[45] Zhang B W, Xu Y C, Liu S, et al. Dietary supplementation of foxtail millet ameliorates colitis-associated colorectal cancer in mice via activation of gut receptors and suppression of the STAT3 pathway. Nutrients, 2020, 12 (8): 2367.

[46] Shan S H, Lu Y, Zhang X L, et al. Inhibitory effect of bound polyphenol from foxtail millet bran on miR-149 methylation increases the chemosensitivity of human colorectal cancerHCT-8/Fu cells. Molecular and Cellular Biochemistry, 2021, 476 (2): 513-523.

[47] Divya M, Karthikeyan S, Ravi C, et al. Isolation of β-glucan from Eleusine coracana and its antibiofilm, antidiabetic, antioxidant, and biocompatible activities. Microbial Pathogenesis, 2020, 140: 103955.

[48] Xu W T, Wei L, Qu W, et al. A novel antifungal peptide from foxtail millet seeds. Journal of the Science of Food and Agriculture, 2011, 91 (9): 1630-1637.

[49] Taylor J R, Duodu K G. Effects of processing sorghum and millets on their phenolic phytochemicals and the implications of this to the health-enhancing properties of sorghum and millet food and beverage products. Journal of the Science of Food and Agriculture, 2015, 95 (2): 225-237.

[50] Sharma S, Saxena D C, Riar C S. Antioxidant activity, total phenolics, flavonoids and antinutritional characteristics of germinated foxtail millet (Setaria italica). Cogent Food & Agriculture, 2015, 1 (1): 1081728.

[51] 李航, 龚颖, 叶金铎, 等. 预熟化对谷物煮制时间及营养成分影响研究. 食品研究与开发, 2020, 41 (19): 30-35.

[52] Devisetti R, Yadahally S N, Bhattacharya S. Nutrients and antinutrients in foxtail and proso millet milled fractions: Evaluation of their flour functionality. LWT-Food Science and Technology, 2014, 59 (2): 889-895.

[53] Kumar K V P, Dharmaraj U, Sakhare S D, et al. Flour functionality and nutritional characteristics of different roller milled streams of foxtail millet (Setaria italica). LWT-Food Science and Technology, 2016, 73: 274-279.

[54] Sruthi N U, Rao P S. Effect of processing on storage stability of millet flour: A review. Trends in Food Science & Technology, 2021, 112: 58-74.

[55] Liu J K, Tang X, Zhang Y Z, et al. Determination of the volatile composition in brown millet, milled millet and millet bran by gas chromatography/mass spectrometry. Molecules, 2012, 17 (3): 2271-2282.

[56] Sharma S, Saxena D C, Riar C S. Changes in the GABA and polyphenols contents of foxtail millet on germination and their relationship with in vitro antioxidant activity. Food Chemistry, 2018, 245: 863-870.

[57] Sharma R, Sharma S. Anti-nutrient & bioactive profile, in vitro nutrient digestibility, techno-functionality, molecular and structural interactions of foxtail millet (Setaria italica L.) as influenced by biological processing techniques. Food Chemistry, 2022, 368: 130815.

[58] Ma Z, Boye J I, Hu X Z. Nutritional quality and techno-functional changes in raw, germinated and fermented yellow field pea (Pisum sativum L.) upon pasteurization. LWT-Food Science and Technology, 2018, 92: 147-154.

[59] Amadou I, Gounga M E, Shi Y H, et al. Fermentation and heat-moisture treatment induced changes on the physicochemical properties of foxtail millet (Setaria italica) flour. Food and Bioproducts Processing, 2014, 92(1): 38-45.

[60] Amadou I, Le G W, Amza T, et al. Purification and characterization of foxtail millet-derived peptides with antioxidant and antimicrobial activities. Food Research International, 2013, 51(1): 422-428.

[61] 段梦雯, 吴雪娥, 车黎明, 等. 高静水压处理技术及其在食品工业应用的研究进展. 中国调味品, 2022, 47(5): 215-220.

[62] Dey A, Sit N. Modification of foxtail millet starch by combining physical, chemical and enzymatic methods. International Journal of Biological Macromolecules: Structure, Function and Interactions, 2017, 95: 314-320.

[63] Agrawal H, Joshi R, Gupta M. Functional and nutritional characterization of in vitro enzymatic hydrolyzed millets proteins. Cereal Chemistry, 2020, 97(6): 1313-1323.

[64] Tharifkhan S A, Perumal A B, Elumalai A, et al. Improvement of nutrient bioavailability in millets: Emphasis on the application of enzymes. Journal of the Science of Food and Agriculture, 2021, 101(12): 4869-4878.

[65] Sarabhai S, Tamilselvan T, Prabhasankar P. Role of enzymes for improvement in gluten-free foxtail millet bread: It's effect on quality, textural, rheological and pasting properties. LWT-Food Science and Technology, 2021, 137: 110365.

[66] 王伟玲, 钟昔阳, 潘燕, 等. 干热处理对小麦粉热力学特性与面团流变学性质影响. 食品科技, 2020, 45(5): 134-142.

[67] 王岸娜, Siddque B, 吴立根. 焙烤工艺对小米中维生素E含量及自由基清除活性的影响. 河南工业大学学报(自然科学版), 2020, 41(6): 26-34.

[68] Bi S, Wang A J D, Wang Y P, et al. Effect of cooking on aroma profiles of Chinese foxtail millet (Setaria italica) and correlation with sensory quality. Food Chemistry, 2019, 289: 680-692.

[69] 李璐, 向珊珊, 宾石玉, 等. 挤压膨化对谷物营养成分的影响. 食品研究与开发, 2016, 37(14): 11-14.

[70] 巩敏, 席亭亭, 孙翠霞, 等. 小米挤压膨化特性的差异及相关性分析. 粮油食品科技, 2013, 21(5): 4-7.

[71] 王源梓, 王香玉, 赵仁勇, 等. 稳定化糙小米全粉的制备及其在馒头中的应用. 河南工业大学学报(自然科学版), 2021, 42(6): 17-24, 32.

[72] Wang R C, Chen Y J, Ren J H, et al. Aroma stability of millet powder during storage and effects of cooking methods and antioxidant treatment. Cereal Chemistry, 2014, 91(3): 262-269.

[73] Kharat S, Hiregoudar S, Beladhadi R V, et al. Optimization of extrusion process parameters for the development of foxtail millet based extruded snacks. Karnataka Journal of Agricultural Sciences, 2015, 28(2):301-302.

[74] 姚月. 豆类加工方式及纤维类型对肠道微生物组成及发酵特征影响. 长春: 吉林大学, 2020.

[75] 夏甜天. 不同加工方式对燕麦多酚活性的影响及其营养粉的创制. 大庆: 黑龙江八一农垦大学, 2018.

[76] 马艺超. 不同热加工对苦荞制品功能成分、质构及体外消化的影响. 沈阳: 沈阳农业大学, 2019.

[77] Pradeep P M, Sreerama Y N. Impact of processing on the phenolic profiles of small millets: Evaluation of their antioxidant and enzyme inhibitory properties associated with hyperglycemia. Food Chemistry, 2015, 169: 455-463.

[78] Bora P. Nutritional Properties of Different Millet Types and Their Selected Products. Guelph: University of Guelph, 2013.

[79] Rajeswari J. Effect of alkaline cooking on proximate, phenolics and antioxidant activity of foxtail millet (Setaria italica).World Applied Sciences Journal, 2015, 33(1): 146-152.

[80] Zhang Y R, Yang N, Fray R G, et al. Characterization of volatile aroma compounds after in-vial cooking of foxtail millet porridge with gas chromatography-mass spectrometry. Journal of Cereal Science, 2018, 82: 8-15.

[81] 付婷婷, 覃小丽, 刘雄. 食品的微波加工研究新进展. 中国粮油学报, 2020, 35(4): 187-194.

[82] Nazari B, Mohammadifar M A, Shojaee-Aliabadi S, et al. Effect of ultrasound treatments on functional properties and structure of millet protein concentrate. Ultrasonics Sonochemistry, 2018, 41: 382-388.

[83] 陆兰芳, 扎西拉宗, 吴进菊, 等. 超声处理对小米淀粉结构及理化性质的影响. 食品工业科技, 2021, 42(24): 60-67.

[84] 范三红, 李兰, 张锦华, 等. 小米多糖分离纯化及抗氧化活性研究. 中国粮油学报, 2021, 36(6): 22-29.

[85] 张春颖, 李楠. 响应面法优化超声波辅助提取小米多酚. 食品工程, 2020, (4): 10-14.

[86] 侯磊, 惠国强, 南芝润, 等. 超声辅助提取小米谷糠油工艺优化. 食品工业科技, 2021, 42(8): 186-193.

[87] Sharma N, Goyal S K, Alam T, et al. Effect of high pressure soaking on water absorption, gelatinization, and biochemical properties of germinated and non-germinated foxtail millet grains. Journal of Cereal Science, 2018, 83: 162-170.

[88] Sharma N, Goyal S K, Alam T, et al. Effect of germination on the functional and moisture sorption properties of high-pressure-processed foxtail millet grain flour. Food and Bioprocess Technology, 2018, 11(1): 209-222.

[89] Lim S, Jwa M K, Mok C, et al. Changes in microbial counts, enzyme activity and quality of foxtail millet takju treated with high hydrostatic pressure during storage. Korean Journal of Food Science and Technology, 2004, 36(2): 233-238.

[90] 刘静静. 冷等离子处理对大米品质变化的影响. 郑州: 河南工业大学, 2020.

[91] Sujatha M, Hymavathi T V, Uma Devi K, et al. Effect of heat treatment and gamma irradiation on in vitro protein digestibility of selected millet grains. International Journal of Current Microbiology and Applied Sciences, 2017, 6(11): 1014-1020.

[92] 赵旭, 马兰, 张家成, 等. 小米营养面包的研制. 食品研究与开发, 2015, 36(21): 90-94.

[93] 宋莲军, 赵秋艳, 耿瑞玲, 等. 小米馒头配方的优化研究. 湖南农业科学, 2011, (7): 95-98.

[94] 杜连启, 朱凤妹. 小杂粮食品加工技术. 北京: 金盾出版社, 2009.

[95] 任建军, 徐亚平. 小米方便米饭加工工艺研究. 食品研究与开发, 2008, 29(2): 95-97.

[96] 宋超洋. 小米速溶粉的制备及其性质研究. 无锡: 江南大学, 2016.

[97] 侯涛. 小米、苦荞、燕麦复合冲调粉的研制. 晋中: 山西农业大学, 2019.

[98] Simha H V V, Pushpadass H A, Franklin M E E, et al. Soft computing modelling of moisture sorption isotherms of milk-foxtail millet powder and determination of thermodynamic properties. Journal of Food Science and Technology, 2016, 53(6): 2705-2714.

[99] 王燕. 正交试验优化小米饮料工艺. 粮食与油脂, 2018, 31(10): 48-51.

[100] 宋佳敏, 安香玉, 李玉杰, 等. 发芽糙小米饮料液化工艺条件优化. 食品安全质量检测学报, 2022, 13(9): 2932-2939.

[101] 张爱霞, 刘敬科, 赵巍, 等. 无醇小米饮料的研制与营养分析. 河北农业科学, 2016, 20(1): 8-11.

[102] 阮伟, 齐继风, 李朋亮, 等. 食醋滋味物质及其测定方法研究综述. 食品科技, 2022, 47(5): 268-273.

[103] 刘敬科, 赵巍, 付会期, 等. 小米黄酒酿造工艺的研究. 粮食与饲料工业, 2009(12): 22-23, 27.

[104] 马吉瑶, 邹晓, 郑程远, 等. 小米酒对小鼠血清中相关抗氧化酶活性的影响. 食品研究与开发, 2021, 42(15): 15-19.

[105] 王志伟. 谷物发酵食品: 酸粥生产工艺的研究. 呼和浩特: 内蒙古农业大学, 2010.

[106] 郭璞, 王晓闻, 张宏丽, 等. 发酵条件对小米酸粥中多酚含量的影响及其主要组分研究. 粮油食品科技, 2022, 30(2): 190-196.

[107] 张桂英, 朱静, 张喜文, 等. 小米发糕发酵剂中乳酸菌的筛选及其在小米发糕中的应用. 中国粮油学报, 2019, 34(12): 78-86.

[108] 周长海, 李红玫, 乌日汗, 等. 特色粟米酱酿制工艺技术. 中国酿造, 2008, 27(12): 87-88.

[109] Thathola A, Srivastava S, Singh G. Effect of foxtail millet (Setaria italica) supplementation on serum glucose, serum lipids and glycosylated hemoglobin in type 2 diabetics. Diabetologia Croatica, 2011, 40(1): 23-28.

[110] 张宗颖. 低血糖生成指数杂粮复合馒头的研制及临床效果观察. 张家口: 河北北方学院, 2019.

[111] 王兆燃. 高纤低糖小米蛋糕关键技术及其储藏期的研究. 天津: 天津科技大学, 2019.

[112] 赵瑞华, 张良, 屈思瑞, 等. 陕北风味香菇小米低糖饼干的制作工艺. 中国食用菌, 2020, 39(11): 115-120.

[113] 华燕菲. 低GI小米绿豆面条配方优化及其品质特性的研究. 石家庄: 河北经贸大学, 2020.

[114] Arya S S, Shakya N K. High fiber, low glycaemic index (GI) prebiotic multigrain functional

beverage from barnyard, foxtail and kodo millet. LWT-Food Science and Technology, 2021, 135: 109991.

[115] Lestari L A, Huriyati E, Marsono Y. The development of low glycemic index cookie bars from foxtail millet (Setaria italica), arrowroot (Maranta arundinacea) flour, and kidney beans (Phaseolus vulgaris). Journal of Food Science and Technology, 2017, 54 (6): 1406-1413.

[116] Thejasri V, Hymavathi T V, Roberts T P, et al. Sensory, physico-chemical and nutritional properties of gluten free biscuits formulated with quinoa (Chenopodium quinoa Willd.), foxtail millet (Setaria italica) and hydrocolloids. International Journal of Current Microbiology and Applied Sciences, 2017, 6 (8): 1710-1721.

[117] Sharma S, Saxena D C, Riar C S. Nutritional, sensory and in-vitro antioxidant characteristics of gluten free cookies prepared from flour blends of minor millets. Journal of Cereal Science, 2016, 72: 153-161.

第 7 章 高　　粱

7.1　高　粱　概　述

　　高粱是继小麦、水稻、玉米和大麦之后的世界第五大谷类作物，也是世界上最古老的禾谷类作物之一。高粱富含营养成分，且具有突出的环境耐受性，在旱作农业生产中占有重要地位。作为 C4 光合植物，与水稻和小麦等 C3 谷类植物相比，高粱能够在高温下高效吸收碳并积累生物量。高粱的食用价值较高，含有淀粉、蛋白质、脂肪、铁、镁、硒、膳食纤维等营养物质，且由于其化学成分或比例不同于其他禾本科作物，高粱具有独特的营养价值。

　　高粱在非洲、亚洲和其他半干旱地区主要作为粮食食用，在美国、澳大利亚等西方发达国家则主要用于饲料、酒精和工业产品。我国高粱生产以粒用为主，兼作饲用、糖用和工艺用。高粱籽粒除富含营养物质外，还含有多种功能成分，如多酚类化合物、植物甾醇等，它们对促进人类健康有重要作用[1]。高粱作为一种重要的谷物资源，具有很大的开发潜力。本章将重点对高粱功能成分的结构、含量、生物活性、检测方法等进行介绍，为高粱的高值化开发与利用提供参考。

7.2　高粱营养成分

　　高粱籽粒的解剖结构可分为果皮、胚乳和胚芽。高粱的果皮（外层皮）由非淀粉多糖、酚类化合物（3-脱氧花色素、单宁和酚酸等）和类胡萝卜素组成，胚乳则含有淀粉、蛋白质、B 族维生素和矿物质，胚芽由矿物质、脂质、脂溶性维生素和 B 族维生素等组成[2]。

7.2.1　碳水化合物

　　淀粉是高粱的主要组成成分，高粱籽粒中粗淀粉的含量范围为 72%～78.8%。高粱淀粉颗粒状态多为不规则形状，表面内凹，颗粒较大，其中部分颗粒表面有类蜂窝状结构，少数为球形，表面光滑，颗粒小，粒径为 5～20μm。高粱直链淀粉含量的平均值为 18.23%，含量范围为 1.08%～40.8%；支链淀粉含量的平均值为 45.05%，含量范围为 26.74%～67.95%[3]。直链淀粉与支链淀粉含量之比是影响淀粉性质的主要因素，直接关系到高粱的食用价值和酿酒的产量及质量，不同种类高粱淀粉的性质存在较大差异。

7.2.2 蛋白质

蛋白质是高粱中含量仅次于淀粉的营养成分，含量可达 6.8%～19.6%。高粱蛋白质根据溶解性的不同，可分为醇溶蛋白、谷蛋白、球蛋白、清蛋白四大类。其中，醇溶蛋白是高粱蛋白质的主要存在形式，占总蛋白质的 77%～82%。醇溶蛋白又可根据分子量、氨基酸的组成、免疫交叉反应的不同，分为 α-醇溶蛋白、β-醇溶蛋白、γ-醇溶蛋白、δ-醇溶蛋白。α-醇溶蛋白在高粱透明胚乳中占总醇溶蛋白的 80%～84%，在非透明胚乳中占 66%～71%；β-醇溶蛋白在高粱透明胚乳中占总醇溶蛋白的 7%～8%，在非透明胚乳中占 10%～13%；γ-醇溶蛋白在高粱透明胚乳中占总醇溶蛋白的 9%～12%，在非透明胚乳中占 19%～21%；δ-醇溶蛋白基因只在种子发育过程中表达。高粱蛋白质中谷蛋白的含量低于醇溶蛋白，但高于球蛋白和清蛋白[4]。清蛋白和球蛋白组分中赖氨酸含量较高而亮氨酸含量较低，醇溶蛋白和谷蛋白组分中则呈相反关系，特别是醇溶蛋白中赖氨酸含量极低。

高粱中含有 8 种必需氨基酸、2 种条件必需氨基酸以及 7 种非必需氨基酸。高粱中谷氨酸含量较高，占全部氨基酸的 13.98%，天冬氨酸和精氨酸的含量也较高。高粱的必需氨基酸含量未达到 FAO/WHO 推荐的氨基酸模式，其限制性氨基酸是含硫氨基酸[5]。

7.2.3 脂肪

高粱的粗脂肪含量较少，为 2.23%～4.79%，且不同高粱品种之间籽粒中粗脂肪含量也存在较大差异。高粱籽粒中的脂肪酸有软脂酸、硬脂酸、棕榈油酸、油酸、亚油酸和亚麻酸，其中油酸为主要成分。高粱脂肪中不饱和脂肪酸的总量为 41.9%，饱和脂肪酸的总量为 15.2%，多不饱和脂肪酸的总量为 42.4%。在酿酒用高粱中，因脂肪过高会在发酵过程中产生过多的高级脂肪酸类物质，所以酿酒常选用脂肪含量低的高粱品种。

7.2.4 矿物质

高粱籽粒含多种人体日常必需的微量元素，如铁、锌、锰。高粱中的钙含量为 102mg·kg^{-1}，铁含量为 27.5mg·kg^{-1}，锌含量为 19.3mg·kg^{-1}，是较好的矿物质元素来源。一项针对 12 个高粱品种的研究发现，籽粒中铁含量平均值为 45.43mg·kg^{-1}，变异系数为 43.10%；锰含量平均值为 17.46mg·kg^{-1}，变异系数为

15.90%；锌含量平均值为 15.76mg·kg^{-1}，变异系数为 10.36%。此外，该 12 个高粱品种籽粒中硒含量平均值为 0.17mg·kg^{-1}，变异系数为 17.18%[6]。

7.2.5　维生素

高粱中维生素 B$_1$、B$_3$、B$_6$ 含量较低，未达到 WHO 推荐的膳食供应量。不同颜色高粱的维生素含量存在较大差异，红高粱的维生素含量最高，黄高粱次之，白高粱最低。高粱中硫胺素含量为 0.24～0.54mg·100g^{-1}，烟酸含量为 2.90～6.40mg·100g^{-1}，核黄素含量为 0.10～0.20mg·100g^{-1}[7]。

7.3　高粱功能成分

7.3.1　单宁

单宁是一种广泛存在于植物（如茶叶、可可、葡萄籽、浆果、禾谷类作物等）中的酚类次级代谢物，相对于其他禾谷类作物，高粱中的单宁含量最高[8]。单宁主要分为水解单宁和缩合单宁两种类型（图 7.1）。水解单宁也可以分为两种，一种是没食子单宁，水解后生成糖和没食子酸；另一种是鞣花单宁，水解后生成糖、

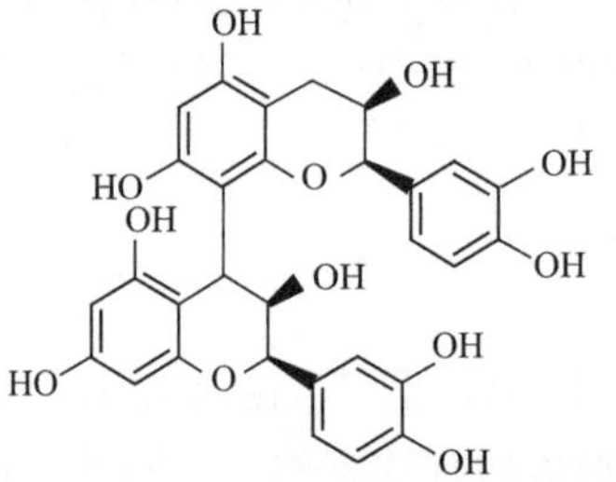

(a) 缩合单宁 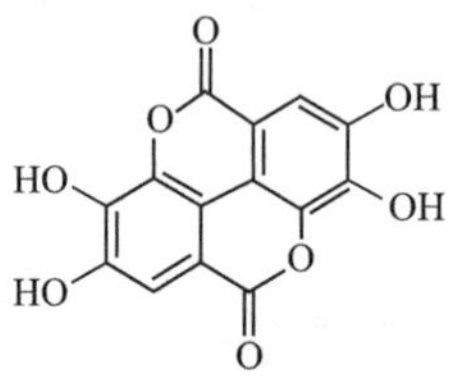　　　　　　　　　　(b) 没食子单宁

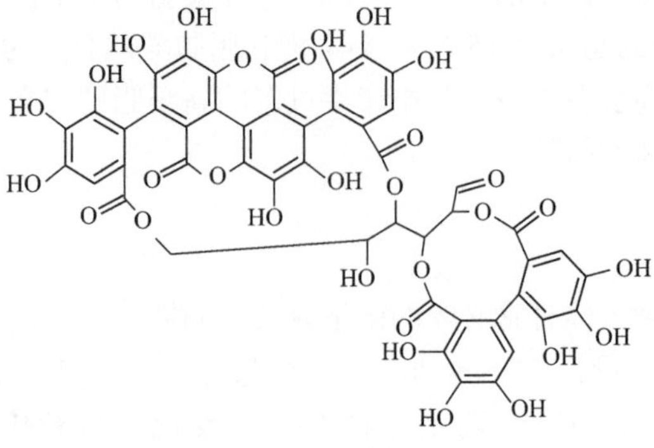

(c) 鞣花单宁

图 7.1　缩合单宁、没食子单宁和鞣花单宁的分子结构示意图

没食子酸以及鞣花酸。没食子单宁在自然界中比较少见，仅存在于几种木质和草本双子叶植物中，如杧果、杏仁、漆树等。鞣花单宁在植物中分布较广，存在的形式多种多样，主要有单体（安石榴苷、老鹳草素、没食子单宁、丁香苷、木麻黄素）、二聚体（地榆素）、低聚体（仙鹤草素）以及 C-糖苷（栗木鞣质、（3β)-表栗木脂素）。目前还没有研究表明高粱中含有水解单宁。

缩合单宁也被称为原花青素，一般由黄烷-3-醇或黄烷-3,4-二醇的低聚物，通过 C—C 键连接，极少数的由 C—O—C 键连接。根据黄烷键之间键的不同，又分为 A 型和 B 型，高粱中常见的单宁为 B 型[9]。相对于水解单宁，缩合单宁的分布范围很广，在植物的果实、叶、根、种子等中均存在。

高粱的单宁含量是评价高粱食用品质的重要依据。单宁主要分布于高粱种皮，胚乳次之。由于高粱的品种不同，单宁的含量有所差异。种皮的颜色与单宁的含量密切相关。根据单宁含量及分布，高粱可分为三个类型。Ⅰ型高粱的特点是种皮不含色素，同时也不含单宁，但含有少量酚类物质。Ⅱ型和Ⅲ型高粱的种皮都有色素及单宁，但Ⅱ型高粱的单宁主要存在于种皮层内囊泡中，而Ⅲ型高粱的单宁存在于细胞壁及果皮中。单宁易与蛋白质结合形成复合物，而这种复合物不能轻易被吸收或者消化，易导致动物出现消化不良等情况。因此，高单宁的高粱不适合用作饲料。

高粱单宁的检测方法有很多种，常用的方法包括分光光度法、酸正丁醇法、蛋白质沉淀法和高压液相色谱法等，其中高压液相色谱法及其联用技术为目前的主要检测手段[10]。由于单宁分子中的多酚羟基易与蛋白质、金属离子、多糖等生成复合物，其定量分析相对较难。采用正相液相色谱-质谱（high performance liquid chromatography-mass spectrometry，HPLC-MS）联用技术测定的高粱中缩合单宁平均聚合度为 17.67 ± 3.92[11]。

7.3.2 酚酸

高粱中的酚酸主要以苯甲酸或肉桂酸的衍生物形式存在。与多数杂粮一样，高粱中的酚酸也主要集中在麸皮。阿魏酸是高粱中含量最丰富的酚酸[12]。另外，在高粱中也发现了很多其他种类的酚酸（表 7.1），包括芥子酸、龙胆酸、水杨酸和丁香酸等[13]。高粱中的酚酸类化合物可增强抵抗生长环境中不利因素的能力。

表 7.1 高粱中的主要酚酸类物质

序号	名称	分子质量/Da	分子式
1	芥子酸	223.06	$C_{11}H_{12}O_5$
2	黄烷醇	238.24	$C_{15}H_{10}O_3$

续表

序号	名称	分子质量/Da	分子式
3	鞣花酰基葡萄糖	481.06	$C_{20}H_{18}O_{14}$
4	花青素 B_1	578.14	$C_{30}H_{26}O_{12}$
5	龙胆酸	153.02	$C_7H_6O_4$
6	儿茶素	289.07	$C_{15}H_{14}O_6$
7	阿魏酸	194.18	$C_{10}H_{10}O_4$
8	水杨酸	138.12	$C_7H_6O_3$
9	咖啡酸	180.16	$C_9H_8O_4$
10	橡椀酸二内酯	470.30	$C_{21}H_{10}O_{13}$
11	对香豆酸	164.16	$C_9H_8O_3$
12	没食子酸	169.01	$C_7H_6O_5$
13	鞣花酸-己糖	464.33	$C_{20}H_{16}O_{13}$
14	丁香酸	198.05	$C_9H_{10}O_5$
15	没食子酰基葡萄糖	332.26	$C_{13}H_{16}O_{10}$

连续超声提取已应用于高粱中酚酸类化合物的提取，在最佳条件下，连续超声提取法比传统超声提取法所提取酚类化合物的总酚类含量和抗氧化活性高 11% 和 7.9%。酚酸在自然结合状态下的生物利用度较低，并且可抑制机体对高粱其他营养物质的吸收与利用[14]。不同于葡萄酒、水果和蔬菜中的酚酸类化合物，高粱中的酚酸不易被人体消化道内的酶水解利用。为了增加这类物质的生物活性，食物必须在消化至可吸收形式（生物可接收）时从基质中释放酚类化合物，并且最终吸收并转移到血液中方能实现生物的可利用。

酚酸的结构类型和基质相互作用，会降低高粱中酚类化合物的生物可接受性及生物利用度。通过化学修饰可增强高粱中酚酸的生物利用度。这些方法包括：①化学修饰使酚酸可被更多的生物可接收或将酚酸制备成生物可利用的形式；②裂解共价、氢键、疏水力，将酚类化合物连接到基质大分子中；③损坏微观结构屏障，如妨碍酚酸释放的细胞壁。此外，通过食品加工促进酚类化合物的降解也是提高酚酸生物可利用度的重要方式，例如，微生物发酵可降解结合状态的高粱酚酸，特定的烹饪方法可使高粱游离酚酸的含量显著增加[15]。

7.3.3　黄酮

高粱中黄酮类化合物主要存在于籽粒、茎、叶中，已经发现的黄酮类化合物主要有木犀草素、芹菜素、柚皮素、儿茶素、槲皮素、黄酮醇、二氢黄酮醇等[16]。

高粱中黄酮类化合物的类型可通过籽粒的颜色进行初步判断，例如，红高粱和白高粱品种中的芹菜素、芹菜素-5-葡萄糖苷、木犀草素、木犀草素-5-葡萄糖苷较多，而黑高粱品种中的黄酮类化合物主要为花青素。

高粱中的花青素主要是 3-脱氧花青素，该类物质主要包括黄色的芹菜素和橙色的木犀草素，从而使高粱的果仁呈现特有的红黄色。去皮高粱籽粒中黄酮类化合物的含量仅为 $27.03\sim87.52\mu g \cdot g^{-1}$。高粱中 3-脱氧花青素主要位于麸皮部位，其含量比籽粒高 3～4 倍[17]。黑高粱和红高粱的提取物中主要的花色苷类化合物主要为木犀草素-5-葡萄糖苷、7-甲氧基木犀草素-5-葡萄糖苷、芹菜素-5-葡萄糖苷、7-甲氧基芹菜草素-5-葡萄糖苷、木犀草素、7-甲氧基木犀草素、芹菜素及 7-甲氧基芹菜草素。通过质谱联用法，在红高粱的麸皮中还鉴定出了甲基 3-脱氧花青素[18]。Khalil 等[19]从高粱叶鞘中发现了一种具有对称结构的吡喃芹菜素 4-乙烯基苯酚 1 的新型色素及其聚合物，如芹菜素黄素二聚体和芹菜素-7-O-甲基黄素二聚体。

研究表明，黄酮类化合物的生物合成主要受在第 4 染色体上的 MYB 转录因子调控，该基因主要参与调控木犀草素、芹菜素等的积累。3-脱氧花青素由于在 C-3 位置缺少一个羟基，其在自然界中分布较少，主要以苷元的形式存在，C-3 位置羟基的缺失增加了其在较高 pH 和温度下的稳定性。

7.3.4　甾醇

植物甾醇是一种天然化合物，是植物细胞膜的基本组成部分，能降低细胞膜的流动性，同时可作为甾体皂苷、甾体生物碱和维生素 D 等生物活性化合物的前体。高粱中植物甾醇组成与玉米相似，包含甾醇和甾烷醇。根据其存在形式，分为游离型和酯化型。高粱中已鉴定出的植物甾醇有 β-谷甾醇、菜油甾醇和豆甾醇，其酯类化合物有 C14～C24 脂肪酸和阿魏酸，总植物甾醇含量为 $0.46\sim0.51 mg \cdot g^{-1}$，低于玉米中植物甾醇含量（$0.9 mg \cdot g^{-1}$）[20]。

7.4　高粱功能成分的生物活性

7.4.1　单宁的生物活性

单宁具有抗氧化、抗炎、抗糖尿病、减肥等作用。

1. 抗氧化活性

研究表明，缩合单宁具有清除羟基、超氧化物、过氧自由基的能力，且可在体外抑制脂质氧化和脂氧合酶的活性。据报道，缩合单宁比抗坏血酸具有更强的抗氧化活性[21]。

2. 抗炎作用

高粱缩合单宁提取物可刺激免疫细胞产生细胞因子（TNF-α、IL-6），展现出良好的抗炎作用。高粱提取物在脂多糖刺激的非恶性结肠腺细胞中也表现出良好的抗炎作用，并且在与豇豆黄酮醇协同作用下调节细胞因子 IL-8 的基因和蛋白质的表达。在动物试验中，高粱单宁可提高大鼠过氧化物酶激活的受体基因表达及细胞因子 IL-10 的产生。在人体试验中，全谷物单宁高粱可减少慢性肾病患者的炎症指标，降低 C 反应蛋白质及丙二醛水平[22]。

3. 抗糖尿病

在抗糖尿病方面，高粱缩合单宁可与直链淀粉复合，增加抗性淀粉含量，从而改善血糖水平。动物试验证明，高粱缩合单宁参与大鼠的血糖水平调节并减少脂肪堆积。人体试验证实，食用全高粱饼的男性血浆葡萄糖平均曲线下面积减小了 35%。食用全高粱饼的志愿者饱腹感较高，且加快了餐后的葡萄糖反应[23]。

4. 减肥

将高粱单宁添加到饲料中喂养肥胖大鼠、猪等动物，可降低动物体重。高粱单宁具有一定减肥效果的机制主要有两方面，一方面是单宁可与食物中的蛋白质和碳水化合物结合，形成一种复合物，这种复合物不被消化酶所分解；另一方面是单宁直接结合消化酶，抑制其活性发挥。在体内试验中，高粱缩合单宁能够降低肥胖大鼠的体重及提高脂质代谢调节基因和脂肪酸合成调节基因的表达。食用单宁高粱饼的志愿者均表现出体重减轻、腰围减小等现象[23]。

7.4.2　酚酸的生物活性

高粱酚酸具有抗肥胖、抗炎症、抗氧化等多种作用。

1. 抗肥胖作用

体外研究发现，高粱酚酸对脂肪细胞生长具有显著的抑制作用。在体内研究中，富含酚酸的高粱麸皮可降低高脂饮食诱导的大鼠脂肪存储，从而降低肥胖发生的风险[24]。

2. 抗炎症作用

利用 $50\mu g \cdot mL^{-1}$ 高粱酚酸提取物预处理 THP-1 人巨噬细胞，再以脂多糖和腺苷三磷酸处理激活细胞内的炎症体，发现高粱酚酸预处理可产生显著的抑制炎症效果，炎症因子 IL-1β 和 IL-18 的分泌分别减少 59.7% 和 32.0%，炎症小体 caspase-1 的活性有所降低，胞外活性氧的生成也得到抑制[25]。

3. 抗氧化作用

高粱中的自由酚酸与抗氧化活性之间存在正相关关系，尤其是原儿茶酸和紫杉叶素与铁离子还原/抗氧化能力清除活性之间呈强正相关，表明高粱酚酸具有抗氧化作用[26]。通过构建抗氧化活性成分快速在线检测的方法，从甜高粱多酚粗提物中共筛选出了 7 种具有强烈抗氧化活性的物质，依次是香豆素、香豆醛、肉桂酸、儿茶素、奎宁酸、咖啡酸和柠檬酸[27]。

7.4.3　黄酮的生物活性

1. 抗癌作用

高粱提取物中芹菜素和木犀草素含量较高，可以抑制雌激素受体 β 介导的成年小鼠结肠细胞的生长。含有高浓度 3-脱氧花青素、木犀草素和芹菜素的高粱茎提取物能够抑制 HCT-116 不同类型结肠癌细胞的增殖并促进细胞凋亡。高粱麸皮中的花青素还能抑制乳腺癌异种移植的生长，抑制细胞株 MCF-7 乳腺癌扩散，促进诱导细胞凋亡 p53 蛋白表达，并下调 Bcl-2 蛋白表达。高粱醇提物（花青素、槲皮素、儿茶素等）对紫杉醇敏感性不同的卵巢癌细胞具有细胞毒性。高粱提取物可增强紫杉醇对卵巢癌细胞的化学增敏作用，有效抑制卵巢癌细胞增殖[28]。花青素的 B 环中可发生羟基化和甲氧基化，从而抑制肿瘤发生途径的启动和发展。从黑高粱和红高粱中提取的 3-脱氧花青素可抑制 HT-29 细胞生长，增强醌氧化还原酶活性[29]。

2. 抗氧化作用

黄酮类化合物是天然抗氧化剂的来源，原花青素是目前国际上公认的可有效清除自由基的天然抗氧化物质。黑高粱及其麸皮的高抗氧化能力与其花青素含量相关。高粱中黄酮类化合物提取物具有较强的 DPPH 和 ABTS 自由基清除能力[30]。3-脱氧花青素的抗氧化机制主要是减少 ROS 的积累、清除自由基、激活酶抗氧化系统、减少 DNA 损伤、与金属离子发生作用。不同黄酮物质对超氧自由基的清除活性由强到弱依次为飞燕草苷>矮壮素>花青素>芍药素>天竺葵素。4′—OH 的甲基化将导致花青素抗氧化活性大幅降低。从红高粱麸皮中提取的花青素具有很强的 DPPH 自由基清除活性、羟自由基清除活性、超氧阴离子清除活性、金属螯合活性、抗三氯化铁过氧化氢系统及过氧化氢清除活性[31]。

3. 抗炎作用

黄酮类化合物可抑制 TNF-α、IL-6、NO 在细胞内形成，同时降低炎症相关酶的表达。高粱麸皮富含 3-脱氧花青素，对溃疡性结肠炎等炎症性肠病的干预也可产生有益效果。在一项体内研究中发现，富含 3-脱氧花青素的高粱麸皮可调节肠道菌群的多样性和丰富度，改善生态失调。此外，高粱叶鞘乙醇浸提物有助于减少炎症性多形核白细胞的活性氧的形成，并减少这些细胞对炎症性趋化剂白三烯B4 的迁移反应。高粱中二聚体 3-脱氧花青素对 CD3+CD56+自然杀伤细胞、CD3+T淋巴细胞和单核细胞的 CD69 激活标志物的上调有显著作用，有助于抗炎。从双色高粱叶中分离出来的芹菜素可通过环加氧酶-2 和前列腺素-E2 阻断来改善类风湿性关节炎[32]。高粱黄酮和豇豆黄酮醇的协同作用可拮抗脂多糖诱导的结肠肌成纤维细胞炎症[33]。

4. 抗糖尿病

高粱黄酮类化合物是 α-葡萄糖苷酶和 α-淀粉酶的有效抑制剂，因此可能对糖尿病的治疗产生有益的影响。高粱黄酮苷可以通过降低健康男性的血糖水平和胰岛素反应抑制淀粉降解酶 α-葡萄糖苷酶的活性。体内试验表明，喂食含有 1%高粱黄酮类提取物的高脂肪饲料的小鼠血清葡萄糖和胰岛素浓度降低，脂肪组织中PPAR-γ 和脂联素表达增加，TNF-α 表达减少。在另一项研究中，口服高粱黄酮类化合物的糖尿病大鼠血清葡萄糖浓度较低，可能是由于抑制了 PEPCK 和 p38 的表达，增加了 p-AMPK 的表达，从而抑制肝脏糖异生[34]。

5. 抗心血管疾病

口服高粱黄酮类化合物可以抑制小鼠胆固醇合成相关酶的表达，从而降低肝脏胆固醇的生物合成。高粱提取物可增加胆固醇 7α-羟化酶的表达，并通过胆汁酸的生物合成促进肝脏的胆固醇代谢。黄酮类化合物，特别是槲皮素和儿茶素，可通过抑制过氧化氢的产生进而抑制磷脂酶 C 的激活，协同抑制胶原蛋白诱导的血小板聚集和血小板与胶原的聚集。因此，黄酮类化合物抑制心血管疾病的机制可能是协同拮抗过氧化氢触发的细胞内信号激活。此外，糖蛋白 VI 是一种主要的血小板受体，与损伤血管壁上暴露的胶原蛋白相互作用引起心血管疾病。矢车菊素-3-葡萄糖苷对胶原刺激的血小板聚集有较强的抑制作用，具有抗血小板活性，可抑制血栓形成。黄酮类化合物，特别是芹菜素和木犀草素，凭借 C2-C3 中的双键和 C4 中的酮基，可以通过拮抗血栓素 A2 受体的激活来抑制胶原诱导的血小板聚集的激活[35]。花青素预防心血管疾病的方式也是通过减少活性氧，减少心脏内皮细胞、心肌细胞和中性粒细胞的产生。花青素能够融入内皮细胞的膜和胞浆中，从而紧密保护内皮细胞免受过氧化氢和 2,2′-偶氮双（2-氨基丙烷）二盐酸盐诱导的氧化损伤。花青素-3-O-β-葡萄糖苷还可以改善内皮细胞功能的丧失，降低动脉粥样硬化风险。

6. 抑菌、抗虫

高粱 3-脱氧花青素可在感染部位周围聚集，并抑制真菌增殖。高粱麸皮的酸化甲醇提取物在浓度为 12mg·mL^{-1} 时表现出对大肠杆菌和金黄色葡萄球菌的抑菌活性，对两者的半数抑制浓度分别为 2.2mg·mL^{-1} 和 1.1mg·mL^{-1}[36]。花青素类物质使得高粱具有抗玉米叶蚜侵染的杀虫性能[37]。3-脱氧延胡索花青素的提取物对弓形虫的增殖期具有突出的体外抑制活性[38]。

7.5　高粱的加工

高粱在酿酒业、饲料业、制糖业、能源业以及造纸、板材、色素等产业中占有重要位置。高粱浑身都是"产业"，但不同的用途通常需要特定的专用品种。本节将对高粱的加工技术进行介绍。

7.5.1　食品用途加工

高粱食品主要有以下几个种类：①高粱面包，一般高粱面粉所占比例应在 10% 左右。高粱面粉过多会影响面包的蓬松度、色泽和口感。②高粱甜点，甜高粱茎秆中含蔗糖 10%～14%、还原糖 3%～5%、淀粉 0.5%～0.7%。用甜高粱茎秆熬制糖稀，在中国已有悠久的历史，用糖稀可进一步生产结晶糖。同时，以高粱淀粉制成的高粱饴久负盛名。③高粱早餐食品，如高粱片等。④高粱膨化食品，普通高粱品种和爆裂品种均可作为膨化食品的原料。

7.5.2　酿酒用途加工

高粱籽粒是我国制酒的主要原料。驰名中外的几种名酒多是用高粱作主料或佐料酿制而成的，高粱籽粒中除含有酿酒所需的大量淀粉、适量蛋白质及矿物质外，更主要的是高粱籽粒中含有一定量的单宁。适量的单宁对发酵过程中的有害微生物有一定抑制作用，并能提高出酒率。因此，含有适量单宁的高粱品种是酿制优质酒的佳料。近年来，随着人民生活水平的提高，酿酒工业发展迅速，对原料的需求量日益增多，白酒原料是高粱的一个主要加工用途。此外，高粱还可以酿制啤酒。高粱啤酒略带酸味，发酵后的酵母菌仍存在于啤酒中，这种啤酒在非洲比较流行。

7.5.3　饲料用途加工

饲用甜高粱青贮是在厌氧条件下通过发酵将青贮原料中的碳水化合物（主要是糖类）变成以乳酸为主的有机酸的过程。甜高粱青贮后，不但可以长时间保存，其营养成分不会流失，而且有较好的适口性，还能促进家畜消化腺的分泌活动、增强动物免疫力、提高消化率、防止家畜便秘。

7.5.4　提取淀粉

淀粉作为高粱籽粒的主要成分具有极其重要的价值。高粱淀粉应用非常广泛，包括在食品工业、胶黏剂、伸展剂、填充剂、吸收剂等方面。

7.5.5　提取色素

高粱籽粒、颖壳、茎秆等部位含有各种颜色的色素，可以提取应用，目前较多的是利用高粱壳提取天然高粱红。高粱红色素成品是一种具有金属光泽的棕红色固体粉末，属于异黄酮类，无毒无特殊气味，色泽良好。高粱红色素可应用于熟肉制品、果子冻、饮料、糕点彩装、畜产品、水产品及植物蛋白着色中；在化妆品行业，如口红、洗发香波、洗发膏，可取代酸性大红应用；在医药行业作为着色剂，可用于制作有色糖衣药片和药用胶囊。

高粱应用不仅限于此，其他应用包括制醋，制板材，造纸，加工成麦芽制品、日用品、编织品、架材、蜡粉等。

参 考 文 献

[1] de Morais C L, Pinheiro S S, Martino H S D, et al. *Sorghum* (*Sorghum bicolor* L.): Nutrients, bioactive compounds, and potential impact on human health. Critical Reviews in Food Science and Nutrition, 2017, 57 (2): 372-390.

[2] 申瑞玲, 陈明, 任贵兴. 高粱淀粉的研究进展. 中国粮油学报, 2012, 27 (7): 123-128.

[3] 张北举, 陈松树, 李魁印, 等. 基于近红外光谱的高粱籽粒直链淀粉、支链淀粉含量检测模型的构建与应用. 中国农业科学, 2022, 55 (1): 26-35.

[4] 戴凌燕, 蔡欣月, 陈卓, 等. 高粱醇溶蛋白的研究进展. 食品工业, 2018, 39 (3): 253-257.

[5] 胡广甫. 杂粮谷物营养成分分析及杂粮复合营养面条预混合粉研究. 郑州: 河南农业大学, 2018.

[6] 朱立勋, 郭志强, 赵立松, 等. 高粱杂交种籽粒中功能元素含量差异及相关性分析. 山西农业科学, 2021, 49 (12): 1497-1501.

[7] Abah C R, Ishiwu C N, Obiegbuna J E, et al. Sorghum grains: Nutritional composition, functional properties and its food applications. European Journal of Nutrition & Food Safety, 2020, 12 (5): 101-111.

[8] Ravisankar S, Abegaz K, Awika J M. Structural profile of soluble and bound phenolic compounds in teff (*Eragrostis tef*) reveals abundance of distinctly different flavones in white and brown varieties. Food Chemistry, 2018, 263: 265-274.

[9] Awika J M, Dykes L, Gu L W, et al. Processing of sorghum (*Sorghum bicolor*) and sorghum

products alters procyanidin oligomer and polymer distribution and content. Journal of Agricultural and Food Chemistry. 2003, 51(18): 5516-5521.

[10] Wong-Paz J E, Guyot S, Aguilar-Zárate P, et al. Structural characterization of native and oxidized procyanidins (condensed tannins) from coffee pulp (*Coffea arabica*) using phloroglucinolysis and thioglycolysis-HPLC-ESI-MS. Food Chemistry, 2021, 340: 127830.

[11] Earp C F, McDonough C M, Awika J, et al. Testa development in the caryopsis of *Sorghum bicolor* (L.) Moench. Journal of Cereal Science, 2004, 39(2): 303-311.

[12] Xu J W, Wang W Q, Zhao Y. Phenolic compounds in whole grain *Sorghum* and their health benefits. Foods, 2021, 10(8): 1921.

[13] Wu G C, Bennett S J, Bornman J F, et al. Phenolic profile and content of sorghum grains under different irrigation managements. Food Research International, 2017, 97: 347-355.

[14] Hussain M I, Danish S, Sánchez-Moreiras A M, et al. Unraveling *Sorghum allelopathy* in agriculture: Concepts and implications. Plants, 2021, 10(9): 1795.

[15] Salazar-López N J, González-Aguilar G, Rouzaud-Sández O, et al. Technologies applied to *Sorghum* (*Sorghum bicolor* L. Moench): Changes in phenolic compounds and antioxidant capacity. Food Science and Technology, 2018, 38(3): 369-382.

[16] Kang J G, Price W E, Ashton J, et al. Identification and characterization of phenolic compounds in hydromethanolic extracts of sorghum wholegrains by LC-ESI-MS(n). Food Chemistry, 2016, 211: 215-226.

[17] Speranza S, Knechtl R, Witlaczil R, et al. Reversed-phase HPLC characterization and quantification and antioxidant capacity of the phenolic acids and flavonoids extracted from eight varieties of *Sorghum* grown in Austria. Frontiers in Plant Science, 2021, 12: 769151.

[18] Suganyadevi P, Saravanakumar M, Mohandas S. Characterization of anthocyanin from red *Sorghum* (*Sorghum bicolor*) bran by liquid chromatography-electron spray ionization mass spectrometry analysis. European Journal of Mass Spectrometry, 2021, 27(2-4): 107-114.

[19] Khalil A, Baltenweck-Guyot R, Ocampo-Torres R, et al. A novel symmetrical pyrano-3-deoxyanthocyanidin from a *Sorghum* species. Phytochemistry Letters, 2010, 3(2): 93-95.

[20] Singh V, Moreau R A, Hicks K B. Yield and phytosterol composition of oil extracted from grain *Sorghum* and its wet-milled fractions. Cereal Chemistry, 2003, 80(2): 126-129.

[21] Kancheva V D, Kasaikina O T. Bio-antioxidants—A chemical base of their antioxidant activity and beneficial effect on human health. Current Medicinal Chemistry, 2013, 20(37): 4784-4805.

[22] Lopes R C S O, de Lima S L S, da Silva B P, et al. Evaluation of the health benefits of consumption of extruded tannin sorghum with unfermented probiotic milk in individuals with chronic kidney disease. Food Research International, 2018, 107: 629-638.

[23] Stefoska-Needham A, Beck E J, Johnson S K, et al. A diet enriched with red sorghum flaked biscuits, compared to a diet containing white wheat flaked biscuits, does not enhance the effectiveness of an energy-restricted meal plan in overweight and mildly obese adults. Journal of the American College of Nutrition, 2017, 36(3), 184-192.

[24] Salazar-López N J, González-Aguilar G A, Rouzaud-Sández O, et al. *Sorghum* bran

supplementation ameliorates dyslipidemia, glucose dysregulation, inflammation and stress oxidative induced by a high-fat diet in rats. CyTA - Journal of Food, 2020, 18(1): 20-30.

[25] Dia V P, Bradwell J, Pangloli P. *Sorghum* phenolics inhibits inflammasomes in lipopolysaccharide (LPS)-primed and adenosine triphosphate (ATP)-activated macrophages. Plant Foods for Human Nutrition, 2019, 74(3): 307-315.

[26] Shen S Y, Huang R, Li C, et al. Phenolic compositions and antioxidant activities differ significantly among *Sorghum* grains with different applications. Molecules, 2018, 23(5): 1203.

[27] 陈皓. 甜高粱活性物质的提取鉴定及对牛肉保鲜效果的影响. 兰州: 甘肃农业大学, 2022.

[28] Dia V P, Pangloli P, Jones L, et al. Phytochemical concentrations and biological activities of *Sorghum* bicolor alcoholic extracts. Food & Function, 2016, 7(8): 3410-3420.

[29] Yang L Y, Browning J D, Awika J M. *Sorghum* 3-deoxyanthocyanins possess strong phase II enzyme inducer activity and cancer cell growth inhibition properties. Journal of Agricultural and Food Chemistry, 2009, 57(5): 1797-1804.

[30] Ramalingam A P, Mohanavel W, Premnath A, et al. Large-scale non-targeted metabolomics reveals antioxidant, nutraceutical and therapeutic potentials of *Sorghum*. Antioxidants, 2021, 10(10): 1511.

[31] Ademiluyi A O, Oboh G, Agbebi O J, et al. *Sorghum*[*Sorghum bicolor*(L.) moench]leaf sheath dye protects against cisplatin-induced hepatotoxicity and oxidative stress in rats. Journal of Medicinal Food, 2014, 17(12): 1332-1338.

[32] Makanjuola S B L, Ogundaini A O, Ajonuma L C, et al. Apigenin and apigeninidin isolates from the *Sorghum bicolor* leaf targets inflammation via cyclo-oxygenase-2 and prostaglandin-E2 blockade. International Journal of Rheumatic Diseases, 2018, 21(8): 1487-1495.

[33] Agah S, Kim H, Mertens-Talcott S U, et al. Complementary cereals and legumes for health: Synergistic interaction of sorghum flavones and cowpea flavonols against LPS-induced inflammation in colonic myofibroblasts. Molecular Nutrition & Food Research, 2017, 61(7): 1600625.

[34] Kim J, Park Y. Anti-diabetic effect of sorghum extract on hepatic gluconeogenesis of streptozotocin-induced diabetic rats. Nutrition & Metabolism, 2012, 9(1): 106.

[35] Yao Y L, Chen Y Q, Adili R, et al. Plant-based food cyanidin-3-glucoside modulates human platelet glycoprotein VI signaling and inhibits platelet activation and *Thrombus* formation. The Journal of Nutrition, 2017, 147(10): 1917-1925.

[36] Tyagi V, Saravanan C, Wang Y X, et al. Solvent dependency of *Sorghum* bran phytochemicals acting as potential antioxidants and antibacterial agents. Food Technology and Biotechnology, 2021, 59(1): 31-43.

[37] Kariyat R R, Gaffoor I, Sattar S, et al. Sorghum 3-deoxyanthocyanidin flavonoids confer resistance against corn leaf aphid. Journal of Chemical Ecology, 2019, 45(5): 502-514.

[38] Abugri D A, Witola W H, Jaynes J M, et al. In vitro activity of *Sorghum bicolor* extracts, 3-deoxyanthocyanidins, against *Toxoplasma gondii*. Experimental Parasitology, 2016, 164: 12-19.

第8章 大　麦

8.1　大　麦　概　述

8.1.1　大麦的植物学特性

大麦是禾本科小麦族大麦属的一年生草本植物，多数品种为二倍体。作为模式植物，常用于分子生物学和遗传学研究。大麦高度一般在 50～100cm，茎秆直立，由 4～8 节组成，拥有须根系。花序为穗状，是自花授粉的作物。野生大麦分为二棱大麦和多棱大麦，栽培大麦则分为二棱大麦、六棱大麦和中间型大麦。根据稃壳与籽粒是否分离，大麦又可分为皮大麦和裸大麦。皮大麦多用于啤酒酿造和动物饲料生产，而裸大麦因品质好且富含营养，常用于各类粮食和休闲食品加工方面[1]。

8.1.2　大麦的起源

人类对野生大麦的驯服可以追溯到农业文明起源时，已有上千年历史。近代考古学发现了公元前 7000 多年和公元前 3000 年时的大麦籽粒碳化物等文物。现代生物学研究通过分子水平证实，栽培大麦的基因库更接近于以色列和约旦的野生大麦。在 20 世纪，瑞典科学家在西藏发现了野生六棱大麦，我国科学家也发现了西藏野生大麦的独特遗传多样性，其蛋白编码基因序列与中亚和西亚地区有所不同。这些研究证实，青藏高原的栽培大麦（青稞）源自本土的野生大麦，揭示了大麦的起源并支持了大麦驯化过程的"多起源学说"[2]。

8.1.3　大麦的分布

大麦种植区域分布较为广泛，在全球范围内的产量仅次于小麦、水稻和玉米，是世界第四大经济粮食。FAO 在 2017 年调查数据中显示，全球大麦种植面积约 47009175hm^2，产量为 147404262t。从区域来看，欧洲占多数（60.4%），其次是亚洲（14.4%）、美洲（11.4%）、大洋洲（9.4%）和非洲（4.5%）。

大麦在中国的种植范围广泛，从青藏高原到沿海地区，从黑龙江到广东。由于各地的自然环境、气候、土壤、耕作习惯和栽培条件的差异，经过长期的自然选择和人工培育，形成了每个地区独具特色的大麦生态类型（表8.1）。例如，青藏高原以种植裸大麦（青稞）为主，适应性广、早熟、抗逆性强，是高寒、干旱和沿海滩涂地区的重要粮食作物。北方主要种植春播多棱大麦，生长在肥沃的东北平原、内蒙古高原、新疆和河西走廊等地，适宜的阳光和温差使其成为优质啤酒大麦的主要产地。近年来，引入二棱大麦取得良好试种结果，快速发展。另一种广泛种植的大麦是秋播大麦（冬大麦），主要分布在黄淮以南的地区，包括长江中下游、四川盆地和云贵高原等。

表 8.1　我国大麦的分布

名称	类别	种植区域	主栽品种
裸大麦	多棱大麦	青藏高原	藏青、北青、柴青以及昆仑系列
春大麦	多棱大麦、二棱大麦	东北平原、内蒙古高原、新疆和河西走廊等	垦啤、甘啤及中饲麦等系列
冬大麦	多棱大麦、二棱大麦	长江中下游、四川盆地和云贵高原等	云大麦、保大麦及靖大麦

8.2　大麦营养成分

大麦中的蛋白质、膳食纤维、维生素以及矿物质等营养成分含量较高，而脂肪和糖类含量相对较低，符合现代营养学提出的"三高两低"，即高蛋白、高维生素、高膳食纤维、低脂肪、低糖的新型功能食品的要求，是一种极具发展前景的经济类作物，其营养成分见表8.2。

表 8.2　大麦一般营养成分

成分	含量	
	皮大麦	青稞
水分/（g·100g^{-1}）	9～11	12
蛋白质/（g·100g^{-1}）	13	12
碳水化合物/（g·100g^{-1}）	75～80	75～80
膳食纤维/（g·100g^{-1}）	11～34	3～20
脂质/（g·100g^{-1}）	1～3	1～3
维生素 E/（mg·100g^{-1}）	4～7	1～3
维生素 B/（mg·100g^{-1}）	2	4～11
维生素 C/（mg·100g^{-1}）	—	6～16
灰分/（g·100g^{-1}）	2～3	2～3

成分	含量	
	皮大麦	青稞
钙/（g·kg^{-1}）	0.5	1.13
磷/（g·kg^{-1}）	3.5	4.1
铁/（mg·kg^{-1}）	45.7	41.6
锌/（mg·kg^{-1}）	34.4	32.9
铜/（mg·kg^{-1}）	6.2	6.3
锰/（mg·kg^{-1}）	27.2	12.1

8.2.1　蛋白质

蛋白质是大麦主要的营养成分之一，随着地域分布以及种植条件的不同，蛋白质的含量和组成也会有一些差别。例如，皮大麦中总蛋白质含量一般为 13%，而青稞的总蛋白质含量约为 12%。大麦籽粒中的蛋白质按功能可分为贮藏蛋白、结构蛋白、酶蛋白，其中大部分为贮藏蛋白。按溶解特性可分为清蛋白、球蛋白、醇溶蛋白、谷蛋白，一般大麦中清蛋白占 28.16%、球蛋白占 18.23%、醇溶蛋白占 8.47%、谷蛋白占 13.25%，青稞中清蛋白占 20.48%、球蛋白占 10.99%、醇溶蛋白占 21.04%、谷蛋白占 31.91%。大麦蛋白质含 18 种氨基酸，即天冬氨酸占 0.6480%、组氨酸占 0.2026%、赖氨酸占 0.4611%、苏氨酸占 0.3899%、精氨酸占 0.7388%、丝氨酸占 0.4898%、甘氨酸占 0.4088%、丙氨酸占 0.5241%、缬氨酸占 0.7988%、蛋氨酸占 0.0012%、异亮氨酸占 0.5443%、酪氨酸占 0.2796%、苯丙氨酸占 0.5506%、半胱氨酸占 0.2642%、谷氨酸占 2.8987%、亮氨酸占 0.9987%、脯氨酸占 1.2085%、胱氨酸占 0.009%[3]。值得注意的是，大麦中含有一般谷物较为缺乏的赖氨酸。此外，大麦尤其是青稞中含有一种非蛋白组成氨基酸，即 γ-氨基丁酸。

8.2.2　淀粉

大麦籽粒中所含碳水化合物总量占总干物质质量的 75%～80%。淀粉是大麦籽粒中贮藏状态的多糖，普通大麦的淀粉含量为 50.5%～75.0%，青稞淀粉的平均含量约为 65%。大麦淀粉由两种类型组成，淀粉颗粒较大的为 A 型，平均直径为 10～15μm，淀粉颗粒较小的为 B 型，平均直径为 2～4μm。普通大麦约包含 73% 的支链淀粉和 27% 的直链淀粉，青稞中直链淀粉的比例稍高于普通大麦。与其他作物淀粉相比，青稞淀粉表现出较高的糊化温度，较好的非牛顿性质、回生能力和糊化能力，以及剪切稀特性。此外，皮大麦淀粉中的快消化淀粉、慢消化淀粉、抗性淀粉占比分别为 29.91%、3.73%、21.04%，而青稞淀粉中的快消化淀粉、慢消化淀粉、抗性淀粉占比分别为 27.70%、6.65%和 17.88%[4]。

8.2.3 膳食纤维

大麦含有丰富的膳食纤维，其总膳食纤维含量为 11%～34%，主要为可溶性膳食纤维 β-葡聚糖和阿拉伯木聚糖、不溶性膳食纤维木质素和纤维素。皮大麦可溶性膳食纤维占 3%～20%，β-葡聚糖占 4%～9%；而青稞中含有 11%～20%的总膳食纤维，不溶性膳食纤维占 11%～14%，可溶性膳食纤维占 3%～10%[4]。西藏青稞中 β-葡聚糖含量在 10%左右，是世界上麦类作物中可溶性膳食纤维含量最高的作物。

8.2.4 脂肪

大麦籽粒总脂肪含量为 1%～3%，皮大麦与裸大麦的粗脂肪含量无显著差异。大麦脂肪酸种类丰富，饱和脂肪酸占 39.33%，不饱和脂肪酸占 60.10%。皮大麦与裸大麦均含多种脂肪酸，如棕榈酸、硬脂酸、油酸、亚油酸和亚麻酸。皮大麦中的棕榈酸、油酸、亚油酸和亚麻酸分别占粗脂肪含量的 18.85%、18.03%、52.46%和 4.10%；裸大麦中的棕榈酸、油酸、亚油酸和亚麻酸分别占粗脂肪含量的 22.86%、17.62%、52.86%和 4.29%[3]。

8.2.5 维生素

大麦籽粒中维生素研究较多的是脂溶性维生素 E 和水溶性维生素 B、维生素 C。脂溶性维生素 E 由 8 个同分异构体组成，即 4 个生育三烯酚和 4 个生育酚，它们统称为母育酚。在大麦中，各异构体的含量并不平均，α-生育三烯酚是最主要的成分，占生育酚和生育三烯酚总量的 50%，然后依次为 α-生育酚、γ-生育三烯酚、β-生育三烯酚、γ-生育酚、β-生育酚、δ-生育酚和 δ-生育三烯酚。普通大麦中维生素 E 的含量为 $0.04～0.07mg \cdot g^{-1}$，维生素 B 的含量约为 $0.02mg \cdot g^{-1}$，维生素 C 的含量极少。青稞中维生素 B、维生素 C 和维生素 E 的含量分别为 $0.04～0.11mg \cdot g^{-1}$、$0.06～0.16mg \cdot g^{-1}$、$0.01～0.03mg \cdot g^{-1}$[5]。

8.2.6 矿物质

大麦籽粒含有丰富的矿物质，籽粒灰分含量为 2%～3%，皮大麦处于上限，而裸大麦处于下限。皮大麦中大量营养元素如钙、钾、磷、镁、钠、氮的平均含量分别为 $0.5g \cdot kg^{-1}$、$4.7g \cdot kg^{-1}$、$3.5g \cdot kg^{-1}$、$1.4g \cdot kg^{-1}$、$0.5g \cdot kg^{-1}$、$1.4g \cdot kg^{-1}$；微量

元素如铁、锌、锰、铜、硒的平均含量分别为 45.7mg·kg^{-1}、34.4mg·kg^{-1}、27.2mg·kg^{-1}、6.2mg·kg^{-1}、0.4mg·kg^{-1}，同时高含量的硅元素（3.3g·kg^{-1}）是皮大麦的标志性特征。而作为藏族聚居区主要粮食作物的青稞，其钙和磷的含量分别为 1.1g·kg^{-1} 和 4.1g·kg^{-1}[6]，铁、锌、铜、锰的平均含量分别为 41.6mg·kg^{-1}、32.9mg·kg^{-1}、6.3mg·kg^{-1}、12.1mg·kg^{-1}。

8.3　大麦功能成分

大麦含有 β-葡聚糖、阿拉伯木聚糖、酚类物质和 γ-氨基丁酸等功能成分。不同功能成分的提取测定方法及生物活性存在一定差异（表 8.3）。

表 8.3　大麦功能成分及生物活性

功能成分	提取方法	测定方法	生物活性
β-葡聚糖	热水提取法、碱提取法、酶提取法、超声波辅助提取法	黏度法、荧光法、刚果红法	降血糖、降胆固醇、抗氧化、抗癌
阿拉伯木聚糖	热水提取法、碱提取法、酶提取法	气相色谱法、间苯三酚法、地衣酚盐酸法	降血糖、抗氧化
酚类物质	酸提取法	光谱法、色谱法和电化学法	抗氧化
γ-氨基丁酸	热水提取法、超声波辅助提取法	分光光度法	降血压

8.3.1　β-葡聚糖

热水提取法（>90℃）是 β-葡聚糖的常用提取方法，在热水提取过程中要加入耐热的 α-淀粉酶以除去糊化的淀粉，冷却后利用胰蛋白酶去除蛋白质。有研究比较了提取温度对提取率的影响，发现在 40～95℃时，β-葡聚糖的提取率随着温度的增加而增加，最高可达 90%。碱提取法也是一种常用的 β-葡聚糖提取方法，pH 为 10 左右的 NaOH 溶液对 β-葡聚糖的提取率最高，但是会导致 β-葡聚糖部分降解。此外，采用多轮乙醇溶液提取和连续酶处理，可得到 β-葡聚糖浓缩物，该浓缩物的 β-葡聚糖纯度较低（约为 60%），但却可以最大程度地保持 β-葡聚糖的天然结构。超滤和超声波辅助等技术可以帮助提升提取物的纯度。对提取纯化后的 β-葡聚糖进行结构表征发现，β-葡聚糖在结构上是一种无分支的均聚物，由基本结构单元 β-吡喃葡萄糖构成，通过 β-1,3 和 β-1,4 键连接，顺序为 G1→3G1→4G 和 G1→3G1→4G1→4G，β-葡聚糖中 1→3 和 1→4 键的比例约为 1:3，分子质量为 $1.26×10^5～3.38×10^5$Da[7]。

8.3.2　阿拉伯木聚糖

阿拉伯木聚糖又称戊聚糖，常用的提取方法有热水提取法、酶提取法及碱提取法。虽然热水提取法无毒无害、经济环保、方便易得，但是该方法仅能提取水溶性阿拉伯木聚糖，提取得率较低，往往需要其他物理法辅助，如对原料超微粉碎。酶提取法提取得率较高，但成本高，在生产中应用较少。碱提取法则被广泛地应用于生产中，在碱性条件下，不溶性阿拉伯木聚糖与细胞壁组分连接的共价键或非共价键易断裂，使得率提高。例如，以青稞麸皮为原料，以 15g·L^{-1} 的 NaOH 溶液为提取液提取阿拉伯木聚糖，得率可达 14.31%[8]。提取得到的粗多糖组分可以通过乙醇分级沉淀法、柱层析法等进一步分离纯化，纯度可达 90%以上。纯化后的阿拉伯木聚糖结构表征发现，阿拉伯木聚糖均由 D-吡喃木糖残基通过 β-(1→4)糖苷键连接成主链，α-L-阿拉伯呋喃木糖在木糖主链 C(O)-3 上单取代，或在 C(O)-2 和 C(O)-3 上双取代，其中约 31%的木糖未被取代，单取代约占 24%，双取代约占 39%[9]。

8.3.3　酚类物质

大麦籽粒中含有多种酚类化合物，阿魏酸是其中含量最丰富的酚类化合物。每 100g 干重大麦籽粒中游离、结合和总酚酸含量分别在 44.52～178.37mg、121.69～302.55mg 和 166.21～480.92mg 没食子酸当量，可见大部分酚类物质在大麦中以结合形式存在。快速反向超高效液相色谱-串联质谱方法可用于提取大麦中的酚类物质，以 70%丙酮为溶剂，并使用乙酸乙酯萃取，可获得高纯度的可溶性酚类化合物。大孔树脂法是纯化多酚的常用办法，具有能耗低、操作简单、有机试剂用量少、可重复利用、成本低及稳定性高等优点。目前，常用的多酚类化合物鉴定方法有光谱法（原子光谱法、紫外可见分子吸收光谱法、分子发光光谱法、红外吸收光谱法、核磁共振法）、电化学法和色谱法（薄层色谱法、超临界流体色谱法、高效液相色谱法、分子质谱法、液相色谱-质谱联用法、气相色谱-质谱联用法）。

8.3.4　γ-氨基丁酸

大麦籽粒中 γ-氨基丁酸的含量通常在 0.4～2mg·100g^{-1}，且受到品种、产地和生长条件的影响。赵大伟等[10]测定了美国、中国及其他国家的 180 个大麦品种籽粒的 γ-氨基丁酸含量，结果发现不同品种中 γ-氨基丁酸的含量差异很大，中国大麦籽粒 γ-氨基丁酸含量高于美国大麦籽粒，裸大麦籽粒 γ-氨基丁酸含量高于皮大麦籽粒，多棱大麦籽粒 γ-氨基丁酸含量高于二棱大麦籽粒。曾亚文等[11]测定了大麦籽粒发芽前 γ-氨基丁酸的含量差异，结果表明发芽前后 γ-氨基丁酸累积最大均值是最小均值的 2.1 倍且发芽 4～8 天期间的 γ-氨基丁酸含量相对较高。

8.4 大麦功能成分的生物活性

8.4.1 降低胆固醇

FDA 宣布，在食物中加入适量的大麦以及大麦制品，将有助于降低人体低密度脂蛋白胆固醇和总胆固醇水平，从而减少冠心病等发病风险。大量动物及临床试验证明，大麦膳食能够显著降低高血脂模型动物的血清甘油三酯、低密度脂蛋白胆固醇和总胆固醇水平。β-葡聚糖是大麦降低胆固醇作用的主要功效成分。一项临床研究发现，高胆固醇血症人群每天食用相当于 7g β-葡聚糖的大麦，持续 12 周后，体内中低密度脂蛋白胆固醇和总胆固醇分别降低了 11.8mg·dL^{-1} 和 19.4mg·dL$^{-1[12]}$，此外，大麦中所含的脂肪主要为不饱和脂肪酸，如亚油酸、油酸等，近总数的 80%。其中，油酸在人体内合成花生四烯酸（人体必需脂肪酸之一），能降低血脂，是合成前列腺素和脑神经的重要成分。同时，大麦中的钙、磷、铁、镁等矿物质元素含量也比较丰富，这对幼儿和青少年成长发育，促进人体纤维蛋白溶解、血管扩张、抑制凝血酶的生成，降低血清胆固醇具有一定疗效。

8.4.2 降低餐后血糖水平

含 β-葡聚糖的功能性食品可在 2 型糖尿病的预防和治疗方面起辅助作用。研究证实，在膳食中添加大麦 β-葡聚糖能够降低餐后血糖水平波动和血糖应答。此外，Behall 等[13]研究表明，大麦 β-葡聚糖降低餐后血糖水平的作用存在剂量依赖性。且对于轻度胰岛素抵抗患者来说，β-葡聚糖降低血糖和改善胰岛素水平的效果优于抗性淀粉。这是由于 β-葡聚糖的高黏度特性可以降低肠道对糖类等营养成分的吸收，延缓胃肠道排空时间，减少外源性葡萄糖的吸收和内源性葡萄糖的生成，进而改善机体的糖代谢。另外，β-葡聚糖通过减少胰岛素的释放，间接对胰岛 β 细胞起到一定的保护作用，有助于受损胰岛细胞的恢复。

8.4.3 抗氧化

人体内过多的活性氧自由基会损坏人体正常细胞和组织，最终诱发一系列疾病。大麦中含有丰富的抗氧化成分，包括多酚、黄酮、β-葡聚糖等。大麦的 β-葡聚糖具有较强的 DPPH 自由基清除能力，且微波处理和发芽所致 β-葡聚糖的 β-糖苷键断裂，会进一步增强其抗氧化能力。一项研究对比了 14 个不同品种啤大麦提取物对 DPPH、ABTS 阳离子自由基以及超氧化物阴离子自由基的清除能力，研究结果表明所有品种大麦提取物均展现出强抗氧化能力，且与其中的酚类化合物含量成正比[14]。

8.4.4　抗癌作用

研究表明，大麦组分在细胞和动物水平上均表现出潜在的预防或治疗肿瘤的生物活性。β-葡聚糖能够通过改变肠道菌群，减少硫化氢的产生从而对结直肠癌起到预防效果。青稞水溶性多糖组分对免疫抑制小鼠骨髓细胞和周围血液中白细胞数量的下降有显著的抑制作用，同时抑制 NF-κB 从细胞质到细胞核的转移，从而诱导人结肠癌细胞凋亡，起到预防结肠癌的效果[15]。此外，大麦游离态和结合态多酚提取物可以通过 p38/MAPK 信号转导通路诱导细胞周期阻滞和细胞凋亡，从而抑制 Hep G2、MDA-MB-231 和 Caco-2 细胞增殖。

8.5　大麦功能成分的精深技术

大麦是世界上最古老、用途最广的谷类作物之一。近年来，由于消费者对大麦潜在营养价值的认识提高，大麦被应用于各种食品加工中，包括面粉、早餐谷物、功能性食品和饮料等。

8.5.1　加工技术对大麦营养、理化和消化特性的影响

目前应用于大麦精深加工的技术主要包括热处理、萌动和发酵等。大麦熟化通常采用热处理的方式，如蒸煮、炒制、烘焙和挤压膨化等。热加工会导致细胞壁和细胞结构被破坏，引起淀粉糊化及膳食纤维组分的结构和性质的改变，因此大麦理化品质和生物活性会受到不同程度的影响。蒸煮是青稞罐头和青稞酒等食品生产过程中的重要步骤，炒制则是青稞糌粑的主要生产技术，烘焙是饼干、曲奇、蛋糕等面制品的原料前处理技术，挤压膨化常用于生产青稞面条、膨化冲调粉等。研究发现，蒸煮、烘焙及挤压膨化均能提高青稞粉的持水力和膨胀力，且挤压膨化可显著提高可溶性膳食纤维的含量。此外，挤压膨化可极大程度地改变青稞淀粉颗粒的形貌和质地结构，经过挤压膨化后其淀粉吸水率明显提高，并且面团筋力和强度改变更为显著。热处理能够提高大麦难消化碳水化合物的微生物利用率，因此热处理后的大麦，更容易被益生菌利用发酵。肠道菌群对热处理青稞全谷物制品的响应更快，菌群结构更易发生变化，也能产生更多的短链脂肪酸（short-chain fatty acid，SCFA）[16]。萌动可增加氨基酸的生物利用率，增加游离态和结合态的酚类化合物的释放，提高大麦中 α-淀粉酶和 β-淀粉酶的活性[17]。发酵这一技术常用于青稞酒的生产中，发酵使淀粉被分解利用，研究表明青稞发酵后淀粉含量显著降低，可溶性蛋白含量、可溶性膳食纤维及 β-葡聚糖均有不同程

度的增加[18]。

8.5.2 大麦高原传统食品

1. 青稞糌粑

糌粑是将青稞全籽粒炒熟后进行磨粉，再辅以酥油茶冲饮辅以酥油曲拉、糖等搅拌均匀后捏团食用的青稞产品，是藏族牧民的传统主食之一。炒青稞是糌粑加工的关键步骤，在炒制温度为110℃、炒制时间为110min的条件下，糊化度达到85.86%，成型后的即食糌粑形状整齐，组织细密均匀，口感绵软不黏牙，麦香味较浓，感官品质好。此外，一种全新的糌粑生产工艺，即使用除尘器、高效节能低噪声风机、平面回转筛、分级比重去石机、洗麦机、强力着水机、自流式转筒烘干机、碾压型粉碎机、双仓筛、打包机等全自动化的生产设备，制作出了口感细腻、香甜可口的糌粑产品，能够适应青稞传统食品的市场需求。

2. 青稞挂面

青稞挂面是近年来为了促进青稞主食商业化而衍生的一种主食类食品。但青稞粉的醇溶蛋白含量低，面筋网络筋力较弱，常与其他面粉配合来改良面条品质，同时这也是青稞面制品需要突破的关键技术瓶颈。目前，主要通过添加黄原胶、瓜尔胶、谷朊粉以及其他可食用复配改良剂及与生物技术相结合提升青稞挂面的品质。例如，在小麦粉中添加40%青稞粉，并添加谷朊粉以提高混合粉的面筋蛋白质含量，同时添加碳酸钠、氯化钠、黄原胶作为面条改良剂，制得品质口感俱佳的青稞面条。在此基础上，不同菌种发酵对青稞挂面的理化和感官特性也有显著的影响。与植物乳杆菌发酵和复合菌种发酵相比，酵母发酵青稞面条断条率低、吸水率高、蒸煮时间长、感官品质好，说明酵母发酵能更好地改善青稞挂面的理化和感官特性[19]。

3. 青稞酒

青稞酒营养丰富，风味独特。以青稞为原料，一项酿造工艺如下：泡粮时间为24h、初始泡粮水温为55℃、蒸粮时间为4h、糖化时间为48h、料水比为1∶2.3（g∶mL）、发酵时间为52.32h、发酵温度为32℃。在此工艺条件下，青稞酒酒醅的总淀粉含量为10.64g·100g^{-1}，酒精度为5.5%（体积分数）；青稞酒中总糖含量为1.89g·100g^{-1}。同时，对酿造出的传统青稞酒的风味特征进行分析，鉴定出醇类、醛类、酸类、酯类、烷烃类、烯烃类、酚类七大类风味物质，为西藏传统青稞酒的工业化生产提供了科学依据[20]。

此外，大麦一直是啤酒产业的重要原材料。伴随着啤酒产业的蓬勃发展，酿造啤酒的大麦也逐渐发展成为重要的轻工业原料作物。Evans 等[21]使用酶制剂

Ondea Pro 进行大麦酿酒的研究，相对于欧洲酿酒协会制定的标准麦芽糖化，大麦糖化所得麦汁发酵度略低，但当选择合适的大麦品种进行糖化时，所得麦汁发酵度较高。一般情况下，麦芽或者食品级品种的大麦包含较多的热稳定型 β-淀粉酶（Sd2H），可产生较高水平的浸出率和发酵度。

8.5.3　大麦休闲食品

1. 饼干和曲奇

用高纤维替代品替代小麦等传统食物成分有助于增加每日膳食摄入量。Ikuomola 等[22]用发芽的大麦麸皮代替小麦来生产高蛋白质、高灰分和高纤维含量的饼干，结果显示随着麸皮含量的增加，蛋白质（11.21%～15.64%）、灰分（1.41%～1.88%）、脂肪（29.86%～32.36%）和粗纤维（1.32%～6.38%）的含量均显著增加。Alka 等[23]分别将浸泡、膨化和发芽处理的大麦粉与鹰嘴豆粉和小麦粉混合，用于生产饼干，结果显示当大麦粉、鹰嘴豆粉和小麦粉的比例为 6∶3∶1 时，饼干感官接受度最高。此外，结果还表明发芽大麦制作的饼干总膳食纤维和可溶性膳食纤维含量最高。

2. 蛋糕

将生大麦粉和发芽大麦粉分别与小麦粉以 0∶100、5∶95、10∶90、15∶85、20∶80、25∶75 的比例混合制作蛋糕，能提高蛋糕的蛋白质含量，随着大麦粉添加量的增加，蛋糕的质构属性，如黏结性、硬度和黏附性也有所增加。与未处理的大麦粉相比，发芽大麦粉制作的蛋糕的膳食纤维和蛋白质含量更高，然而感官品质较差。

3. 大麦茶

随着人们对食物营养健康的需求越来越高，大麦茶作为一种新型的饮料具有广阔的开发前景。宋洁等[24]研究了颗粒型金大麦茶的制备工艺[24]，在大麦茶制作中加入金银花、蜂蜜、荞麦仁等，提升了茶汤的口感，同时还具有良好的助消化、保胃、利尿、降血脂和降胆固醇以及减肥等功效。此外，萌动工艺也是大麦茶生产中的常用工艺，萌动后的青稞、β-葡聚糖和多酚等功能成分得到富集，经过焙炒后与绿茶复配冲泡，即可得到营养成分丰富、气味清香、颜色明亮的茶汤。

参 考 文 献

[1] Ullrich S E. The Barley Crop: Origin and Taxonomy, Production, and End Uses. Amsterdam: Elsevier, 2014.

[2] Badr A, Muller K, Schafer-Pregl R, et al. On the origin and domestication history of barley (Hordeum vulgare). Molecular Biology and Evolution, 2000, 17(4): 499-510.

[3] 李林燕. 大麦膳食纤维降血糖作用机制及其物质基础研究. 南昌: 南昌大学, 2021.

[4] 许伟利, 董伟志, 王军, 等. 大麦籽粒营养成分及开发研究进展. 大麦与谷类科学, 2019, 36(3): 52-55.

[5] Do T D, Cozzolino D, Muhlhausler B, et al. Antioxidant capacity and vitamin E in barley: Effect of genotype and storage. Food Chemistry, 2015, 187: 65-74.

[6] Newman R K, Newman C W. Barley for Food and Health: Science, Technology, and Products. Hoboken: John Wiley & Sons, 2008.

[7] Rong Y X, Xu N Y, Xie B Y, et al. Sequencing analysis of β-glucan from highland barley with high performance anion exchange chromatography coupled to quadrupole time–of–flight mass spectrometry. Food Hydrocolloids, 2017, 73: 235-242.

[8] 徐中香, 胡浩, 李季楠, 等. 青稞麸皮阿拉伯木聚糖的提取工艺优化及结构分析. 食品科学, 2018, 39(8): 191-197.

[9] 李凡, 李言, 钱海峰, 等. 阿拉伯木聚糖提取及其对面团性质影响研究进展. 中国粮油学报, 2022, 37(6): 194-202.

[10] 赵大伟, 普晓英, 曾亚文, 等. 大麦籽粒 γ-氨基丁酸含量的测定分析. 麦类作物学报, 2009, 29(1): 69-72.

[11] 曾亚文, 杨涛, 普晓英, 等. 大麦籽粒中 γ-氨基丁酸、总黄酮和生物碱含量在发芽过程中的变化. 麦类作物学报, 2012, 32(1): 135-139.

[12] Shimizu C, Kihara M, Aoe S, et al. Effect of high β-glucan barley on serum cholesterol concentrations and visceral fat area in Japanese men — a randomized, double-blinded, placebo-controlled trial. Plant Foods for Human Nutrition, 2008, 63(1): 21-25.

[13] Behall K M, Scholfield D J, Hallfrisch J G. Barley β-glucan reduces plasma glucose and insulin responses compared with resistant starch in men. Nutrition Research, 2006, 26(12): 644-650.

[14] Zhao H F, Fan W, Dong J J, et al. Evaluation of antioxidant activities and total phenolic contents of typical malting barley varieties. Food Chemistry, 2008, 107(1): 296-304.

[15] Han L R, Meng M, Guo M Z, et al. Immunomodulatory activity of a water-soluble polysaccharide obtained from highland barley on immunosuppressive mice models. Food & Function, 2019, 10(1): 304-314.

[16] 洪晴悦. 不同热加工对青稞主要生物活性成分和体外消化与肠菌发酵特性的影响. 重庆: 西南大学, 2021.

[17] 申瑞玲, 绍舒, 董吉林. 萌动青稞的研究进展. 粮油食品科技, 2015, 23(3): 21-25.

[18] 王富盈. 发酵对燕麦和青稞的成分及功能性质的影响研究. 咸阳: 西北农林科技大学, 2021.

[19] 焦捷, 哈晓敏, 杜艳, 等. 微生物发酵对青稞挂面理化及感官特性的影响. 食品工业, 2021, 42(2): 170-175.

[20] 贾福晨, 张晓蒙, 于佳俊, 等. 基于响应面法西藏传统青稞酒的酿造工艺. 食品与发酵工业, 2019, 45(22): 171-178.

[21] Evans D E, Redd K, Haraysmow S E, et al. The influence of malt quality on malt brewing and barley quality on barley brewing with ondea pro, compared by small-scale analysis. Journal of

the American Society of Brewing Chemists, 2014, 72 (3): 192-207.

[22] Ikuomola D S, Otutu O L, Oluniran D D. Quality assessment of cookies produced from wheat flour and malted barley (Hordeum vulgare) bran blends. Cogent Food & Agriculture, 2017, 3 (1): 1293471.

[23] Alka V, Pinky B, Neelam K. Grab a healthy bite: Nutritional evaluation of barley based cookies. Asian Journal of Dairy and Food Research, 2017, 36: 76-79.

[24] 宋洁, 王飞. 颗粒型金大麦茶的制备工艺及创新. 南方农业, 2017, 11 (14): 123-124.

第9章 绿　豆

9.1　绿豆概述

9.1.1　绿豆的植物学特性

绿豆是亚洲豇豆亚属下的栽培豆种，又称植豆、文豆、菉豆等。它是一年生草本植物，根系发达，茎直立，高度为 30～100cm，叶为羽状复叶，花为淡黄色或白色，果实为荚果，种子为圆形或近圆形。绿豆适应温暖湿润的环境，喜欢 20～30℃的适宜生长温度。它对土壤适应性较强，耐酸碱、耐旱涝。生长迅速，从播种到收获期仅需 50～60 天，适合春、夏、秋三季种植。绿豆也是一种重要的绿肥作物，能改良土壤、增加土壤肥力。

9.1.2　绿豆的起源

绿豆原产于印度-缅甸地区，后来被广泛栽培于印度、中国、泰国、缅甸、印度尼西亚等亚洲国家。德·孔多尔和瓦维洛夫提出的绿豆起源理论指出，它可能来自印度、尼罗河流域以及西亚地区。绿豆的种子蛋白多样性中心位于西亚，可能是通过丝绸之路传入中国，或通过印度传到东南亚国家。近年来，在中国的云南、广西、河南、山东、天津等地发现了丰富的野生绿豆资源。这支持了中国也可能是绿豆起源中心之一的观点，进一步完善了绿豆起源理论[1]。

9.1.3　绿豆的分布

在全球范围内，绿豆的主要生产国包括印度、缅甸、泰国、孟加拉国、巴基斯坦、中国等。我国绿豆种植区大致分为四个生态区，分别是北方的春绿豆区和夏绿豆区与南方的夏绿豆区和夏秋绿豆区。北方的春绿豆区包括东北三省、内蒙古东南地区、陕北地区、晋北地区、河北张家口和承德以及甘肃庆阳等。该区具有无霜期较短、日照率较高、春季干旱和雨量集中在 7 月和 8 月的特点。北方的夏绿豆区主要分布在我国冬小麦主产区以及淮河以北地区。该区无霜期可达 180 天以上，日照充足，年降雨多集中在夏天，降雨量在 600～800mm。南方的夏绿豆区主要分布在长江中下游地区，该区具有无霜期长、日照率较低、气温较高和雨量较多等特点。南方的夏秋绿豆区是一年三熟制的绿豆产区，该区主要包括岭南亚热带地区及台湾、海南两省等。该区无霜期在 300 天以上，高温多雨，播种可以灵活安排在春、夏和秋三个季度，相应收获期主要集中在夏秋季度。我国绿豆种植面积稳定在 $8.0 \times 10^5 hm^2$ 左右，总产量约 $10.0 \times 10^5 t$，占全国食用豆总产量的近 1/4。全国范围内推广应用的品种主要有中绿系列、冀绿系列、潍绿系列、豫绿系列、晋绿豆系列、鄂绿 2 号等优良绿豆品种。

9.2　绿豆营养成分

绿豆富含多种营养成分，如蛋白质、碳水化合物、膳食纤维、维生素和矿物质，常见营养成分含量见表 9.1。蛋白质提供必需氨基酸，促进生长发育；碳水化合物包括淀粉、葡萄糖和纤维，除了为机体提供能量，还能调节机体健康；脂质含量低，以不饱和脂肪酸为主；丰富的维生素有助于提高新陈代谢、提高免疫力和预防贫血；多种矿物质如钙、钾、铁等也富含其中。

表 9.1　绿豆营养成分的含量（每 100g）

成分	含量
水分/g	8.45～11.26
蛋白质/g	20.0～24.3
总碳水化合物/g	约 69.7
总淀粉/g	40.6～48.9
直链淀粉/g	12.5～35.4
总膳食纤维/g	约 18.6
粗脂肪/g	1.63～3.24
油酸/mg	234～448
亚油酸/mg	2216～2508
亚麻酸/mg	1169～1338
灰分/g	约 3
钙/mg	约 81
钾/mg	约 787
钠/mg	约 3.2
镁/mg	约 125
铁/mg	约 6.5

续表

成分	含量
锌/mg	约 2.18
磷/mg	约 337
胡萝卜素/μg	约 130
硫胺素/mg	约 0.25
核黄素/mg	约 0.11
烟酸/mg	约 2
维生素 E/mg	约 10.95

9.2.1 蛋白质

绿豆籽粒中的蛋白质含量相对较高，平均在 20% 以上。绿豆蛋白质由清蛋白、球蛋白、酸性蛋白和谷蛋白组成，其中球蛋白和清蛋白是主要的贮藏蛋白，分别占总蛋白的 60% 和 25%。绿豆蛋白质中的球蛋白可分为基础型（7S）、菜豆素型（8S）和豆饼素型（11S），分别占总球蛋白含量的 3.4%、89.0% 和 7.6%。绿豆蛋白质包含 18 种氨基酸，包括 8 种必需氨基酸（色氨酸、缬氨酸、蛋氨酸、异亮氨酸、亮氨酸、酪氨酸、苯丙氨酸和赖氨酸）和 10 种非必需氨基酸（天冬氨酸、丝氨酸、谷氨酸、甘氨酸、丙氨酸、精氨酸、脯氨酸、色氨酸、半胱氨酸和组氨酸）。其中，谷氨酸是绿豆中含量最高的氨基酸，范围为 $16.21 \sim 20.95 \mathrm{g} \cdot 100 \mathrm{g}^{-1}$ 蛋白质，其次是天冬氨酸，范围为 $7.49 \sim 11.13 \mathrm{g} \cdot 100 \mathrm{g}^{-1}$ 蛋白质。色氨酸和含硫氨基酸（蛋氨酸和半胱氨酸）是绿豆蛋白质的限制性氨基酸。此外，与红小豆、小米、小麦等相比，绿豆蛋白质具有更高的氨基酸评分值，约 93[2]。绿豆蛋白质在微观下呈现出晶体块状结构和不规则不均匀的球形结构，粒径为 $6.75 \sim 31.28 \mu \mathrm{m}$。绿豆蛋白质的水溶性、持水性和乳化特性比乳清蛋白和大豆蛋白质差，物理、化学和生物等改性方法已经被用于提升绿豆蛋白质的功能特性中。

9.2.2 淀粉

绿豆含淀粉 40.6%～48.9%，属于中淀粉含量豆类作物。一般来说，绿豆中直链淀粉高于支链淀粉，但品种间存在一定差异。天然绿豆淀粉中 RDS、SDS 和 RS 含量分别为 6.24%、12.89% 和 80.78%。经过烹饪后，RDS、SDS 和 RS 含量分别为 35.43%、56.61% 和 7.97%。微观下，绿豆淀粉颗粒呈规则的圆形或椭圆形，直径为 5～20μm，B 型晶体结构。绿豆淀粉的糊化温度在 60～68℃，峰值温度为 65℃ 左右，同时其糊化热焓值为 $7 \sim 10.8 \mathrm{J} \cdot \mathrm{g}^{-1}$，糊化温度显著低于玉米淀粉和马铃薯淀粉。绿豆淀粉峰值黏度为 $1380\sim2122$ mPa·s，黏度随温度升高而降低，呈现典型 "V" 形曲线。绿豆淀粉的持水性较强，约 $2.25g·g^{-1}$，其凝胶形成能力和所形成的凝胶强度也高于大豆和红小豆淀粉，因此在凝胶类食品中有较广泛的应用。

9.2.3　膳食纤维

绿豆含膳食纤维约 18.6%，包括水溶性非淀粉多糖、水不溶性非纤维素多糖、纤维素和木质素。绿豆膳食纤维主要存在于绿豆皮中，含量约为 64.56%[3]。绿豆皮不溶性膳食纤维通常采用传统碱提取法进行提取，主要是因为酸提取法提取不溶性膳食纤维的得率和纯度分别为 23% 和 12%，远远低于碱提取法（得率和纯度分别为 64% 和 90%），所以酸提取法并不适用于提取绿豆皮中的不溶性膳食纤维。除此以外，超声波辅助碱提取法和超声波-微波联合辅助碱提取法等现代提取方法也用于提取绿豆皮中的不溶性膳食纤维。与传统碱提取法相比，现代提取方法能大大缩短提取时间，提高绿豆皮不溶性膳食纤维的得率。

9.2.4　脂肪

绿豆中的脂肪含量较低，一般不超过 5%，因此绿豆不属于油料作物。绿豆中的脂肪酸主要以不饱和脂肪酸为主，其中以亚油酸和油酸为主要成分；含有少量的饱和脂肪酸，如棕榈酸和硬脂酸。绿豆脂肪中含有磷脂类化合物、甾醇和甾醇酯等脂质伴随物。绿豆虽然脂肪含量不高，但其脂肪酸和脂质伴随物对人体健康具有重要的营养作用，主要可以降低血脂和血压，预防心脑血管疾病，磷脂类化合物对细胞膜的形成和功能维护有一定的贡献，对人体的生长发育和正常代谢也具有重要的作用[4]。

9.2.5　维生素及矿物质

绿豆中含有丰富的维生素，其中维生素 B_1 是鸡肉的 17.5 倍，维生素 B_2 是禾谷类的 $2\sim4$ 倍。绿豆含矿物质种类相对齐全，总含量明显高于大米与小麦，其中钾、钙、镁、磷含量较高，因此食用绿豆对维持心脏和神经系统的正常功能、维持骨骼健康和正常的代谢功能非常有益[5]。

9.3　绿豆功能成分

绿豆作为一种药食同源食物，不仅营养丰富，而且具有多种有益于人类身体健康的功能活性物质，研究较多的主要有黄酮、非淀粉多糖和多肽。

9.3.1　黄酮

绿豆中的黄酮类化合物含量丰富，已有研究表明绿豆种子、绿豆皮及绿豆芽中均含有黄酮类化合物。黄酮（牡荆素、异牡荆素和木犀草素）和黄酮醇类（槲皮素、杨梅素和山柰酚）是在绿豆中检测到的最丰富的黄酮类化合物（图 9.1）。绿豆黄酮可采用超声联合提取法提取，具体操作为精确称取绿豆皮粉末，将其和 70%乙醇溶液依据一定液料比混合，充分搅拌令其均匀后展开超声-微波提取，所取得的物质离心取上清液减压浓缩[6]。此外，采用微波辅助提取绿豆皮中的黄酮类化合物，并对其进行抗氧化试验研究，发现绿豆皮中的黄酮类化合物有较强的自由基清除能力和还原能力，经过 NKY-9 大孔吸附树脂纯化后，绿豆皮中黄酮类化合物的抗氧化能力显著提高。

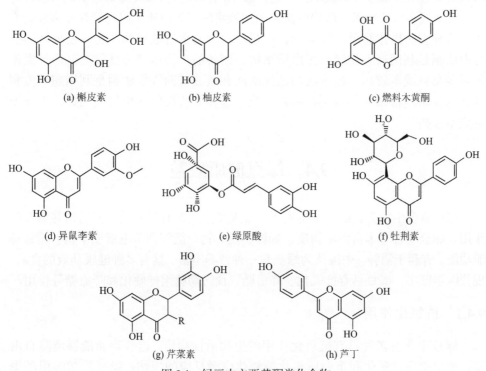

(a) 槲皮素　　　　　(b) 柚皮素　　　　　(c) 燃料木黄酮

(d) 异鼠李素　　　　(e) 绿原酸　　　　　(f) 牡荆素

(g) 芹菜素　　　　　(h) 芦丁

图 9.1　绿豆中主要黄酮类化合物

9.3.2　多糖

从绿豆中提取的非淀粉多糖一般包括中性糖（33.05%）、糖醛酸（25.83%）和少量蛋白质（3.17%）。绿豆多糖分子质量约为 146.22kDa，是由 Ara（阿拉伯糖）、Glc（葡萄糖）、Xyl（木糖）、Gal（半乳糖）和 GlcA（葡萄糖醛酸）组成的，具有较好的水合特性和持油性，其水溶性指数、持水力及持油力分别约为88%、4.8g·g^{-1}、3.45g·g^{-1}。体外抗氧化结果表明，绿豆多糖具有较好的 DPPH 自由基、羟自由基清除能力，当多糖浓度为 2.0mg·mL^{-1} 时，清除率最高，达到 80%以上。绿豆多糖常用的提取方法一般为水提取法、酸碱溶液提取法，但存在提取工艺复杂、浸提剂用量大、收率低等缺点。近年来，采用超声波辅助提取法对多糖和其他功能性化合物的研究较多，超声波辅助提取法可以加快提取速度、缩短提取过程。

9.3.3　多肽

水解绿豆蛋白质制备绿豆多肽，具有抗氧化、抗癌、降血压等生物活性。科研人员通过酸提取法、酶提取法、超声波辅助提取法和微波辅助提取法等多种方法探索绿豆多肽的制备。酸提取法是利用酸将绿豆蛋白质水解得到绿豆多肽的方法，这种方法操作简单、成本低，但是蛋白质的水解效果和产物纯度较低。酶提取法则是利用酶类将绿豆蛋白质水解，制备的产物质量纯度较高，但是操作相对复杂且成本较高。超声波辅助提取法和微波辅助提取法则是利用超声波和微波的作用使得绿豆多肽更容易被提取，这种方法操作简单且效果好，但是设备成本较高[7]。

9.4　绿豆健康效益

绿豆富含生物类黄酮、维生素 C、氨基酸、黄酮苷等物质，具有清热解毒的作用。绿豆还含有丰富的矿物质，如钾、镁、钙，能够调节电解质平衡、增强排泄功能，有利于消肿。中医认为绿豆是一种营养丰富、具有多种健康功效的食品。现代医学证实，绿豆具有抗氧化、降血脂、预防动脉粥样硬化和降血糖等作用。

9.4.1　抗氧化作用

绿豆中含有多种具有抗氧化作用的生物活性物质，这些物质能够清除自由基，减少脂质过氧化和蛋白质氧化等氧化应激反应的损伤。绿豆的 70%甲醇提取物的 DPPH 和 ABTS 自由基清除能力分别为 28.13～35.68μmol·g^{-1} 和 3.82～13.44μmol·g^{-1}，抗氧化特性与其中酚酸和总黄酮含量成正比。绿豆黄酮能够降低模型小鼠血清天门冬氨酸氨基转移酶、谷丙转氨酶的含量，增强肝组织超氧化物歧化酶的活力，降低肝组织丙二醛的水平，并缓解肝细胞空泡变性及坏死的现象，可以降低白酒诱导的小鼠急性酒精性肝损伤。此外，从绿豆壳中提取绿豆多糖具备清除 DPPH 自由基和羟自由基的能力，其 IC$_{50}$ 值分别为 2.43mg·mL^{-1} 和

$2.58mg \cdot mL^{-1}$；绿豆多糖还可以提高细胞内超氧化物歧化酶和过氧化氢酶的活性，从而减少细胞内的氧化损伤[8]。研究发现，通过不同酶解绿豆蛋白质获得的绿豆多肽也是绿豆抗氧化作用的主要功效成分之一，但是不同酶解作用，得到多肽效果之间存在一定差异。

9.4.2 降血脂及预防动脉粥样硬化作用

绿豆粉及其发芽绿豆粉中所含的绿豆多糖具有显著的降脂作用。一项研究将绿豆粉或发芽绿豆粉添加到饲料中（占饲料量的70%），用以喂养高脂饲料的家兔，结果表明其可显著降低家兔高脂血症。此外，绿豆粉和发芽绿豆粉的使用还可以减轻兔子的血管病变，主要表现为主动脉病变程度、面积和脂质含量的减小，以及冠状动脉病变斑块数量和管腔阻塞程度的显著减轻。特别是对冠状动脉主支的作用非常显著，同时还能明显降低异丙肾上腺素负荷时的病理心电图发生率。对于主动脉病变，发芽绿豆的作用比绿豆更强。绿豆预防动脉粥样硬化的机制主要在于其降脂作用，其降脂机制主要是绿豆多糖和球蛋白可抑制肠道内胆固醇的吸收，促进胆固醇在肝脏内的降解，加快胆固醇排泄到胆汁中。

9.4.3 降血糖作用

绿豆多糖能够通过增加胰岛素的分泌和提高组织对葡萄糖的利用来降低血糖水平。此外，绿豆中的其他成分（如芸香苷、异黄酮和绿原酸等）也具有降血糖作用。除了直接降低血糖水平，绿豆还能够通过降低胰岛素抵抗和改善胰岛素信号通路来发挥降血糖的作用。一些研究还发现，绿豆可以通过减少肠道葡萄糖吸收和促进胰岛素样生长因子的分泌来降低血糖水平。此外，绿豆还具有抗氧化和抗炎作用，可以保护胰岛细胞免受氧化应激和炎症的损伤，从而减少胰岛素分泌的下降和胰岛素抵抗的加剧。

9.5 绿豆加工技术

绿豆因其多种保健作用而获得大众青睐。通过各种精深加工技术，绿豆也被加工成更多元化、高附加值的产品，以满足不同消费者的需求。

9.5.1 精深加工技术对绿豆营养组分、理化和消化特性的影响

热处理是一种改善绿豆蛋白质-高酰基结冷胶乳液凝胶性能的有效方式。随着热处理温度的升高，凝胶的持水性、硬度有所增加，在85℃时达到最大值，同时其网络结构最为致密。继续提高热处理温度会导致凝胶持水性、硬度下降，网络

结构变得松散[9]。低温烘焙是一种有效的加工工艺，可以避免绿豆中一部分活性成分的损失，并使绿豆质地疏松易于粉碎。通过在130℃下加热180min，可得知牡荆苷与异牡荆苷含量在低温烘焙工艺加工的绿豆中未发生明显变化，表明该工艺加工的绿豆具有较好的冲调性，保留了绿豆的香气，并避免了绿豆中生物活性物质的损失，从而作为原料或配料生产的食品具有较高的营养价值[10]。煮制处理是一种常见的绿豆加工方法。为了在煮制过程中维持较高的多酚含量和抗氧化活性，建议煮制功率为400W，煮制固液比为1:25（g:mL），煮制时间为30min。在这种条件下提取的多酚含量为2.45mg·g^{-1}[11]。超高压技术是一种非热加工技术，可以用于改善绿豆种子的发芽率、发芽指数和活力指数[12]。超高压处理或增加保压时间可增加绿豆粉粗蛋白质的含量，降低淀粉、脂肪和粗纤维的含量。经过超高压处理后有更多的蛋白质分子和淀粉分子黏合在一起，并随压力或保压时间的增加会发现淀粉分子的表面出现了褶皱。

9.5.2　传统绿豆米面加工产品

1. 绿豆粥（汤）

绿豆粥加工最常见的问题是绿豆籽粒比大米等其他谷物原料不易熟化、软化（俗称"煮开花"），可通过延长蒸煮时间、采用高压锅蒸煮或者在蒸煮之前提前泡豆来实现。除了家庭自制、餐饮渠道提供的绿豆粥（汤），目前也有出自生产线上的工业化绿豆粥类产品，产品有易拉罐、复合软包装等形式，保质期一般在半年以上。工业化绿豆粥或八宝粥的主要工艺流程包括原料的筛选、清理、原料复配、预煮、原料装罐、调配料灌装、封口、高温高压杀菌、冷却至成品。

2. 绿豆面条

绿豆因其独特的豆类清香而成为与面条结合的最佳杂粮原料之一。绿豆面条的制作关键在于绿豆制粉。在绿豆添加量较低（<10%）的情况下，只要保证绿豆粉合适的粗细度（60目以上）即可。加工工艺主要包括小麦面粉与绿豆面粉的混合、加适量水和面、熟化、轧片、切条（鲜切面或湿面），或再经过烘干处理可得到绿豆挂面。但是，如何增加绿豆在面条制作中的添加量而不影响断条和糊汤率，仍是有待解决的难题。

9.5.3　绿豆芽

绿豆在发芽过程中的大分子蛋白质、碳水化合物等降解为易吸收的小分子物质，同时多种抗营养因子被降解，小分子生物活性显著增加，产品的营养价值得到较大提高。绿豆芽的制作工艺流程包括绿豆籽粒的筛选除杂、育前处理、育芽、采收、后处理等工序。培育豆芽菜的绿豆应尽量筛选当年生或隔年生、完全成熟、颗粒饱满的新鲜豆种。在育前处理中，为了促进绿豆种子的发芽，通常采用启动处理和浸种处理，即先将绿豆置于 60℃的热水中浸泡 1～2min 的酶系启动处理和将绿豆放入接近室温的水中浸泡 8～12h 的浸种处理。绿豆育芽时需要与水持续接触，通常有两种方式来保持足够的水量，一种是淋洒法，另一种是灌水法。绿豆育芽需要保持适宜的温度（18～25℃），环境湿度应控制在 80%以上，培育周期则在 6～7 天，绿豆芽根须长至 4～6cm 即可采收。现代工厂化的绿豆芽生产中还增加了一些后处理的步骤，如清洗预冷、冷藏处理，这样可有效延长豆芽的货架期。

9.5.4　绿豆馅料及其制品

绿豆淀粉具有易起沙的加工特性，再加上绿豆特有的风味特点，是制备豆沙类馅料的最佳豆类品种之一。绿豆沙类馅料不仅香滑清甜、风味独特，还具有清热解暑、消痛、利尿、除湿等作用，深受消费者喜爱。绿豆沙的基本制作工艺是浸泡、蒸煮、破碎、洗沙、静置，去掉上清液后，将得到生豆沙挤压脱水，再加入白砂糖和水熬煮。为了延长保质期，还可采用脱水干燥制成干豆沙粉。绿豆沙可用于中西式糕点类食品的加工，如绿豆糕、月饼、春卷、粽子、酥油炸糕、年糕、面包等。

9.5.5　绿豆淀粉及其制品

绿豆淀粉中直链淀粉含量丰富，高于其他豆类和谷类，淀粉的热黏度高、凝胶强度弱、凝胶透明度大且容易老化，适宜加工晶莹透亮、口感柔滑的绿豆粉丝和凉粉。淀粉制品的加工首先在于绿豆淀粉的制备。绿豆淀粉的制备工艺目前主要采用离心法（水力旋流分离）和传统酸浆沉淀法两种。酸浆沉淀法需要加入自然发酵、富含乳酸乳球菌的酸浆，通过乳酸乳球菌对淀粉的凝集作用和金属离子与有机酸对淀粉的沉降作用，使淀粉迅速沉降。绿豆粉丝的制备即以绿豆淀粉为原料，制作步骤包括绿豆筛选、清洗浸泡、磨浆、调糊、压丝、漂晒。绿豆凉粉则是将绿豆淀粉与水按一定比例混合搅拌均匀后在锅中煮开（煮制或冲制）、冷却后形成的淀粉凝胶类产品。

9.5.6　绿豆饮料

绿豆饮料是绿豆经过研磨、调配等工序加工的产品，主要有纯绿豆饮料、绿豆复合饮料、绿豆乳饮料等，营养丰富、具有独特清香气味。绿豆饮料加工工艺主要包括绿豆磨浆、调配、均质、脱气、灌装与封口、杀菌等。此外，绿豆还可用来制作发酵饮料，如北京传统特色小吃中的豆汁，就是由绿豆淀粉的酸浆工艺中产生的蛋白质沉淀副产物制得的。

通过以乳酸菌为主的微生物发酵后绿豆饮料的口感更加清爽、营养，功能活性成分则更加丰富，在风味、营养乃至生理功能上得到进一步提升，是未来植物基蛋白饮料的产品方向之一。

9.5.7　绿豆代餐粉

绿豆经过精选、浸泡、粉碎、熟化、杀菌、浓缩、喷雾干燥后，与其他熟化的谷物、豆类原料复配，辅以其他食品辅料，加工成营养丰富全面、方便食用、可作为代餐粉供各类人群食用的食品，不仅可以增强饱腹感，而且口感细腻、易吞咽，尤其适合作为老年人食品。

参 考 文 献

[1] 李云. 不同产量水平绿豆生理特性及其农田小气候特征研究. 咸阳: 西北农林科技大学, 2013.

[2] Kudre T, Benjakul S, Kishimura H. Effects of protein isolates from black bean and mungbean on proteolysis and gel properties of surimi from sardine (Sardinella albella). LWT-Food Science and Technology, 2013, 50(2): 511-518.

[3] 李积华, 郑为完, 杨静, 等. 绿豆膳食纤维的分析. 食品研究与开发, 2006, 27(7): 176-178.

[4] 姜冶. 真空冷冻干燥绿豆全粉固体饮料加工工艺研究. 长春: 吉林农业大学, 2017.

[5] 华燕菲. 低 GI 小米绿豆面条配方优化及其品质特性的研究. 石家庄: 河北经贸大学, 2020.

[6] 康维良. 绿豆皮黄酮提取纯化及不同储藏条件下黄酮的特性变化. 大庆: 黑龙江八一农垦大学, 2020.

[7] 张浩玉, 高云, 王欣, 等. 绿豆多肽的酶法制备及抗氧化活性研究. 粮食与油脂, 2020, 33(11): 116-119.

[8] Lai F R, Wen Q B, Li L, et al. Antioxidant activities of water-soluble polysaccharide extracted from mung bean (Vigna radiata L.) hull with ultrasonic assisted treatment. Carbohydrate Polymers, 2010, 81(2): 323-329.

[9] 娜音图, 刘少伟, 杨清馨, 等. 蛋白质热处理对绿豆蛋白-高酰基结冷胶乳液凝胶性质的影响. 食品工业科技, 2022, 43(6): 83-90.

[10] 王雪, 肖萍, 王步江, 等. HPLC 法测定低温烘焙绿豆中牡荆苷与异牡荆苷的含量及变化. 食品研究与开发, 2019, 40(10): 152-157.

[11] 肖金玲, 王娟, 全志刚, 等. 煮制处理对绿豆中多酚含量及其抗氧化活性的影响. 包装工程, 2020, 41(15): 34-42.

[12] 王振邦. 高压静电场对绿豆种子活力影响的机理探讨. 陕西教育学院学报, 2004, 20(2): 111-113.

第 10 章 红 小 豆

10.1 红小豆概述

10.1.1 红小豆的植物学特性

红小豆是一种豆科植物,别名赤豆、小豆、红豆、小红豆。它的茎纤细,长至 1m 以上,其叶为羽状复叶,有 3 小叶,且具有特征的盾状托叶和钻形小托叶。红小豆的花序总状,每个花序腋生,通常有 2~3 朵花。花的颜色为黄色,龙骨瓣右侧附着长角状的附属体。它的果实为线状圆柱形的荚果,种子为长椭圆形,通常呈暗红色。红小豆具有硬质种皮和乳白色的子叶。种子表皮细胞为栅状排列,种脐处有明显的光辉带。红小豆的子叶富含淀粉粒和草酸钙方晶。种脐部位的细胞有种阜和管胞岛,形成星芒状,具有大型细胞间隙[1]。

10.1.2 红小豆的起源

我国红小豆种植历史悠久,种质资源丰富,居世界首位。根据瓦维洛夫的研究,中国中部、西部山区及周边洼地被认为是红小豆的起源中心。通过分子技术的研究,中国西南地区的栽培小豆种质具有丰富的遗传多样性,初步认定其可能是红小豆的起源中心和遗传多样性中心。另外,通过对不同地域红小豆栽培种的遗传多样性进行分析,中国、日本和尼泊尔被认为是红小豆的 3 个不同起源地[2]。

10.1.3 红小豆的分布

全球有 24 个国家种植红小豆,如中国、日本、朝鲜、韩国、澳大利亚、泰国、印度、缅甸、美国、加拿大、巴西、哥伦比亚、新西兰等。我国是红小豆的主要生产国,2021 年中国红小豆种植面积达 15.286 万 hm^2,产量达 21.61 万 t。红小豆种植在我国分布广泛但规模较小,区域分散。根据国家统计数据,除了上海、西藏、青海和宁夏等地,全国其他地区都有不同规模的种植面积(图 10.1)。以 2019 年为例,黑龙江、陕西、内蒙古、山西的种植面积较大,超过 1 万 hm^2;北京、天津、江西、福建和海南的种植面积较小,低于 $500hm^2$。黑龙江是我国的主要产区,常年种植面积约 7 万 hm^2,年产量约 10 万 t,约占全国总产量的 40%。

江苏是南方地区最大的红小豆生产地区，集中在苏北和南通地区，其中苏北的宿迁泗洪、盐城阜宁以及南通的海门市和启东市为主要产区。2021 年江苏种植面积约为 8500hm²，占全国种植面积的 5.5%，位列全国各省第五位，产量达到 2.1 万 t 左右，占全国总产量的 8.3%，位列全国各省第三位[3]。红小豆地方性品种的品质上乘、特种成分含量极高，例如，天津市的天津红，东北三省的宝清红、大红袍、珍珠红、辽小豆 1 号，河北省的冀红豆系列等都是较好的红小豆品种。

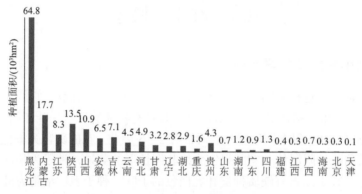

图 10.1　　2019 年红小豆各地种植面积

资料来源：国家统计局、智研咨询公布数据，2020 年

10.2　红小豆营养成分

红小豆含有丰富的蛋白质、淀粉、膳食纤维、B 族维生素、多种矿物质和生物活性物质等，必需氨基酸水平达到甚至高于 FAO/WHO 的要求，是一种高营养价值作物。

10.2.1　蛋白质与氨基酸

不同品种红小豆蛋白质含量差异显著，蛋白质平均含量约为 22.65%，比禾谷类蛋白质含量高 2～3 倍，约 50% 的蛋白质为球蛋白，其中 7S 球蛋白为主要的组成成分，11S 球蛋白次之。红小豆中氨基酸含量丰富，种类齐全，平均含量在 $191.53\sim222.95\mu g\cdot g^{-1}$，并含有人类必需的 8 种氨基酸。红小豆氨基酸可以与谷物中的氨基酸形成互补，维持人体必需氨基酸平衡[4]。戴聪杰等[5]在试验中测得红小豆的水解氨基酸总量为 20.17%，必需氨基酸含量为 7.84%（除色氨酸水解破坏未能测出外），占氨基酸总量的 38.89%，含量最高的是谷氨酸（3.83%），其次是天冬氨酸（2.44%），含量最低的是胱氨酸（0.11%）。谷氨酸、天冬氨酸这两种氨基酸是呈鲜味的特征氨基酸。表 10.1 是红小豆部分水解氨基酸的组成和含量。

表 10.1 红小豆部分水解氨基酸的组成和含量[5]

氨基酸	含量/%	氨基酸	含量/%
天冬氨酸	2.44	组氨酸	0.70
苏氨酸	0.78	异亮氨酸	0.95
丝氨酸	1.04	苯丙氨酸	1.27
谷氨酸	3.83	酪氨酸	0.50
丙氨酸	0.92	赖氨酸	1.73
胱氨酸	0.11	亮氨酸	1.76
甘氨酸	0.85	精氨酸	1.44
缬氨酸	1.14	脯氨酸	0.49
甲硫氨酸	0.21	必需氨基酸占比	38.89

10.2.2 碳水化合物

红小豆总碳水化合物含量约为 63.4%。其中，淀粉是红小豆中最主要的碳水化合物，其理化特性对红小豆的质量有很大影响。完整的红小豆淀粉颗粒大致呈椭圆卵形，颗粒直径为 27~45μm，表面光滑，颗粒中央可见呈"X"形的偏光十字，具有类似年轮的轮纹结构，脐点位于轮纹圆弧线的中心[6]。此外，红小豆淀粉中直链淀粉占总淀粉比例的 20%~35%，高于谷物类作物，其分子质量为 3.9×10^5 Da。红小豆淀粉的水溶性较好，水解度高，吸水率较高，但其糊化温度较低，低于 70℃，糊化焓值为 5.81~7.23J·g^{-1}，其峰值黏度为 50.32mPa·s。红小豆中含有丰富的 α 淀粉酶抑制剂，因此天然红小豆淀粉有难消化特征。

10.2.3 膳食纤维

红小豆含有丰富的膳食纤维，平均含量在 5.6%~18.6%，主要富集于豆皮中。豆皮纤维含量高达 60%左右，可以加工成高纯度、高品质、高附加值的膳食纤维产品，具有保持消化系统健康、增强免疫、降血脂、降血糖、改善高血压、通便清肠、预防心血管疾病等作用。

10.2.4 脂肪

红小豆脂肪含量比较低，平均为 0.59%，但其脂肪酸种类比较多，总不饱和脂肪酸占脂肪酸含量的 68.91%。不饱和脂肪酸以多不饱和脂肪酸亚油酸为主，其含量占脂肪酸总量的 45%[7]。此外，红小豆脂肪含有甾醇、磷脂、维生素 E 和 β-胡萝卜素脂质伴随物。

10.2.5　矿物质与维生素

红小豆灰分含量在 3.13%～3.36%，平均值为 3.27%。红小豆中含有丰富的铁、钙、镁、钾、锰等矿物质微量元素，有较好的保健作用。袁清香等[8]在研究中用火焰原子吸收光谱法对红小豆中的锰、铜、锌、铁、钴、镁 6 种元素的含量进行了分析测定。表 10.2 为其具体数值。红小豆中含有丰富的维生素，每 100g 红小豆含维生素 A 13.00mg、维生素 B 10.16mg、维生素 E 14.36mg。

表 10.2　红小豆中微量元素的具体含量[8]

元素	锰	锌	铜	铁	钴	镁
测定值/（$\mu g \cdot g^{-1}$）	63.35	48.12	8.200	165.8	3.240	50.13

10.3　红小豆功能成分

红小豆中含有多种生物活性物质，如皂苷、黄酮、γ-氨基丁酸和多肽等。

10.3.1　皂苷

红小豆中的皂苷主要为三萜皂苷，平均含量在 3.50～3.90mg·g^{-1}，大于大豆等其他豆类作物[9]。三萜皂苷有许多重要的生理功能，包括保肝、护肝、抗肝损伤，防治血栓塞、高血压、高血脂、动脉硬化、艾滋病和恶性肿瘤等疾病，尤其是对心脑血管疾病有良好的治疗作用。

10.3.2　黄酮

红小豆中的黄酮物质主要为槲皮素、儿茶素、芦丁和杨梅酮芸香糖苷，平均含量在 0.76%～1.31%[10]。植物中总黄酮含量测定的方法有色谱法、紫外分光光度法、分光光度法等，常用的黄酮提取方法主要有超声波辅助提取法、乙醇浸提法、微波加热提取法等，不同的测定和提取方法对黄酮含量测量结果有一定的影响。

10.3.3　γ-氨基丁酸

γ-氨基丁酸，别名为哌啶酸、氨酪酸，广泛分布在动物体、植物体和微生物中。在植物体中，γ-氨基丁酸是细胞内游离氨基酸的重要组成成分。红小豆中含有 γ-氨基丁酸，在 25℃下，红小豆中 γ-氨基丁酸的含量为 98mg·100g^{-1}[11]。

10.3.4 多肽

红小豆蛋白质经过酶解后，可制备得到具有抗氧化活性和血管紧张素转换酶抑制活性的多肽。从球蛋白组分中得到的多肽具有最强的铁离子螯合能力，含谷氨酸较多的多肽有最强的螯合铜离子能力。而缩氨酸具有最高的抗自由基活性和 ACE 抑制活性（$IC_{50}=0.17mg·mL^{-1}$）。此外，通过正交法优化红小豆蛋白质提取工艺，并对蛋白质进行酶解，对酶解产物进行组分分离，得到生物活性多肽，研究其超氧自由基清除能力及其对小鼠肝脏氧化产物丙二醛的抑制能力，研究发现红小豆分离多肽具有抗氧化活性。

10.3.5 种皮色素

红小豆种皮色素是一种天然色素，王海棠等[12]从红小豆中提制出一种粉状天然食用红色素，对该色素的溶解性、吸收光谱特征以及热、光、氧、金属离子等对色素的影响进行了研究，并通过色素的急性毒性试验，证明了该色素属于无毒级天然色素。以水为提取剂得到的红小豆红色素具有良好的抗氧化性和抗还原性，在离子环境中具有较好的稳定性。

10.4 红小豆功能成分的生物活性

红小豆含有多种生物活性物质，对多种疾病的预防和治疗起到辅助作用，有很好的食用价值和保健功能，是一种药食同源的粮食资源。

10.4.1 抗氧化作用

红小豆中含有丰富的多酚、单宁和黄酮，它们都具有很强的抗氧化活性。红小豆热水提取物能够有效抑制 $FeCl_2$-抗坏血酸诱发的小鼠肝匀浆脂质过氧化，对超氧阴离子具有较强的清除能力。在小鼠突发肝损伤试验中，红小豆提取物处理的小鼠肝抗氧化酶 mRNAs 表达高于对照组。此外，红小豆乙醇提取物对 Fe^{2+} 介导的大鼠原代肝细胞氧化损伤具有较强的保护作用[13]。红小豆酸性乙醇提取液中丰富的多酚和单宁具有很强的羟自由基清除能力和还原能力，且多酚和单宁含量均与其抗氧化活性呈正相关[14]。对红小豆黄酮提取物进行的人体外试验和动物药效学试验显示，红小豆中黄酮类提取物具有多种功效，如体外抗氧化作用、雌激素样活性、护肝作用、活血化瘀作用、促进大鼠空间记忆作用、改善老年性痴呆模型大鼠学习记忆能力作用、抗动物骨质疏松作用和提高小鼠免疫力作用。

10.4.2　保肝作用

豆类普遍被认为具有解毒功能，但对红小豆对于化学药品造成的肝脏损伤的修复作用的报道并不多。最近的研究发现，红小豆可能通过抗氧化系统功能来实现其保护肝脏的作用。Wu 等[15]的研究发现，绿豆、红小豆、黑豆和饭豆的水提取物对由 APAP 导致的小鼠肝脏损伤具有潜在的保护作用。Han 等[16]的研究表明，红小豆皮水提取物对 APAP 导致的小鼠肝脏损伤起到改善作用，可能是通过调节肝脏谷胱甘肽介导的抗氧化/解毒系统的活性来实现的。此外，红小豆提取物对 D-氨基半乳糖导致的小鼠肝脏损伤的恢复有所帮助，并且该作用可能是通过提高肝脏中谷胱甘肽过氧化物酶（GSH-Px）、谷胱甘肽还原酶（GSH-R）、Mn-超氧化物歧化酶（Mn-SOD）、Cu，Zn-超氧化物歧化酶（Cu，Zn-SOD）的基因表达水平来实现的。

10.4.3　降血糖作用

红小豆是一种富含膳食纤维和优质蛋白质的低血糖指数食物。食用红小豆可以有效降低血糖浓度，并且血糖上升速度较缓慢。红小豆热水提取物可以抑制 α-淀粉酶、蔗糖酶、麦芽糖酶、异麦芽糖酶和 α-葡萄糖苷酶，从而降低小鼠血糖浓度。此外，研究表明红小豆所致的餐后血糖波动最小，有利于糖尿病病人餐后血糖控制。王彤等[17]的研究也显示，进食红小豆的病人的血糖指数、血糖曲线增值面积及 C 肽曲线增值面积最小，含有红小豆的谷类混合粥对非胰岛素依赖型糖尿病病人餐后血糖和 C 肽影响也有帮助。

10.4.4　抑制癌细胞增殖

红小豆乙醇提取物具有雌激素样活性作用，能够通过雌激素受体介导影响人类乳腺癌细胞株 MCF-7/BOS 的分布，从而促进细胞增殖。研究还发现，在红小豆提取物的低剂量范围内，其与细胞增殖呈正相关，而超过某一剂量时会出现抑制作用。此外，Itoh 等[18]的研究发现，红小豆热水提取物可以抑制胃癌 KATO Ⅲ 细胞株的增殖，并且可以抑制苯并芘诱导的老鼠前胃肿瘤形成。这些结果表明，红小豆热水提取物具有预防癌症的潜力，可以作为天然药物和功能性食品使用。

10.5　红小豆加工技术

10.5.1　淀粉的加工技术

红小豆的加工方式会影响其淀粉的糊化、结晶程度和颗粒完整性，进而影响最终产品的淀粉消化性能和预估血糖生成指数（eGI）值[19]。在微波加工中，豆子的水分有限，使得淀粉分子无法充分展开，糊化程度降低，导致 α-淀粉酶水解也有限，因此微波加工的红小豆粉具有最低的 eGI 值。相比之下，滚筒加工和挤压加工会使红小豆碎成豆粉，细胞结构被破坏，且有充足的水分接触，因此其淀粉会完全糊化，eGI 值较高。但挤压处理的红小豆粉在高温高压状态下，淀粉与其他物质相互结合或包裹，形成致密的组织结构，降低了淀粉与酶的接触，因此其 eGI 值比滚筒干燥豆粉低。因此，采用湿法加工的整豆加工再粉碎或者干法的微波加工方法，均可得到较低 eGI 值的即食红小豆粉。

10.5.2 红小豆色素开发

红小豆色素是一种天然色素，可以从红小豆籽粒种皮中提取得到。王海棠等[20]报道了从红小豆种皮中提取得到的一种黄色色素化合物，即槲皮素-3-D-葡萄糖-(6→1)鼠李糖苷，即芦丁，该物质是红小豆中的主要药用成分。红小豆色素的研究和开发正在逐步深入，未来还将有更多的应用领域等待探索。

10.5.3 其他红小豆提取物的开发利用

合理开发红小豆中的纤维素，并将其转化成功能性膳食纤维食品，可以大大提高红小豆的附加值。曹阳[21]以红小豆皮作为原料，研究了其膳食纤维的提取工艺，为红小豆的综合开发利用提供了一条有效途径。马萍等[22]采用有机溶剂浸提法提取红小豆中的总酚，研究了红小豆中总酚的最佳提取工艺，同时通过单因素试验和正交试验得到最佳提取条件。程谦伟等[23]利用碱性蛋白酶水解红小豆蛋白制备红小豆蛋白肽，研究了各因素对酶水解反应的影响，并通过正交试验对 pH、酶解时间、酶用量、底物浓度等参数进行了优化，确定了适宜反应条件。

10.5.4 其他加工产品

目前，我国红小豆产品加工大多为作坊式手工操作，主要产品有羊羹、豆沙、红小豆饮料、即食红小豆粉、速食红小豆等，且最常见的为红小豆粥饭类产品。红小豆在家庭消费中最常见的形式是与大米一起或者单独煮粥。红小豆粥制作的方法相对并不复杂，加水熬煮即可。常见的问题与其他食用豆一样，种皮比较厚，较难熟化，与其他谷物原料一起加工时难以做到同煮同熟。一般可通过延长蒸煮时间、采用高压锅蒸煮或者在蒸煮之前提前泡豆来实现。羊羹是以红小豆为主要原料制成的一种传统小吃食品，可根据口味添加不同的辅料制成各种花色产品。红豆沙的工艺流程如下：红小豆原料→筛选→清洗→浸泡→煮制→去皮取沙→压榨→搅拌（砂糖、油脂、乳化剂）→装袋→封口→杀菌→冷却→成品。蒸煮过程、水分、加糖量等很多方面都对豆沙的品质有一定影响，在蒸煮过程中，火候欠佳或者过大都会使豆沙的出沙率降低。糖在红豆沙加工过程中起到非常重要的作用，不仅能够为豆沙提供甜味和风味，还能赋予其深棕颜色及结构特性。用木糖醇和麦芽糖醇部分替代白砂糖，红小豆馅料的颜色未受到明显改变，但豆沙的抗氧化能力显著降低，说明糖对豆沙的抗氧化能力有一定的影响。红小豆可以利用微生物进行发酵制成具有保健功能的饮料，红小豆饮料具有非常好的开发前景，即食红小豆粉不仅营养全面、口感较好，而且方便快捷。经蒸煮、熟化而制成的速食红小豆食用方便，既可作为红小豆汤等消暑佳品，又可作为辅食制作红小豆饭菜，而且还可以干食。此外，市面上还有很多利用红小豆作为主要原料制作的沙冰、冰淇淋、冷饮、米饼、软糖等方便小食品。这些方便小食品具有广阔的市场前景，但其加工工艺还需要改进提升。

参 考 文 献

[1] 中国科学院中国植物委员会. 中国植物志: 第四十一卷. 北京: 科学出版社, 1995.

[2] 叶剑, 赵波, 佟星, 等. 栽培小豆种质资源遗传多样性 SSR 标记分析. 北京农学院学报, 2008, 23(1): 8-13.

[3] 项洪涛, 冯延江, 郑殿峰, 等. 中国红小豆栽培和生理研究现状及展望. 中国农学通报, 2018, 34(21): 23-28.

[4] 李家磊, 姚鑫淼, 卢淑雯, 等. 红小豆保健价值研究进展. 粮食与油脂, 2014, 27(2): 12-15.

[5] 戴聪杰, 龚梅桂. 赤豆与赤小豆的营养分析及比较. 粮油加工, 2010, (9): 61-64.

[6] 杜双奎, 于修烛, 问小强, 等. 红小豆淀粉理化性质研究. 食品科学, 2007, 28(12): 92-95.

[7] 梁丽雅, 闫师杰. 红小豆的加工利用现状. 粮油加工与食品机械, 2004, (3): 68-69.

[8] 袁清香, 胡素萍, 邓艳丽. 微波消解——原子吸收光谱法测定红小豆中微量元素. 河南化工, 2006, 23(9): 45-46.

[9] 闫婕, 卫莹芳, 龙飞, 等. 不同产地赤小豆总三萜的含量测定及品质评价. 时珍国医国药, 2012, 23(2): 305-306.

[10] 卫莹芳, 闫婕, 王化东, 等. 赤小豆总黄酮分光光度分析方法建立及全国不同产地药材含量测定. 时珍国医国药, 2010, 21(11): 2729-2731.

[11] 张辉, 徐满英. γ-氨基丁酸作用的研究进展. 哈尔滨医科大学学报, 2006, 40(3): 267-269.

[12] 王海棠, 张玉清, 马向东, 等. 赤豆红色素的性质研究. 郑州工程学院学报, 2001, 22(4): 54-57.

[13] 李波, 赵青威, Nadine W, 等. 赤豆荚果总黄酮提取物对原代培养大鼠肝细胞氧化损伤的保护作用. 营养学报, 2005, 27(5): 397-400, 405.

[14] 周威, 王璐, 范志红. 小粒黑大豆和红小豆提取物的体外抗氧化活性研究. 食品科技, 2008, 33(9): 145-148.

[15] Wu S J, Wang J S, Lin C C, et al. Evaluation of hepatoprotective activity of legumes. Phytomedicine, 2001, 8(3): 213-219.

[16] Han K H, Fukushima M, Ohba K, et al. Hepatoprotective effects of the water extract from adzuki bean hulls on acetaminophen-induced damage in rat liver. Journal of Nutritional Science and Vitaminology, 2004, 50 (5): 380-383.

[17] 王彤, 何志谦, 梁奕铨. 干豆对糖尿病患者血糖指数和 C 肽的影响. 营养学报, 1998, 20 (4): 44-49.

[18] Itoh T, Itoh Y, Mizutani M, et al. Hot-water extracts from adzuki beans (Vigna angularis) suppress not only the proliferation of KATO III cells in culture but also benzo (a) pyrene-induced tumorigenesis in mouse forestomatch. Journal of Nutritional Science and Vitaminology, 2004, 50 (4): 295-299.

[19] 杨小雪, 王丽丽, 丁岚, 等. 加工方式对红小豆粉理化性质及预估血糖生成指数的影响. 中国粮油学报, 2021, 36 (1): 33-38.

[20] 王海棠, 尹卫平, 张玉清, 等. 赤豆中黄色素芦丁的分离与鉴定. 洛阳工学院学报, 2000, 21 (1): 77-79.

[21] 曹阳. 赤豆皮中膳食纤维的提取工艺研究. 现代农业科技, 2010, (14): 337, 340.

[22] 马萍, 张丽媛, 郭希娟, 等. 红小豆中总酚提取条件的优化. 粮油加工, 2010, (7): 115-117.

[23] 程谦伟, 刘昭明, 孟陆丽, 等. 碱性蛋白酶水解制备赤豆蛋白肽的工艺研究. 粮油加工, 2010, (2): 43-45.

第 11 章 芸 豆

11.1 芸豆概述

11.1.1 芸豆的植物学特性

芸豆，学名为普通菜豆，属于蔷薇目豆科蝶形花亚科菜豆属植物。它是一年生、缠绕或近直立的草本植物，在春夏季开花。芸豆根系深入土壤，主根不明显，根茎处常有侧根，能固氮但再生能力较弱。蔓生芸豆最初生长直立，到达 3～4 叶节后开始产生蔓枝，主蔓生长强劲，侧枝较少。它的叶子分为分子叶、基生叶和真叶。芸豆的花生长在叶腋或茎顶端，呈现总状花序，颜色为白色或紫色，可以自花授粉。成熟后的果实是荚果，外皮呈绿色或黄绿色。芸豆的种子较大，通常是白色、棕色、棕褐色带花纹或黑色[1]。芸豆根据生长习性分为无根生长型和有根生长型（表 11.1），按粒形和种皮颜色分为普通芸豆和多花菜豆。根据食用用途，芸豆可分为硬荚种和软荚种，前者收获成熟的籽粒作粮食，后者收获鲜嫩的豆荚作蔬菜。

表 11.1 芸豆的生态型[1]

类型	生长方式	俗称	生长特点	采收特点
无根生长型	蔓生	架芸豆	顶芽为叶芽，主茎可不断向上伸长，叶腋间生长花序或侧枝，陆续开花结果	生长期较长，收获期也长，从播种到收获需 50～70 天，采收期为 40～60 天，产量高，品质好
有根生长型	矮生	地芸豆	茎直立，基部间节短，主茎 48 节后和侧枝顶形成花芽开始封顶，不再继续延伸生长	开花和成熟早，从播种到开始采收需 40～50 天，豆荚成熟期集中，采收供应期短，产量较低，品质比蔓生类型差

11.1.2 芸豆的起源

菜豆野生种适合生长在冷凉且耐寒的山区里。公元前 1500 年左右，芸豆已经出现在美洲、墨西哥等地，后来在美国西南部到安第斯山脉一带得到广泛种植。公元 1500 年初期，西班牙人将菜豆传至欧洲，并逐渐开始广泛种植，大约 100

年后，菜豆种植从美洲直接传入中国。1654 年，中国僧人传教时将菜豆带入日本，从此日本也开始种植菜豆[2]。

11.1.3 芸豆的分布

由于芸豆营养丰富且产量高，在世界范围内被广泛种植。全世界芸豆种植面积占总豆类种植面积的 38.3%，从种植面积来看，全球芸豆的总种植面积约为 $2.65×10^6 hm^2$，中国的种植面积为 $6×10^5 hm^2$，种植平均单产是世界平均单产的 2～3 倍[1]。我国黑龙江、内蒙古、新疆、云南、四川、贵州等省（区）都有较大面积的种植芸豆，陕西、山西、河北、吉林、辽宁、甘肃等省也有少量种植，其中黑龙江是中国出产芸豆品种、数量最多的省份，且种植面积大、产量高、芸豆的商品性好、出口数量多。黑龙江主要种植白芸豆、黑芸豆和红芸豆，主要种植区在黑龙江西部、西北部及北部区域的齐齐哈尔、嫩江、巧河、黑河、大兴安岭等地区。内蒙古产量仅次于黑龙江，主要集中于东部和中部，其中呼伦贝尔芸豆 2013年获得中国地理标志产品登记。吉林北部长春地区主要出产白芸豆，东部延边地区主要出产奶花芸豆。新疆主要出产奶花芸豆，主要分布在新疆北部。山西红芸豆年均产量占全国红芸豆总产量的四分之一。云南以出产大白芸豆、大黑花芸豆著称[3]。

11.2 芸豆营养成分

芸豆相比于大豆、绿豆、黑豆及其他豆类，具有高水分、高蛋白、高膳食纤维、低脂肪的营养特点。

11.2.1 蛋白质

芸豆中的蛋白质含量非常丰富，为 20.29%～27.73%。芸豆蛋白质的必需氨基酸组成符合 FAO/WHO 标准模式，但蛋氨酸是芸豆蛋白质的限制氨基酸。芸豆蛋白质含 18 种氨基酸，其含量由高到低依次为谷氨酸（13.69%）、天冬氨酸（10.13%）、精氨酸（7.31%）、亮氨酸（6.88%）、赖氨酸（6.52%）、苯丙氨酸（5.73%）、缬氨酸（5.46%）、酪氨酸（4.07%）、苏氨酸（3.79%）、异亮氨酸（3.65%）、甘氨酸（3.44%）、丙氨酸（3.12%）、脯氨酸（2.62%）、组氨酸（2.58%）、甲硫氨酸（2.03%）、胱氨酸（1.95%）、色氨酸（1.26%）、丝氨酸（1.07%）[4]。芸豆的主要蛋白质是水溶性的清蛋白，见表 11.2。芸豆中清蛋白、谷蛋白、球蛋白的消化率分别为 79.1%、73.2%、89.5%，蛋白质净比值分别为 3.18、2.91、1.51。其中，清蛋白的消化率比较高。因此，芸豆为人类提供了丰富的蛋白质资源，是越来越受到关注的重要蛋白质来源。

表 11.2　芸豆籽粒蛋白质组分含量及特点

成分	占比/%	特点
水溶性蛋白质 （清蛋白）	39.276～45.187	分子质量为 5～80kDa，溶于水或稀的中性缓冲液，遇热凝结，由蛋白酶、蛋白酶抑制剂、淀粉酶抑制剂以及凝集素组成
盐溶性蛋白质 （球蛋白）	1.474～4.408	不溶于水，溶于盐溶液，遇热不易凝固 ①芸豆球蛋白（11S）分子质量为 300～400kDa，有六个由二硫键连接起来的亚基，每个亚基可进一步分为一个酸性亚基（40kDa）和基础亚基（20kDa）。②芸豆球蛋白（7S）分子质量为 150～190kDa，是一个三聚体
碱溶性蛋白质 （谷蛋白）	0.062～0.313	不溶于水，溶于稀的碱或酸溶液，含有较高浓度的甲硫氨酸和胱氨酸
醇溶性蛋白质 （醇溶蛋白）	1.397～5.260	溶于 70%～90%的乙醇，不溶于纯水，富含脯氨酸和谷氨酰胺

11.2.2　淀粉

芸豆淀粉中直链淀粉的占比高于支链淀粉，含有 9.16%～18.09%的抗性淀粉，淀粉结晶型多为 C 型结构，即 A 型和 B 型两种结晶型的叠加。微观下，芸豆淀粉颗粒大部分为椭圆形，少部分为圆形，且颗粒偏光十字明显。芸豆淀粉的糊化温度为 76.6～77.8℃、峰值黏度为 150.9～117.3mPa·s、最终黏度为 205.1～225.2mPa·s、回生值为 91.9～104.2mPa·s、破损值为 5.0～32.0mPa·s[5]；相比于谷物淀粉，芸豆淀粉的热糊稳定性和冷糊稳定性较好。

11.2.3　膳食纤维

芸豆总膳食纤维含量为 36.09%～42.93%，可溶性膳食纤维含量较低。白芸豆的豆皮质量占颗粒质量的 7.5%～8.0%，比大豆含量高，是膳食纤维的优良原料，其中可溶性膳食纤维和不溶性膳食纤维的质量分数分别为 3.5%、19.8%；而豆粉中含有可溶性膳食纤维 1.14%，豆渣中含有 43.49%不溶性膳食纤维[6]。白芸豆可溶性膳食纤维主要由阿拉伯糖、半乳糖、葡萄糖、甘露糖和半乳糖醛酸组成，其中阿拉伯糖和半乳糖是两种主要的中性糖，且阿拉伯糖的含量比半乳糖高。

11.2.4　脂肪

芸豆中脂肪含量低，多以不饱和脂肪酸为主，是不饱和脂肪酸的重要来源。在总脂肪酸中，棕榈酸、硬脂酸、油酸、亚油酸、亚麻酸的占比分别为 11.28%、2.77%、18.43%、42.75%、14.62%[7]。

11.2.5　矿物质与维生素

芸豆是一种高钾、高镁、低钠的食物，且钙、铁含量分别是鸡肉的 7 倍和 4 倍，维生素 B 的含量也高于鸡肉，其中铁主要参与人体血红蛋白和肌红蛋白的合成，锌对含锌酶的结构起到稳定作用；钙和磷是构成机体、维持正常生长发育及生命活动的元素，尤其是骨骼的发育。芸豆中锰的含量也较高，锰是多种酶的激活因子。因此，芸豆有一定的食疗功能，适合动脉硬化、低血钾症、心脏病、高血脂或忌盐患者食用。

11.3　芸豆功能成分

芸豆高效的医用价值已在世界医学界享有盛名。芸豆的各种健康效益，源于其中天然存在的功能活性成分，目前对芸豆的开发利用大多是芸豆内的植物凝集素（phytohemagglutinin，PHA）和 α-淀粉酶抑制剂，对酚类物质、异黄酮、皂苷、过氧化酶、β-胡萝卜素的研究还处于初级阶段。

11.3.1　植物凝集素

芸豆 PHA 有 4 个糖基结合位点，通常由两种分子质量约为 3×10^4kDa 的亚基组成四聚体蛋白，大多为籽粒成熟或萌发过程中的贮藏蛋白，质量分数约为 1%。杨筠等[8]发现白芸豆 PHA 是由两个 30kDa 的单体组成的分子质量约为 56kDa 的二聚体，白芸豆 PHA 在凝血活性方面，能凝集天然的兔血细胞、鸡血细胞和人四种血型（A、B、AB、O）细胞。芸豆 PHA 具有很强的热稳定性和广谱酸碱度适应能力；凝血活性依赖 Mn^{2+} 等金属离子，且仅能被变性剂 6mol·L^{-1} 脲部分抑制。研究发现，随着温度、pH 升高，红芸豆 PHA 活力呈先增加后降低的趋势，当 pH 为 7、温度为 40℃时，凝血活性最高。李峰等[9]采用响应面法研究了 pH 和热处理对黑芸豆 PHA 的影响，发现当 pH 为 1、33.8℃加热 15min 时，芸豆 PHA 结合能力最低。另外，小白芸豆中含有一种新的凝集素——小白芸豆凝集素，对酸碱的耐受性比较好，并且对肿瘤细胞 MDA-MB-435s 有较好的抗性。芸豆 PHA 一般提取方法有以下几种：①生理盐水清洗，加生理盐水吸涨 24h；②放入组织捣碎机中捣碎；③置于 4℃冰箱中过夜抽提；④过滤抽提物；⑤离心分离。

11.3.2　α-淀粉酶抑制剂

α-淀粉酶抑制剂（α-AI）存在于芸豆种子的胚乳和微生物的代谢产物中，是一种四聚体（α2β2）糖蛋白，SDS-PAGE 结果显示其分子质量范围为 15～56kDa，主要作用于哺乳动物和昆虫的 α-淀粉酶，国外把它称为 "starch blocker" [10]。关于 α-AI 如何使 α-淀粉酶的催化活性降低或者丧失的机制一直存在如下两种解释：一种是 α-AI 通过反应将 α-淀粉酶蛋白质分子分解而使其失活，从而不能分解淀粉；另外一种是 α-AI 和 α-淀粉酶在相互作用的过程中形成一种特殊的酶-抑制剂复合物，从而导致淀粉不能被分解。芸豆中发现的 α-AI 有三种，分别是 α-AI-1、α-AI-2 和 α-AI-3-L，其中从白芸豆中分离得到的 α-AI-1 由两个糖肽亚基 α（7.8kDa）和 β（14kDa）组成。它能抑制猪胰腺淀粉酶、人胰腺淀粉酶、人唾液腺淀粉酶和一些鞘翅昆虫四纹豆象、绿豆象、粉虫的 α-淀粉酶。目前常用的提取 α-AI 的方法有水提取法、双水相萃取法、超临界二氧化碳法、物理提取法、乙醇提取法、超声波辅助提取法等，目前从芸豆提取的 α-AI 抑制率达 90% 以上。其中，最常用的是水提取法。水被认为是分离具有生物活性的 α-AI 的常用溶剂，因此是简单、有效、低成本的 α-AI 提取纯化工艺。以白芸豆为原料探究了水提取法的最佳条件为：测定波长为 482nm、3,5-二硝基水杨酸用量为 80μL、反应时间为 15min、静置时间为 10min；α-AI 提取的最优工艺为：提取温度为 45℃、提取时间为 2.5h、提取 pH 为 6.6、液料比为 7.5；经纯化后得到了较纯的、活性较高的 α-AI，其 IC_{50} 为（0.89±0.04）$mg \cdot mL^{-1}$，提取率为（1.92±0.23）%。

11.3.3　酚类物质

芸豆种皮富含多酚类化合物和高抗氧化活性，主要包括酚酸和黄酮类化合物，如芦丁、阿魏酸、儿茶素、绿原酸、香豆素和染料木素等。与白芸豆相比，有色芸豆展示出更强的抗氧化活性和自由基清除能力。深蓝色和黑色芸豆中的类黄酮含量最高，分别为 $0.138mg \cdot g^{-1}$ 和 $0.139mg \cdot g^{-1}$，而白芸豆的类黄酮含量仅为 $0.132mg \cdot g^{-1}$[7]。芸豆的主要酚类单体包括阿魏酸、对香豆酸和芥子酸。阿魏酸具备反式和顺式两种形式，其中反式阿魏酸具有更强的生物活性。

11.3.4　多糖

芸豆非淀粉多糖主要存在于细胞壁中，芸豆非淀粉多糖主要以 IDF 为主，芸豆 IDF 质量分数约为 20%[11]。生长条件的不同会导致豆子中糖类的种类和含量有较大差别，产于威尔逊的芸豆中包含 3 种中性糖，分别为果糖（0.10%）、葡萄糖（0.23%）和蔗糖（3.47%），而产于美国和西班牙的芸豆中发现了 7 种中性糖，含 4 种单糖（核糖、葡萄糖、果糖和半乳糖）和 3 种寡糖（蔗糖、麦芽糖和蜜二糖）。由此可见，研究芸豆内多糖时还需要考虑到产地和生长条件的因素。水提醇沉是最常见的多糖提取方法，由于芸豆中含有大量的淀粉和蛋白质，在提取时要加入淀粉酶等来除去淀粉和蛋白质。研究发现，芸豆非淀粉多糖更适合用超声波辅助酶法，能够减少对芸豆非淀粉多糖的得率以及精细结构的影响。其步骤如下：①原料磨粉；②超声波浸提；③离心分离；④真空浓缩；⑤Sevag 试剂除蛋白；⑥活性炭脱色；⑦离心分离；⑧加入乙醇沉淀；⑨离心分离；⑩收集沉淀。芸豆非淀粉多糖中含有大量的蛋白质，首先需要对其进行 Sevag 脱蛋白处理，此外，芸豆非淀粉多糖中的果胶多糖组分属于酸性多糖，可通过阴离子交换柱和凝胶柱对芸豆多糖分级纯化得到果胶多糖组分。

11.4　芸豆功能成分的生物活性

现代药理学研究表明，芸豆可帮助糖尿病、肥胖症患者改善餐后血糖水平，降糖减肥；作为一种高钾低钠食品，又适合心脏病、动脉硬化和忌盐患者食用；其内含的 PHA 可使红细胞凝集，从而更好地储存红细胞；还具有抗氧化作用；不仅如此，还有一些科学家研究如何充分利用芸豆豆渣中的大量营养成分。

11.4.1　改善餐后血糖

餐后食物进入人体内变为血糖的过程大致如下：α-淀粉酶将食物中的碳水化合物（如淀粉）分解为低聚糖，而 α-葡萄糖苷酶进一步将这些低聚糖转化为单糖，此时芸豆 α-AI 可抑制淀粉酶和葡萄糖苷酶的活性，使食物中主要的碳水化合物（淀粉）的水解和消化作用得到阻碍或减缓，从而减缓餐后血糖水平上升。

11.4.2　减肥降脂作用

芸豆内含有的 α-AI 可抑制口腔和胃肠道内唾液及胰腺淀粉酶和葡萄糖苷酶的活性，使食物中主要的碳水化合物（淀粉）的水解和消化作用得到阻碍或减缓，从而减缓餐后血糖水平上升，发挥减肥效应，并经胃肠道排出体外，因此不必进入血液循环系统，不作用于大脑中枢，对于肥胖患者，可减少糖向脂肪的转化，延缓肠道的排空，增加脂肪的消耗以减少体重，是一种符合 WHO 推荐的减肥方法[12]。除此之外，芸豆内含有的膳食纤维、多糖经过肠道菌群的发酵，可以增加人的饱腹感，降低人的炎症水平，从而帮助减肥，降低血脂。

11.4.3　芸豆的其他应用

芸豆具有良好的体外抗氧化活性，体现在含有较高的总酚和总黄酮含量，以及 1,1-二苯基-2-三硝基苯自由基清除能力和铁离子还原抗氧化能力。酚类物质能够通过螯合金属离子或抑制关键酶（如蛋白激酶、黄嘌呤氧化酶、脂氧化酶、环加氧酶和 S-氧化酶等）来抑制超氧化物阴离子的形成以及活性氧的产生。黄酮类物质是通过其与金属离子络合的能力在抗氧化活性中起着重要作用[13]。此外，有研究发现芸豆提取物能显著降低小鼠高脂肪饮食后血浆中的蛋白质羰基化水平，对小鼠心脏组织也有类似的作用，但这些作用没有达到显著水平。另外，芸豆提取物可以通过降低高血糖状态下的过氧化氢酶和超氧化物歧化酶活性及脂质过氧化引起的组织损伤而增加糖尿病大鼠的总抗氧化活性，并降低胶原蛋白水平，降低心脏并发症的发生率[14]。这表明芸豆的抗氧化效果主要是抑制脂肪的过氧化。

11.5　芸豆加工技术及产品

芸豆作为我国小宗杂豆品种之一，种植食用史较短，芸豆相关研究起步较晚，加之芸豆常被作为居民膳食的辅食，因此芸豆的食品制造与精深加工的程度较低。我国以白芸豆为原料加工而成的食品主要分为如下三类：①以芸豆作为主料的芸豆糕点、芸豆沙、芸豆罐头、芸豆蜜饯等；②以芸豆作为配料而制成的杂粮馒头、杂粮挂面、杂粮饼干、杂粮粥等；③以芸豆提取物加工而成的功能性配料与食品。

11.5.1　加工技术对芸豆营养价值的影响

目前应用于芸豆精深加工的技术主要包括挤压膨化、热处理、酸碱处理、超高压处理、超声处理、制曲和发酵等。热处理会提高红芸豆蛋白质的溶解度，但70 ℃的热处理会导致 α-AI 活性有所损失，蛋白质溶解度降低，随着时间的延长，活性损失增大，温度高于 80℃后 α-AI 活性严重损失乃至丧失。短时间（<30min）的酸碱处理（pH 为 3～10）会显著影响 α-AI 的活性（$P<0.05$），较长时间（>30min）的酸碱处理（pH 为 3～10）对 α-AI 活性的影响较小。应用于芸豆食品开发的热处理技术主要包括蒸煮、焙烤等。梁亚静[14]研究发现，芸豆经过常压、高压蒸煮之后，蛋白质、脂肪以及各种氨基酸等的含量变化不明显，灰分、多酚、黄酮含量及四个抗氧化值（DPPH、ABTS、FRAP、ORAC）均显著降低，且整体来看从大到小依次为常压蒸、高压蒸、常压煮、高压煮。在煮制时芸豆的镁、钾含量降低，且常压煮比高压煮损失更多。但蒸煮后能显著提高蛋白质的提取率，同时更有利于芸豆蛋白质的体外消化[15]。对芸豆进行超声处理时，会改善芸豆蛋白质的理化性质，使芸豆蛋白质的游离巯基含量显著提高，二硫键含量显著减少，其氧化能力以及芸豆抗性淀粉得率显著提高，研究表明当功率为 400W、超声时间为 20min 时，芸豆蛋白质的水解度与溶解度达到最大值，为 79.63%。对芸豆进行糖基化处理后的芸豆蛋白质会提高其乳化性、溶解性、乳化稳定性和起泡性，降低其疏水性和起泡稳定性，使其更易于与食品体系融合[16]。发酵改性可以提高芸豆可溶性膳食纤维的得率，改变可溶性膳食纤维、不溶性膳食纤维的微观结构、空间位置和颗粒大小，从而提高不溶性膳食纤维的持水性、持油力、吸附性等，提高可溶性膳食纤维抗氧化性及吸附性，同时还可以对体外菌类有一定的抑制作用。但同时在发酵过程中微生物将蛋白质分解，导致芸豆蛋白质含量降低，蛋白酶活力降低，还原糖含量上升，水分含量下降。

11.5.2　芸豆精深加工产品

1. 芸豆糕

芸豆糕与芸豆卷均是传统的民间小吃，因其质地柔软、香甜爽口、软而不腻而广为流传。芸豆糕是以去皮红芸豆、白芸豆经过浸泡、煮制、捣泥、倒模、压制而成的。芸豆卷的制作是以大白芸豆泥和芝麻馅为原料，制作过程包括大白芸豆磨成碎豆瓣、去皮、煮制、刮泥、搓条、压片、加馅、卷制。

2. 芸豆罐头

罐头食品因其不加或少加食品添加剂、货架期长、食用方便等优点在食品产业中占据重要位置。在芸豆加工产品中，罐头类食品亦是常见食品品种之一，如在国内比较普遍的红芸豆（红腰豆）罐头。食品产业中的芸豆罐头向人体提供了充足的蛋白质和膳食纤维，消除了胰蛋白酶抑制剂和凝集素，同时还含有一定量的生物活性成分。大白芸豆和红芸豆常用于制作芸豆罐头，其加工类型主要是发酵型和调配型。发酵型芸豆罐头一般选用菌种对芸豆进行全粒发酵，后经糖渍、二次灭菌、罐装等工艺流程；调配型芸豆罐头则通常将浸泡充足的芸豆籽粒与调味汤汁经调配、罐装、杀菌、冷却而制成。

3. 芸豆沙

芸豆沙是一种常见的芸豆加工制品，在中国以及日本、韩国其是糕点加工中常用的原料，例如，我国的东北黏豆包、月饼的制作都离不开芸豆沙。芸豆沙的制作工艺一般包括芸豆的挑选、清洗、浸泡、去皮、煮制、捣泥、炒制等。芸豆沙作为月饼馅料时，可与枣泥按一定比例混合使用，由此制得的月饼的感官品质更好。而以白芸豆沙配以蛋黄、牛奶、奶油等材料调配而成的日本桃山月饼饼皮，一改以小麦面粉制作的月饼饼皮的粗糙口感，以其口感细腻闻名于世。

4. 方便休闲食品

以芸豆为原料制作的休闲食品包括芸豆饼干、芸豆饮料、芸豆蜜饯、芸豆挤压膨化食品等。以中筋面粉、白芸豆、粗粮为主要原料，黄油、白砂糖、鸡蛋为辅料所制的白芸豆营养强化饼干口感酥脆、滋味良好。将传统生产芸豆蜜饯的工艺加以改进，形成以小苏打水浸泡、中药材汤汁煮制、糖液二次浸泡、真空低温微波干燥相结合的独特生产工艺，生产得到的芸豆蜜饯在保留了芸豆完整外形、减少营养物质流失的基础上，赋予了芸豆绵软的口感，增加了适宜的脆度，赢得了消费者的一致好评。将精米粉、芸豆粉、角豆树果实粉按比例混合后经挤压膨化，生产的复合谷物膨化食品不仅增加了蛋白质和可溶性膳食纤维的含量，提高了蛋白质的消化率，还可以满足麸质敏感人群的营养需求。

5. 功能性配料及食品

功能性食品的开发满足了人们对食品保健功能的需求，同时大大提高了芸豆的附加值。目前，常见的以芸豆为原料生产的功能性配料与食品主要有芸豆 α-淀粉酶抑制剂、芸豆酵素、蛋白肽饮料等。市场上关于芸豆酵素的产品多达几十款，且以日本开发的产品居多。芸豆酵素以大白芸豆 α-淀粉酶抑制剂为主要原料，辅以多种植物提取物混合而成，食用方法为餐前半小时空腹冲调服用。蛋白肽饮料具有直接被机体吸收、消化利用率高、免疫原性低、促进代谢等优点，其基本制作工艺是利用风味蛋白酶来酶解黑芸豆而得到芸豆肽，再经过调香、调色、调味制成。

6. 咀嚼片

咀嚼片具有口感好、携带和食用方便、生产工艺简单、有效成分高、易于体内溶解和吸收等优点，因此白芸豆在咀嚼片保健食品研发领域具有很大的潜力。刘淑敏等[17]在考虑了甘蔗渣粒度、原料添加量交互作用等多方面对咀嚼片的感官评分的影响，探究出了咀嚼片的最佳配方配比：原料为27%（白芸豆水提物∶100目甘蔗渣=80∶20），微晶纤维素为10%，葡萄糖为40%，可溶性淀粉为21%，硬脂酸镁为2%。由此配方制备的咀嚼片表面光滑，色泽均匀，片剂结实不粘连，硬度适中，有一定的咀嚼性，味道香甜可口，充满甘蔗香气，重量差异、硬度和脆性均符合《中华人民共和国药典》的规定。

7. 乳酸菌饮料

乳酸菌饮料具有较好的营养价值，风味独特，较受民众喜爱，因此探究白芸豆相关的乳酸菌饮料的最佳工艺既能提高白芸豆的经济附加值，又能丰富饮料市场，满足人们对营养健康饮品的需求。郭玲玲等[18]研究了以黑龙江特产芸豆为主要原料，利用乳酸菌发酵工艺，拟制作的一种新型的白芸豆乳酸菌饮料，其最优的产品配方和配比为：白芸豆与水质量比按 1∶8 比例磨浆，经 α-淀粉酶酶解后，添加乳粉10%、乳酸菌1.5%、绵白糖12%及复配稳定剂用量0.65%，发酵24h，制作出的饮料色泽乳白，具有芸豆清香味，酸甜适中。

参 考 文 献

[1] 黄卫华. 芸豆特征特性及大棚高产栽培技术. 安徽农学通报, 2021, 27(4): 42-43.

[2] Ganesan K, Xu B J. Polyphenol-Rich dry common beans (*Phaseolus vulgaris* L.) and their health benefits. International Journal of Molecular Sciences, 2017, 18(11): 2331.

[3] 叶夕苗, 李俊, 毛堂芬, 等. 贵州不同品种芸豆营养品质差异分析. 食品工业科技, 2021, 42(18): 73-80.

[4] 侯夏乐. 芸豆生育特性及蛋白组分功能特性研究. 咸阳: 西北农林科技大学, 2015.

[5] Kan L J, Nie S P, Hu J L, et al. Nutrients, phytochemicals and antioxidant activities of 26 kidney bean cultivars. Food and Chemical Toxicology: An International Journal Published for the British Industrial Biological Research, 2017, 108(Pt B): 467-477.

[6] 高粉云, 袁亚春, 张丽芬, 等. 白芸豆中膳食纤维提取方法的研究. 食品科技, 2009, 34(10): 205-209.

[7] Luthria D L, Pastor-Corrales M A. Phenolic acids content of fifteen dry edible bean (*Phaseolus vulgaris* L.) varieties. Journal of Food Composition and Analysis, 2006, 19(2-3): 205-211.

[8] 杨筠, 刘俊杰, 徐怀龙, 等. 白芸豆凝集素的分子稳定性和光谱性质研究. 四川大学学报(自然科学版), 2010, 47(2): 409-414.

[9] 李锋, 王竞, 赵晓军. 小白芸豆凝集素的分离纯化及性质研究. 郑州大学学报(理学版), 2010, 42(1): 120-124.

[10] 陈丽坤. 不同品种白芸豆中 α-AI 的比较及其果冻类产品的研发. 沈阳: 沈阳农业大学, 2018.

[11] de Almeida -Costa G E, da Silva -Queiroz-Monici K, Reis S M P M, et al. Chemical composition, dietary fibre and resistant starch contents of raw and cooked pea, common bean, chickpea and lentil legumes. Food Chemistry, 2006, 94(3): 327-330.

[12] Yang C H, Yang T H, Chiang M T. Effects of white kidney bean extracts on carbohydrate and lipid metabolism in rats fed a high fat diet. Taiwan Journal of Agricultural Chemistry and Food Science, 2014, 52(4): 154-162.

[13] Cao G, Sofic E, Prior R L. Antioxidant and prooxidant behavior of flavonoids: structure-activity relationships. Free Radical Biology and Medicine, 1997, 22(5): 749-760.

[14] 梁亚静. 不同加工方式对芸豆营养特性及抗氧化活性的影响. 长沙: 中南林业科技大学, 2015.

[15] 周荣荣, 庄柯瑾, 梁得福, 等. 不同热处理方式对芸豆蛋白提取及其体外消化性能的影响. 食品科技, 2021, 46(12): 186-190.

[16] 吴海涛, 富天昕, 张舒, 等. 改性芸豆蛋白添加量对香肠品质影响的研究. 农产品加工, 2019, (17): 10-15.

[17] 刘淑敏, 张淑君, 梁绮晴, 等. 白芸豆甘蔗渣咀嚼片直接压片法的制备工艺研究. 食品研究与开发, 2021, 42(17): 93-100.

[18] 郭玲玲, 周瑶, 张睿. 白芸豆乳酸菌饮料的工艺研究. 粮食加工, 2021, 46(3): 62-64.

第 12 章 蚕 豆

12.1 蚕豆概述

12.1.1 蚕豆的植物学特性

蚕豆，又称胡豆、佛豆、寒豆、夏豆和罗汉豆等，属于豆科（蝶形亚科）豌豆属，是一年生或越年生的草本植物。蚕豆果实为荚果，按种子的大小可分为大粒、中粒和小粒种，按种皮的颜色可分为青皮、白皮和红皮。蚕豆植株株高 30～180cm，子叶不出土，主根系发达。茎四棱、中空四角上的维管束较大，有利于直立生长。有效分枝自子叶叶腋和基叶叶腋中抽出，基叶以上极少分枝。羽状复叶，顶端小叶退化呈刺状无卷须。蚕豆的花为短总状花序，着生于叶腋的花梗上，每一花梗上一般着生 3～6 朵花，开花的顺序是自下而上，由内向外开放。

12.1.2 蚕豆的起源

考古证据显示，在前陶新石器时期、新石器早期、新石器晚期、青铜早期、青铜中期和青铜晚期，共发现 18 个国家的 71 处蚕豆分布遗址（表 12.1）。因此，研究人员推测蚕豆起源于地中海东部沿岸地区，并以此为中心从地中海地区向北传播至欧洲，从非洲北部沿地中海沿岸传播至西班牙，从尼罗河三角洲传播至埃塞俄比亚，从美索不达米亚平原传播至印度[1]。我国蚕豆栽培历史悠久，距今已有 4000～5000 年的历史，推测在西汉时期由印度引入。

表 12.1 出土的新石器至青铜时期蚕豆的分布遗址

国家	遗址数	国家	遗址数
俄罗斯	2	以色列	4
塞浦路斯	4	意大利	10
埃及	2	约旦	2
法国	3	马耳他	2
德国	4	波兰	2

国家	遗址数	国家	遗址数
英国	1	葡萄牙	7
希腊	9	瑞士	5
土耳其	1	叙利亚	2
匈牙利	11	南斯拉夫	1

资料来源：The origin and domestication of cultivated plants。

注：南斯拉夫是 1929～2003 年建立于南欧巴尔干半岛上的联邦制国家。

12.1.3　蚕豆的分布

在世界范围内，蚕豆主要种植在亚洲和非洲地区。2019 年 FAO 统计数据显示，蚕豆是继豌豆、鹰嘴豆和扁豆之后的全球第四大种植广泛的冷季粮食豆类作物，年产约 450 万 t，种植面积近 250 万 hm²。目前，世界范围内蚕豆的主产区有中国、英国、法国、埃塞俄比亚、澳大利亚、埃及和摩洛哥等。中国是最大的蚕豆生产国，占世界蚕豆种植总面积的 34.0%，产量占世界蚕豆总产量的 36.1%。中国的蚕豆主要种植区包括云南、四川、重庆、湖北、甘肃和青海等地。长江以北以春播为主，长江以南以秋播冬种为主。云南特有的气候使之成为我国蚕豆种植的最大省份，约占全国蚕豆产量的 23.7%。中国也是蚕豆最主要的出口国之一，出口国家主要有埃及、挪威、印度尼西亚、阿拉伯联合酋长国和意大利。近年来，中国蚕豆出口量有所下降。2016 年世界蚕豆出口量为 98.7 万 t，中国蚕豆出口量不足 1.2 万 t，仅占世界蚕豆总出口量的 1.2%。

12.2　蚕豆营养成分

蚕豆营养丰富，尤其富含赖氨酸丰富的蛋白质、膳食纤维、非营养次生代谢产物和生物活性物质，也是多种矿物质和维生素等微量元素的良好食物来源，在全球范围内被广泛应用于食品、饲料、饲草、药物等多个领域。蚕豆在食用时主要分鲜食和干食，鲜食蚕豆与干食蚕豆在营养组成上类似，但是在含量上存在一定差异（表 12.2）。

表 12.2　鲜食蚕豆和干食蚕豆营养成分（每 100g）

成分	鲜食蚕豆	干食蚕豆
水分/g	81	10.98
蛋白质/g	5.6	26.12

续表

成分	鲜食蚕豆	干食蚕豆
碳水化合物/g	11.7	58.29
膳食纤维/g	4.2	25
脂质/g	0.6	1.53
维生素 C/mg	33	1.4
维生素 A/IU	350	53
维生素 K/μg	—	9
灰分/g	1.1	3.08
钾/mg	250	1062
钙/mg	22	103
磷/mg	95	421
铁/mg	1.9	6.7
锌/mg	0.58	3.14
镁/mg	38	192
钠/mg	50	13

注：IU 指国际单位，international unit，1 IU 维生素 A=0.3μg。

12.2.1　蛋白质

蚕豆的蛋白质含量较高，几乎是谷物作物的 2 倍。不同品种蚕豆蛋白质含量在 $26.48\sim32.51g\cdot100g^{-1}$，其中水溶性蛋白、盐溶性蛋白、醇溶蛋白的含量分别为 88.5%～93.5%、4.3%～8.6%、0.3%～2.5%，其他非蛋白氮为 0.7%～3.6%，球蛋白约为 60%、白蛋白约为 20%、谷蛋白约为 15%、麦胶蛋白约为 8%。蚕豆中同时存在 7S 球蛋白（48～75kDa）和 11S 球蛋白（20～30kDa）。此外，蚕豆蛋白质中含有人体所需的 8 种必需氨基酸，其中除蛋氨酸和色氨酸含量稍低外，其余 6 种氨基酸含量均很高，而且赖氨酸含量最为丰富，是小麦的 3 倍，可以充分弥补谷物蛋白质中赖氨酸的不足[2]。李雪琴等[3]分析了除色氨酸外的蚕豆蛋白质氨基酸组成，结果如表 12.3 所示。从表中可知，蚕豆和其他豆类一样都缺乏含硫氨基酸，因此在食用时建议搭配谷物食用。

表 12.3　蚕豆清蛋白和球蛋白的氨基酸组成

氨基酸	清蛋白氨基酸/%	球蛋白氨基酸/%
天门冬氨酸	12.36	14.36

续表

氨基酸	清蛋白氨基酸/%	球蛋白氨基酸/%
谷氨酸	15.80	19.41
丝氨酸	5.44	5.59
组氨酸	2.71	2.24
甘氨酸	4.67	2.82
苏氨酸	5.00	2.95
丙氨酸	5.36	3.48
精氨酸	8.33	8.61
酪氨酸	3.68	3.26
胱氨酸	0.20	0.13
缬氨酸	5.72	4.47
蛋氨酸	1.16	0.34
苯丙氨酸	4.67	5.63
异亮氨酸	4.77	4.68
亮氨酸	7.96	9.16
赖氨酸	7.28	6.71
脯氨酸	4.77	5.27
总计	99.88	99.11

注：源自于蚕豆蛋白的提取分离及分子质量的测定。

12.2.2　碳水化合物

　　干食蚕豆中碳水化合物总含量在 60%左右，包括淀粉、膳食纤维和少量可溶性膳食纤维。蚕豆寡糖主要有棉子糖、水苏糖和毛蕊糖，这些寡糖的摄入易引起肠胀气，因此也被认为是蚕豆的胀气因子。蚕豆淀粉由直链淀粉和支链淀粉组成，微观结构观察其颗粒主要呈圆形和椭圆形，也存在少量不规则形状，粒径分布在 10～29μm，通过扫描电镜可观察到蚕豆淀粉颗粒表面粗糙有沟纹。蚕豆淀粉溶解度（9.92g·100g^{-1}）和膨胀势（12.67g·g^{-1}）较低。蚕豆淀粉中抗性淀粉（约 46.7%）和慢消化淀粉（约 34.5%）在总淀粉中占比较高，因此可作为潜在的抗消化功能成分[4]。蚕豆是膳食纤维的良好来源，其中包括可溶性膳食纤维和不溶性膳食纤维。蚕豆中的膳食纤维主要由半纤维素、纤维素和木质素构成。蚕豆种皮中膳食纤维含量更高，高达 82.3%。

12.2.3　脂肪

蚕豆是一种高蛋白、高淀粉、低脂肪的作物，不同品种蚕豆脂肪含量一般在 0.78%～2.48%，脂肪酸主要包括亚油酸（42.41%～49.44%）、油酸（28.89%～35.97%）、棕榈酸（15.23%～17.07%）、硬脂酸（1.60%～4.15%）、亚麻酸（1.73%～4.05%）、花生酸（0.32%～2.07%）等[5]。

12.2.4　维生素及矿物质

蚕豆还含有丰富的维生素和钙、锌、锰、磷等微量元素[6]。其中，维生素含量均超过大米和小麦，微量元素中的钙、磷、铁含量显著高于其他禾谷类作物，具体含量参见表 12.2。蚕豆含有丰富的维生素 C，尤其是鲜食蚕豆，可以作为补充维生素 C 的优质食物原料。

12.3　蚕豆功能成分及生物活性

12.3.1　多酚类化合物

蚕豆富含多酚类化合物且抗氧化活性强，主要包括多酚、黄酮和原花青素。研究发现，干食蚕豆中游离态多酚、结合态多酚和总多酚含量分别为 183.4～203.1mg·GAE·100g^{-1}（没食子酸当量，gallic acid equivalent，GAE）、34.7～81.1mg·GAE·100g^{-1} 和 232.8～269.3mg·GAE·100g^{-1}；游离态黄酮、结合态黄酮和总黄酮含量分别为 90.8～117.8mg·RE·100g^{-1}（芦丁当量，rutin equivalent，RE）、44.6～71.2mg·RE·100g^{-1} 和 137.9～179.2mg·RE·100g^{-1}；游离态原花青素、结合态原花青素和总原花青素含量分别为 76.1～191.5mg·CE·100g^{-1}、45.1～135.7mg·CE·100g^{-1} 和 125.6～297.5mg·CE·100g^{-1}（儿茶素当量，catechin equivalent，CE）。研究人员利用 HPLC-MS/MS 技术分析了蚕豆多酚类化合物的单体物质主要为没食子酸、儿茶素没食子酸、表儿茶素没食子酸、阿魏酸葡萄糖苷以及咖啡酸 4-O-葡萄糖苷等。此外，研究发现鲜食蚕豆的可食性部分中含有约 26mg·kg^{-1} 的六羟基黄酮醇和约 20mg·kg^{-1} 的五羟基黄酮醇。从蚕豆壳中检测出六羟基黄酮醇、五羟基黄酮醇和四羟基黄酮醇[7]。在蚕豆荚中分离出三羟基黄酮、二羟基黄酮、7′4-二羟基-3′-甲氧基黄酮、四羟基查耳酮以及 8 种黄酮醇糖苷，主要是五羟基黄酮醇苷和四羟基黄酮醇苷[8]。

目前蚕豆多酚类化合物提取多以蚕豆壳为原料，采用溶剂提取法（甲醇水提取液、乙醇水提取液或丙酮水提取液），有时以超声波处理辅助提取。

12.3.2 活性蛋白和肽类

从蚕豆花中可分离得到一类具有抗微生物活性多肽类,这种肽含有 47 个氨基酸(其中含有 8 个胱氨酸),属于 γ-劳氏紫类化合物[9]。研究表明,该活性多肽对革兰氏阳性菌和革兰氏阴性菌均有抑制作用。另外,日本学者还从蚕豆中分离出具有抗氧化活性的水溶性蛋白组分[10,11]。这些水溶性蛋白具有清除过氧化物和自由基,以及络合金属离子的能力,但其抗氧化机理还有待进一步研究。

12.3.3 功能成分的生物活性

鲜食蚕豆富含维生素 C,研究表明蚕豆中的维生素 C 还可以延缓动脉硬化[12]。蚕豆中含有一定量的胡萝卜素,作为一种具有生物活性的物质,在动物体内可转化成维生素 A,可治疗夜盲症、眼干燥症及上皮组织角化症,具有增强淋巴细胞、巨噬细胞或 NK 细胞等抗肿瘤功能[13]。通过化学模型测定蚕豆多酚抗氧化特性,发现蚕豆多酚可有效清除 DPPH 和 ABTS 自由基,并对 H_2O_2 诱导的 HepG2 细胞损伤有一定的抑制作用。蚕豆多酚还能有效抑制 α-葡萄糖苷酶的活性,效果优于阿卡波糖,因此食用蚕豆具有一定的降血糖作用。近期也有研究表明,蚕豆中原花青素具有抗氧化、抑菌、抗癌和抗突变等生物活性。Juskiewicz 经动物试验表明,少量摄取原花青素(0.1%～0.3%)不仅不会影响蛋白质的消化率和生物价,而且还会降低动物组织中的丙二醛含量及盲肠内 β-半乳糖甘酶活力,增加血浆中维生素 E 含量[14]。

12.4 蚕豆加工技术

蚕豆营养丰富,食用方法多样。蚕豆通过工业化生产可提取淀粉、蛋白质、多肽、氨基酸,可作为食品、医药、化工、饲料的重要原料以及环保监测的重要测试材料。经加工,可以作为粮食、菜肴、休闲食品、调味品等。据吴广辉等[15]统计,蚕豆可进一步加工为蚕豆罐头、蚕豆豆奶、蚕豆代乳粉、蚕豆酱、蚕豆淀粉、蚕豆蛋白肽、蚕豆粉丝、兰花豆等产品。

12.4.1 加工方式对蚕豆营养的影响

去皮、浸泡、水煮、发芽、高压、挤压、焙烤以及酶处理是一些常见的蚕豆处理和加工方法,以上加工方式会不同程度地影响蚕豆营养品质,如表 12.4 所示[16]。

表 12.4　加工方式对蚕豆营养品质的影响　（单位：%）

营养品质	浸泡	水煮	高压	发芽	挤压
蛋白质	-0.62	-0.9	-6.25	5.38	0.37
脂肪		-22.9	-22.90	-24.43	
膳食纤维	-34.48	-46.29	-40.68	-39.88	
碳水化合物	-3.47	3.42	1.90	-6.66	
灰分	-13.49	-22.56	-16.98	-14.88	
胰蛋白酶抑制活性	-4.47	-71.46	-84.38	-31.86	-98.88
α-淀粉酶抑制活性	-14.9			-37.2	-100
蛋白质消化率	0.71	10.22	14.09	10.31	23.45
淀粉消化率	5.03			39.6	82.4

　　浸泡和水煮是蚕豆家庭烹饪最常见的方法。研究发现，在去离子水中煮蚕豆40min，灰分含量显著降低，总蛋白质含量也有所减少，其抗营养因子，如单宁和植酸含量也显著减少，而蛋白质消化率显著提高。发芽也是蚕豆一种常见的加工方法，发芽蚕豆淀粉含量降低，植酸和 α-半乳糖含量大幅减少，膳食纤维含量有所提升，微量元素钙含量也显著提升，可有效提高钙和磷的生物利用度。挤压加工常被用于去除蚕豆抗营养因子并改善其物理特性（口感和质地）及化学特性（淀粉糊化、蛋白质和淀粉可消化性）。据报道，挤压蚕豆，其的蛋白质、脂质和灰分含量几乎没有变化。但是，不同的预处理和挤压温度会影响蚕豆中的可溶性和不溶性非淀粉多糖的含量。挤压加工导致淀粉消化率提升，这可能是由于挤压后淀粉颗粒更容易被淀粉酶水解。此外，挤压蚕豆会失去胰蛋白酶和 α-淀粉酶抑制活性。焙烤是蚕豆休闲食品常用的加工方式，研究发现在焙烤过程中，高分子量蚕豆蛋白质将会降解为较小的亚单位，减少植酸含量。

12.4.2　蚕豆罐头的加工

　　罐头加工是利用热力杀菌作用，使酶丧失活性，排出气体，防止食物变质的一种食物加工方法。蚕豆罐头是蚕豆的一种重要加工产品，主要包括蚕豆盐水罐头和风味蚕豆罐头。蚕豆罐头风味佳、贮藏久且携带方便，深受广大消费者的青睐。杨希娟等[17]以青海 12 号蚕豆为原料，研究蚕豆盐水罐头和风味蚕豆罐头的加工工艺，考察了料液比、预煮时间对蚕豆预煮品质的影响，优化了蚕豆盐水罐头护色保脆液的配方。其中，蚕豆盐水罐头加工工艺流程如图 12.1 所示，风味蚕豆罐头加工工艺流程如图 12.2 所示。

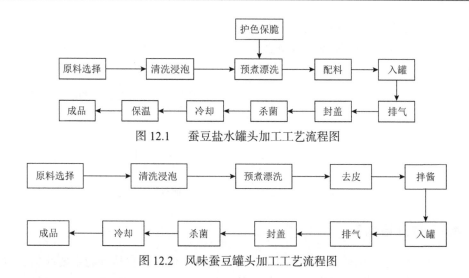

图 12.1 蚕豆盐水罐头加工工艺流程图

图 12.2 风味蚕豆罐头加工工艺流程图

12.4.3 蚕豆豆奶加工

通过试验，柴本旺[18]研究了蚕豆豆奶的制取工艺技术，提出了解决影响蚕豆豆奶风味和抑制或去除蚕豆中生长抑制素、竞争性抑制物及防止褐变的有效方法，为蚕豆豆奶制取提供理论和试验依据。蚕豆豆奶的制取工艺由于原料成分构成的特有性，不同于大豆豆奶的制取，特别是蚕豆中含有生长抑制素、竞争性抑制物、酚类基质和产生"腥味"物质等的抗营养因子。因此，在蚕豆豆奶制取过程中必须采取有效措施，抑制或去除抗营养因子。蚕豆豆奶制取工艺流程如图 12.3 所示。

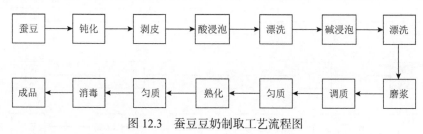

图 12.3 蚕豆豆奶制取工艺流程图

12.4.4 蚕豆代乳粉加工

蚕豆熟化处理后经去皮制粉，然后与其他豆类、谷物制粉复配，可加工成营养早餐粉、复合蛋白粉，可替代奶粉类动物性源蛋白产品，产品食用可口又携带方便，属于高蛋白、低脂肪、有利于人体消化吸收的新型蛋白补充食品，填补了蚕豆在方便营养食品领域的空白。王璋等[19]研究出了以蚕豆为原料加工代乳粉的新工艺。用 α-淀粉酶和中性蛋白酶相继处理浓度为 25%～30% 的蚕豆粉浆料，再经喷雾、干燥等步骤制得一种具有良好特性的代乳粉，其产品高度分散和稳定，呈淡黄色，具有可接受的风味以及高蛋白质溶解度，此加工工艺流程图如图 12.4 所示。

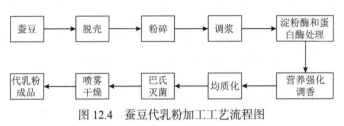

图 12.4　蚕豆代乳粉加工工艺流程图

12.4.5　蚕豆酱加工

蚕豆酱是我国传统的发酵豆制品，是以蚕豆、面粉和食盐等为主要原料，以米曲霉为主的多种微生物共同发酵制成的一种半流动性的调味品，作为酱类发酵食品中的一种，因其独特的风味被广泛用于家庭烹饪与食品加工行业中。蚕豆酱富含蛋白质、淀粉、微量元素和少量的脂质物质，其营养丰富、香气浓郁、味道可口。蚕豆酱作为百姓餐桌上常见的酱类调味品，近些年来其研究应用也逐渐增多[20]。蚕豆酱的发酵过程有大量的微生物参与，使得蚕豆酱的酱体风味独特，口感细腻，且易于消化。在蚕豆酱制作过程中，可配上辣椒制得蚕豆辣酱。蚕豆酱还可以调制出鲜、咸、甜、辣、酸等多种不同的口味，可用来代菜佐餐，有开胃、助消化的功能。蚕豆酱生产工艺流程如图 12.5 所示。

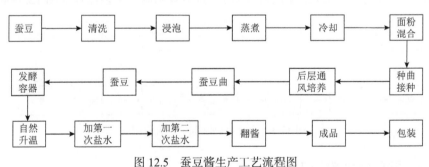

图 12.5　蚕豆酱生产工艺流程图

12.4.6　蚕豆的精深加工技术

蚕豆作为富含高蛋白的植物原料，不仅具有较高的营养价值，而且具有独特的药用价值。充分有效地利用蚕豆蛋白质，不仅可以为食品行业提供新的植物蛋白源，同时大规模地生产蚕豆蛋白质能进一步打开其在食品工业中的应用，使得蚕豆蛋白质成为功能性蛋白质的良好经济来源，更进一步提高蚕豆的附加值和综合利用水平。杨希娟等[21]以青海特色经济作物蚕豆为研究对象，以蚕豆蛋白质为出发点，通过对蚕豆蛋白质进行改性技术研究，确定了高溶解性蚕豆蛋白质的加工工艺参数，并比较了改性后蚕豆蛋白质在溶解度、起泡性能、乳化性能、持水力方面的功能特性。通过对功能性多肽进行提取，筛选出蚕豆蛋白酶解制备多肽的适宜酶种类，优化出蚕豆蛋白酶解制备多肽的工艺参数及蚕豆多肽酒风味的调配配方参数。同时，通过对蚕豆蛋白肉工艺技术进行研究，确定了蚕豆蛋白肉的优化配方和双螺杆挤压工艺参数，开发蚕豆蛋白肉产品，以期为蚕豆专用蛋白质的生产和其深层次加工利用提供科学依据。同时，也是提高蚕豆商品率和经济效益，提高蚕豆附加值，使蚕豆走出青藏高原，将资源优势转变为经济优势，促进蚕豆产业发展的一个重要方向。

大量的蚕豆皮在加工过程中被丢弃，但是蚕豆皮中含有丰富的原花青素，尚未加以有效利用。张宏[22]以蚕豆皮为原料，对蚕豆皮原花青素的提取、分离纯化、结构鉴定及抗氧化活性进行了系统的研究，为充分认识蚕豆皮原花青素奠定基础。胥鑫萌等[23]研究了原花青素在化妆品中应用的进展，重点探讨了目前其在美白、抗皱、防晒等方面的研究热点及今后的发展方向，旨在为原花青素在化妆品方面的应用提供新思路。原花青素能够清除体内自由基，具有很强的抗氧化活性，并且能够调节免疫和发挥抗癌作用，其作为一种天然绿色饲料添加剂，能够提高动物生产性能。吴伟伟等[24]对原花青素的生物学特性和在畜牧业生产中应用的研究进行综述，以期为原花青素在畜牧生产中得到更广泛应用提供理论依据。

蚕豆在食品加工、饲料加工中均有明显成果，其的产量和市场均已颇具规模。虽然蚕豆药用及功能食品加工有较广阔的前景，但其研究水平有待提高，而我国蚕豆生产及出口规模庞大[25]。为了提高蚕豆的综合利用，在食品加工应用方面，需要进一步开发能够吸引更多消费者的食品，可在营养、加工方法、味道、方便度等方面加以创新，扩大市场规模；在饲料加工方面，则应在适应面、产品种类、产效等方面入手，开发出更多适合农业生产的饲料，同时注意解决在不同应用过程中产生的问题，特别是抗营养因子及有毒成分的规避与控制，亦应寻找更高效、损耗更低的方法去除该类物质；药用及功能食品开发是今后蚕豆综合利用研究的难点，在蚕豆生物活性成分的提取、工业化生产与药品、保健品开发上需要更深入广泛地探索。

参 考 文 献

[1] 孙虎. 基于蚕豆转录组数据开发 SSR 标记及蚕豆抗豆象遗传多样性分析. 荆州: 长江大学, 2023.

[2] 王春明, 刘洋. 蚕豆组成及加工利用进展. 农业机械, 2011, (12): 91-93.

[3] 李雪琴, 苗笑亮, 裘爱泳. 蚕豆蛋白的提取分离及相对分子质量的测定. 无锡轻工大学学报 (食品与生物技术), 2003, 22(6): 71-74.

[4] 汪丹媚, 高群玉, 黄立新. 蚕豆淀粉的性质研究. 食品科技, 2004, 29(9): 4-7.

[5] 沈冠超. 蚕豆中肉质脆化活性成分的提取及应用. 福州: 福建农林大学, 2014.

[6] 朱本浩. 维生素 A 有新功效. 家庭护士, 2007, (3): 46.

[7] Tomas-Barberan F A, Garcia-Grau M M, Tomas-Lorente F. Flavonoid concentration changes in maturing broad bean pods. Journal of Agricultural and Food Chemistry, 1991, 39(2): 255-258.

[8] Hertog M G L, Hollman P C H, Katan M B. Content of potentially anticarcinogenic flavonoids of 28 vegetables and 9 fruits commonly consumed in the Netherlands. Journal of Agricultural and Food Chemistry, 1992, 40(12): 2379-2383.

[9] Zhang Y, Lewis K. Fabatins: new antimicrobial plant peptides. FEMS Microbiology Letters, 1997, 149(1): 59-64.

[10] Okada Y, Okada M. Scavenging effect of water soluble proteins in broad beans on free radicals and active oxygen species. Journal of Agricultural and Food Chemistry, 1998, 46(2): 401-406.

[11] Okada Y, Okada M. Effects of the radical scavenger, water soluble protein from broad beans on lipofuscin, cathepsin B, cell growth in human lung fibroblasts. Zoological Science, 2001, 18(1): 29-35.

[12] 赵术锋. 维生素 C 功效多. 农村新技术, 2000, (3): 53.

[13] Kendall C W C, Esfahani A, Jenkins D J A. The link between dietary fibre and human health. Food Hydrocolloids, 2010, 24(1): 42-48.

[14] Juskiewicz J, Wróblewska M, Zhaki K, et al. Biological activity of faba beans proanthocyanidins. Acta Alimentaria, 2001, 30(1): 63-69.

[15] 吴广辉, 毕韬韬. 蚕豆的开发利用. 粮油加工, 2010, (6): 115-117.

[16] Dhull S B, Kidwai M K, Noor R, et al. A review of nutritional profile and processing of faba bean (Vicia faba L.). Legume Science, 2022, 4(3): e129.

[17] 杨希娟, 刘玉皎, 耿贵工. 蚕豆罐头加工工艺研究. 食品工业, 2011, 32(5): 32-34.

[18] 柴本旺. 蚕豆豆奶制取研究. 郑州粮食学院学报(自然科学版), 1993, 14(2): 23-27.

[19] 王璋, 蒋文杰. 用蚕豆加工代乳粉新工艺的研究. 食品与发酵工业, 1989, 15(6): 24-30, 23.

[20] 孙义章. 蚕豆淀粉的制作. 农村实用工程技术, 1993, 13(5): 17.

[21] 杨希娟, 党斌, 刘玉皎. 蚕豆蛋白酶法改性增溶工艺优化及功能性研究. 核农学报, 2014, 28(7): 1273-1281.

[22] 张宏. 蚕豆皮原花青素制备及其抗氧化活性研究. 武汉: 武汉工业学院, 2012.

[23] 胥鑫萌, 王文权, 孙洁怡, 等. 原花青素在化妆品中的应用. 中国洗涤用品工业, 2021, (2): 56-60.

[24] 吴伟伟, 哈尼克孜, 张小伟, 等. 原花青素生物学活性及其在畜牧生产中应用. 中国饲料, 2019, (23): 14-17.

[25] 李旭. 蚕豆综合加工利用研究进展. 现代食品, 2018, (7): 170-171.

第 13 章　鹰　嘴　豆

13.1　鹰嘴豆概述

13.1.1　鹰嘴豆的植物学特性

鹰嘴豆又名桃尔豆、鸡心豆等，属于豆科、蚕豆族、鹰嘴豆属一年生或多年生攀缘草本植物。鹰嘴豆植株形直立，分支性强，株高为 25～50cm；叶片呈绿色、浅绿色或浅黄色，卵圆或椭圆形，叶缘呈浅锯齿状；茎、叶、荚可分泌苦辣汁液（含苹果酸和草酸），具备防虫作用；自花授粉，花色多样（白色、粉色和紫色）；荚果膨大，每个荚果含一粒或两粒种子；种子一头呈圆形一头呈尖角形，尖角弯似鹰嘴，种皮皱缩，籽粒呈白色、米色、浅黄色、褐色等，百粒重 12～78g。根据籽粒形态，鹰嘴豆主要分为卡布里（Kabuli）型和迪西（Desi）型（表 13.1）。卡布里型的鹰嘴豆多白花，籽粒大且饱满，种皮颜色较浅（主要为乳白色和浅黄色），褶皱较少；迪西型的鹰嘴豆多紫花，籽粒小，种皮颜色较深（多为棕褐色），有较多不规则的内陷褶皱[1]。

表 13.1　鹰嘴豆的生态型

类型	特点	优势	主要种植地
卡布里型	白花、籽粒大、饱满、色浅、褶皱少	产量高，商品性好	北美洲和欧洲、地中海盆地、亚洲中部
迪西型	紫花、籽粒小、色深、褶皱多	抗逆性强	印度半岛、非洲东部、亚洲中部

13.1.2　鹰嘴豆的起源

关于鹰嘴豆的起源地，早期植物学家提出过以下几种假说：学者 de Candolleyu 于 19 世纪提出鹰嘴豆起源于高加索地区南部和古代波斯地区北部；20 世纪 20 年代，学者 Vavilov 提出鹰嘴豆有两大起源中心，即亚洲西南部和地中海区域，并声称埃塞俄比亚是鹰嘴豆第二个多样性中心；直到 50 年代，在中东地区发现了 *Cicer bijugum*、*Cicer echinospermum*、*Cicer reticulatum* 以及与鹰嘴豆关系较近的鹰嘴豆属一年生野生种，中东地区成为鹰嘴豆又一可能起源地[2]。近期，鹰嘴豆种子蛋白电泳图谱、种间杂交、染色体组型比较和同工酶图谱比较等试验结果表明，今天的土耳其东南部以及和叙利亚接壤地区最有可能是鹰嘴豆的真正起源地[3]。

13.1.3　鹰嘴豆的分布

鹰嘴豆是全球第二大食用豆类作物，在全球的种植面积仅次于大豆。鹰嘴豆对生长环境要求不高，可适应不同的栖息地、地形和气候条件。2018 年统计数据显示，豆类作物全球总种植面积为 9676 万 hm^2，其中鹰嘴豆种植面积为 1781 万 hm^2，鹰嘴豆全球总产量为 1719 万 t。印度是世界上最大的鹰嘴豆生产国，总产量占世界总产量的 66.19%，占亚洲总产量的 86.03%，其次是澳大利亚和土耳其[4]（图 13.1）。据统计，截至 2019 年新疆鹰嘴豆种植面积超过 20 万 hm^2，昌吉州的木垒县又是新疆鹰嘴豆的主要栽培区，该地栽培管理水平较高，已经初步形成栽培加工配套的产业化体系[5]。

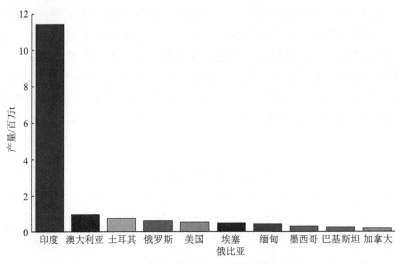

图 13.1　鹰嘴豆十大生产国

13.2　鹰嘴豆营养成分

13.2.1　蛋白质

鹰嘴豆中的蛋白质含量丰富，高达20%以上，主要为球蛋白，生物利用度高。鹰嘴豆中必需氨基酸的异亮氨酸、亮氨酸、赖氨酸、蛋氨酸+胱氨酸、苯丙氨酸+酪氨酸、苏氨酸、色氨酸和缬氨酸的含量分别约为 40.4mg·g^{-1}、70mg·g^{-1}、

57.6mg·g^{-1}、25mg·g^{-1}、88.3mg·g^{-1}、24.2mg·g^{-1}、6.2mg·g^{-1}和41.4mg·g^{-1}。鹰嘴豆蛋白质氨基酸评分为 60.5。鹰嘴豆中必需氨基酸与总氨基酸比值约为 0.4，接近大豆蛋白质[6]。体外消化研究表明，不同品种鹰嘴豆蛋白质的体外消化率为 34%～76%，与迪西型鹰嘴豆相比，卡布里型鹰嘴豆的蛋白质具备更好的消化性[7]。

13.2.2 碳水化合物

鹰嘴豆中的总碳水化合物含量在 60%左右，分为可消化碳水化合物和不可消化碳水化合物。可消化碳水化合物主要包括快消化淀粉、慢消化淀粉、单糖（葡萄糖、果糖和半乳糖）和二糖（蔗糖和麦芽糖）；不可消化碳水化合物主要包括低聚糖、抗性淀粉、果胶、半纤维素和纤维素[4]。鹰嘴豆碳水化合物中，淀粉占比最高，约占籽粒干重 53%。扫描电镜显示，鹰嘴豆淀粉颗粒光滑呈椭圆形，少部分呈圆球形，偏光十字明显。与一般谷物相比，鹰嘴豆淀粉中抗性淀粉含量较高，不易消化，因此血糖生成指数较低，约为 49.8，这与其直链淀粉含量较高有关[8]。

13.2.3 膳食纤维

鹰嘴豆中的总膳食纤维含量为 18%～22%，其膳食纤维含量是谷类和油料豆类的两倍以上[9]。鹰嘴豆中膳食纤维分为可溶性膳食纤维和不溶性膳食纤维，其中不溶性膳食纤维含量远远高于可溶性膳食纤维，占总膳食纤维含量的 90%以上。迪西型鹰嘴豆的可溶性膳食纤维和不溶性膳食纤维含量均高于卡布里型鹰嘴豆。

13.2.4 脂肪

鹰嘴豆中的脂肪含量在 2.05%～10.2%。鹰嘴豆脂肪酸中有 66%多不饱和脂肪酸、19%单不饱和脂肪酸和 15%饱和脂肪酸 [10]，其中亚油酸是含量最高的脂肪酸（51.2%），其次是油酸（32.6%）。

13.2.5 矿物质与维生素

鹰嘴豆富含人体必需的维生素和矿物质。鹰嘴豆富含铁、锌、镁和钙等矿物质，在鹰嘴豆中平均含量分别为 5mg·100g^{-1}、4.1mg·100g^{-1}、138mg·100g^{-1}、160mg·100g^{-1}。鹰嘴豆中含有丰富的维生素 E 和维生素 B$_9$。迪西型鹰嘴豆中维生素 E 和维生素 B$_9$ 的含量分别为 11.2mg·100g^{-1} 和 206.5mg·100g^{-1}，卡布里型鹰嘴豆中维生素 E 和维生素 B$_9$ 的含量分别为 12.9mg·100g^{-1} 和 299mg·100g^{-1}[11]。鹰嘴豆还含有少量 B 族维生素，主要是维生素 B$_2$、B$_5$ 和 B$_6$，在迪西型中含量分别为

$0.21mg \cdot 100g^{-1}$、$1.01mg \cdot 100g^{-1}$ 和 $0.3mg \cdot 100g^{-1}$，在卡布里型中含量分别为 $0.26mg \cdot 100g^{-1}$、$1.02mg \cdot 100g^{-1}$、$0.38mg \cdot 100g^{-1[10]}$。

13.3　鹰嘴豆功能成分

鹰嘴豆的各种健康效益，源于其中天然存在的功能成分。目前，相关文献报道鹰嘴豆中功能成分主要有多糖、低聚糖、异黄酮和皂苷。

13.3.1　多糖

鹰嘴豆多糖通常从鹰嘴豆豆粕或鹰嘴豆籽粒中提取分离。核磁共振波谱光谱分析显示，鹰嘴豆多糖是存在支链的线形多糖，以→2,4)-α-l-Rhap-(1→3)-α-d-Galp-(1→为主链，支链通过→2,4)-α-l-Rhap-(1→o-4)与主链相连[12]。目前关于鹰嘴豆多糖生物活性的研究有体外自由基（DPPH·、·OH⁻、·O²⁻、ABTS⁺）清除能力、抑制 LPS-诱导炎症细胞炎症因子释放、ACE 抑制和调节肠道菌群等[13,14]。

鹰嘴豆多糖常用的提取方法为溶剂提取法，主要包括热水提取法、碱提取法和酸提取法。微波、超声波和超高压等物理技术可辅助鹰嘴豆多糖的提取从而提高得率。传统热水提取法是鹰嘴豆多糖最常用的提取方法，通过热力作用可将细胞质壁分离，水溶性多糖等物质在相对高温条件下被溶解，细胞内的部分物质也可通过扩散作用流出[15]。进一步使用离子交换色谱分离法，包括 DEAE-琼脂糖柱层析、DEAE-纤维素柱层析和 DEAE-葡聚糖柱层析等，可获得纯度 90% 以上的多糖[13]。

13.3.2　低聚糖

功能性低聚糖是由 2～10 个相同或不同的单糖，以糖苷键聚合而成的碳水化合物，分子质量一般为 200～3000Da。鹰嘴豆中的功能性低聚糖是一类含有 α-半乳糖苷键（α-D-1,6）的低分子量可溶性低聚糖，属于 α-低聚半乳糖（α-GOS），经鉴定主要有棉子糖、鹰嘴豆糖醇、水苏糖以及毛蕊花糖（化学式见图 13.2）[4]。α-GOS 最早被认为是一种抗营养因子（胀气因子）。然而，近期研究发现，当男性 α-GOS 摄入剂量小于每日 $0.64g \cdot kg^{-1}$，女性摄入剂量小于每日 $0.96g \cdot kg^{-1}$ 时，并不会引起腹泻等身体不适症状且有益于维持肠道生态平衡[16]。

鹰嘴豆低聚糖的提取分离的一般步骤如下：①鹰嘴豆磨粉过筛；②50%乙醇振荡提取；③离心收集上清；④真空浓缩。由此得到的粗提物进一步通过活性炭-硅藻土层析柱进行纯化。

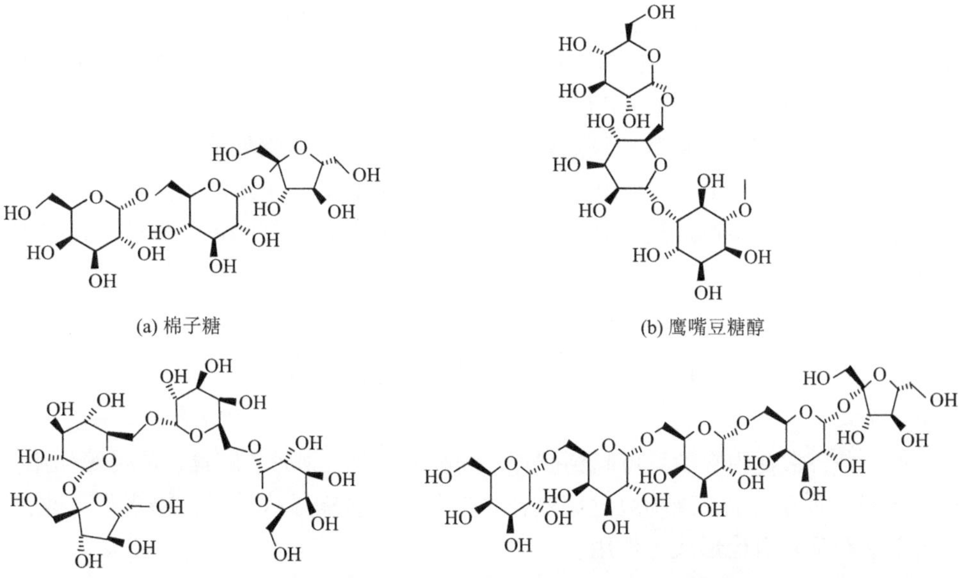

(a) 棉子糖

(b) 鹰嘴豆糖醇

(c) 水苏糖

(d) 毛蕊花糖

图 13.2 鹰嘴豆中功能性低聚糖的化学式[4]

13.3.3 异黄酮

鹰嘴豆异黄酮是一种植物次级代谢产物，其化学结构为双酚。鹰嘴豆芽素 A（5, 7-二羟基-4′-甲氧基黄酮）和芒柄花素（7-羟基-4′-甲氧基异黄酮）是鹰嘴豆种子中最重要的两种异黄酮单体物质[17]。卡布里型鹰嘴豆异黄酮总含量一般高于迪西型鹰嘴豆。卡布里型鹰嘴豆中鹰嘴豆芽素 A 含量高于迪西型鹰嘴豆，而芒柄花素含量低于迪西型鹰嘴豆[18]。鹰嘴豆中总异黄酮含量可采用紫外分光光度法测定，并以鹰嘴豆芽素 A 作为对照品，在波长为 260nm 时测定吸光度值，绘制标准曲线。其中，单体组成模式，则需要使用高效液相色谱等方法鉴定[19]。目前，鹰嘴豆异黄酮类化合物生物活性被广泛研究，主要包括抑制癌细胞增殖与转移、体外清除自由基、抑菌、抗心血管疾病和抗骨质疏松症等。

鹰嘴豆异黄酮可采用溶剂回流法进行提取分离，常用溶剂为 70%乙醇，主要步骤如下：①鹰嘴豆或其制品干燥粉碎；②按一定料液比加 70%乙醇；③70℃回流提取；④过滤；⑤滤液真空浓缩并干燥。

13.3.4 皂苷

三萜皂苷类化合物是鹰嘴豆的主要活性成分之一，具有显著的降血糖、降血脂和抗氧化功效[15]。经分离鉴定发现，鹰嘴豆中三萜皂苷类化合物主要包括 11 种单体化合物，分别是鹰嘴豆皂苷 B1、鹰嘴豆皂苷 B2、大豆皂醇 B 3-O-β-D-葡萄糖醛酸、大豆皂苷 Bb、大豆皂苷 Bb 甲酯、大豆皂苷 Bb'、大豆皂苷 Bb'甲酯、鹰嘴豆皂苷 B4、complogenin 3-O-α-L-鼠李糖基-β-D-半乳糖基-(1→2)-β-D-葡萄糖醛酸、大豆皂苷 Be 和鹰嘴豆皂苷 B3[20]。

鹰嘴豆总皂苷一般从鹰嘴豆豆粕中提取,一般提取步骤如下:①豆粕脱脂;②70%的乙醇,料液比为 1:10,70℃水浴浸提 3h;③等电点法除蛋白;④真空浓缩并干燥。进一步可通过 H103 树脂柱、HPD-600 树脂柱和聚酰胺柱层析法纯化皂苷[21]。

13.4　鹰嘴豆的健康效益

据记载,常食用鹰嘴豆可起到健胃、润肺、养颜、强骨、解毒、消炎等作用。现代药理学研究显示,鹰嘴豆健康效益主要包括改善糖尿病餐后血糖水平、改善血脂水平和预防血栓形成等作用。

13.4.1　改善糖尿病餐后血糖水平

鹰嘴豆中不可消化碳水化合物含量较高(膳食纤维、低聚糖、抗性淀粉等),最主要的可消化碳水化合物——鹰嘴豆淀粉,也被证实具备慢消化特征。Shirani等[22]评价鹰嘴豆挤压膨化产品体外消化特性,发现其体外 GI 值较低,为 56,食用后餐后血糖波动较小。鹰嘴豆富含蛋白质,食用后饱腹感强,可以减少当餐食物的摄入总量,间接减少糖类摄入。鹰嘴豆活性成分异黄酮和皂苷均能显著抑制α-葡萄糖苷酶的活性,可降低食物中的淀粉在体内转化成葡萄糖[23]。同时,鹰嘴豆含有微量元素铬,铬是葡萄糖耐量因子的组成部分,人体铬含量减少,就会导致胰岛素活性降低,糖耐量受损,从而引发糖尿病。食用鹰嘴豆有助于补充铬元素,预防机体糖代谢紊乱。傅樱花等[24]以糖尿病小鼠为研究对象,灌胃给予其鹰嘴豆酸奶制品,一段时间后,糖尿病小鼠餐后血糖水平降低了 56.6%。

13.4.2　改善血脂水平

鹰嘴豆中富含膳食纤维,具有较强的胆固醇和胆酸盐吸附能力,能够减少食物中胆固醇的吸收。从鹰嘴豆中提取分离膳食纤维并用其干预高脂血症小鼠的饮食,7 周后,高脂血症大鼠血清总胆固醇水平、总甘油三酯水平和低密度脂蛋白胆固醇水平明显降低,而高密度脂蛋白胆固醇水平明显升高[9]。鹰嘴豆中异黄酮也是一种有效的降血脂成分,研究发现灌胃给予高脂血症小鼠鹰嘴豆异黄酮提取物,可有效降低其总胆固醇、总甘油三酯和低密度脂蛋白胆固醇水平,尤其以降低总胆固醇的作用最为明显[25]。

13.4.3 预防血栓形成

由于鹰嘴豆富含维生素 E 和维生素 K，具有抗凝血功能，可降低血栓发生的风险。鹰嘴豆中含有的铬元素和多不饱和脂肪酸可促进胆固醇代谢，对血管有良好的保护作用。同时，人们也利用先进的生物技术，将鹰嘴豆发酵，制成鹰嘴豆产品，这种产品具有含量丰富的鹰嘴激酶，对各类心脑血管疾病有很好的预防和保健作用。

13.5　鹰嘴豆加工技术

最初市场上的鹰嘴豆食品多以袋装的原料和磨制鹰嘴豆原粉等初加工产品的形式存在。近年来，随着消费者饮食多元化需求的提高，各式各样的鹰嘴豆精深加工产品开始进驻市场，主要包括鹰嘴豆豆乳系列固体饮料、罐头食品、冲调食品、膨化食品等。近期中美食品与农业创新中心开发出针对不同慢性病人群和健身人群的系列鹰嘴豆蛋白质产品，包括植物蛋白饮料和植物蛋白零食等。

13.5.1　加工技术对鹰嘴豆营养组分、理化特性和消化特性的影响

目前应用于鹰嘴豆精深加工的技术主要包括热处理、益生菌发酵和发芽等。热处理是减少胰蛋白酶和 α-半乳糖苷化合物抑制剂的有效方法，这些抑制剂可增加鹰嘴豆中蛋白质的消化率[26]。应用于鹰嘴豆食品开发的热处理技术主要包括蒸煮、烘烤和挤压膨化等。蒸煮是鹰嘴豆泥和鹰嘴豆罐头等食品生产过程中的关键技术，烘烤则是鹰嘴豆豆乳固体饮料等产品的原料前处理技术[27]。挤压膨化技术常用于生产膨化鹰嘴豆粉，是在高温、高压、高剪切力的膨化过程中使淀粉颗粒膨化，辅以添加其他杂粮或药食两用原料按一定比例配制成的混合膨化粉。研究表明，蒸煮和烘烤对鹰嘴豆淀粉结构、热力学性质和消化特性均有显著影响。蒸煮使鹰嘴豆淀粉糊化温度降低，而烘烤使其升高；随着蒸煮和烘烤处理的时间增加，鹰嘴豆淀粉结晶度下降，且表面结构被严重破坏；蒸煮处理鹰嘴豆淀粉比烘烤处理更易消化[28]。挤压膨化可较大程度地改变鹰嘴豆淀粉颗粒的形貌和质地结构，经过挤压膨化后其淀粉水溶性和吸水性有所提高且冻融稳定性得到改善，消化率也大大提高[29]。添加 15% 的植物乳杆菌发酵的鹰嘴豆粉，可以释放 20% 的结合酚类化合物，发酵面团还具有较高的抗性淀粉和总游离氨基酸含量，而抗营养因子（棉籽糖、缩合单宁、胰蛋白酶抑制剂和皂苷）显著降低[30]。鹰嘴豆萌芽后，异黄酮和多酚类植物化学素含量有所提高，尤其是芒柄花黄素和鹰嘴豆芽素 A 显著提高了 100 倍以上，植酸和皂苷含量显著降低[17]。

13.5.2　鹰嘴豆加工产品

1. 鹰嘴豆固体饮料

鹰嘴豆豆浆粉一般分为豆乳粉、营养粉、豆浆粉等。将鹰嘴豆产品与奶粉混合可以开发出鹰嘴豆豆乳粉，既能达到营养互补的功能，又能很好地吸收消化，是老年人、儿童的饮食佳品。

2. 鹰嘴豆泥

鹰嘴豆主要产于印度和巴基斯坦，皮塔饼蘸着鹰嘴豆泥是当地阿拉伯人餐桌上的一款常见食物。

3. 鹰嘴豆植物蛋白饮料

鹰嘴豆含有丰富的蛋白质及人体所必需的氨基酸，常被用来加工成各种植物蛋白产品，其中最为常见的便是植物蛋白饮料。其制备方法一般是先通过烘焙或焙炒等热处理方式将鹰嘴豆籽粒熟化，再加水浸泡、过胶体磨制成豆浆，添加稳定剂和甜味剂等组分调配，混合、搅拌、高压均质后形成稳定的蛋白乳液，最后瞬时超高温灭菌并包装。

4. 鹰嘴豆罐头

常见的鹰嘴豆罐头有盐水罐头和番茄酱罐头两种，其中盐水罐头的制作方法如下：将鹰嘴豆籽粒清洗干净，在清水中浸泡 18h 左右使得籽粒充分吸水膨胀，然后清洗干净，随后倒入沸水热烫 5～10min，以起到软化的作用，之后立即放入冷水中，将冷却后的籽粒装罐并注入含有 1%纯净食盐热溶液（或另加 1%柠檬酸或适量的蔗糖液），封盖、杀菌。这种鹰嘴豆罐头开盖即食，是国内外市场上较为普遍的产品形式。

5. 鹰嘴豆休闲食品

鹰嘴豆具有坚果的特点，亦逐渐衍生出不少休闲食品。例如，将鹰嘴豆籽粒加盐煮熟后，小火干炒，可得到低能量、低 GI 的香酥鹰嘴豆零食；将鹰嘴豆捣碎煮熟，再采用慢火烘焙工艺，可得到口感绵密松软、回味悠长的"地中海慢烤鹰嘴豆"。

6. 鹰嘴纳豆

鹰嘴豆同样可以用来发酵制作纳豆。将精心挑选的籽粒饱满的鹰嘴豆用清水浸泡过夜，蒸熟或煮熟后，沥干水分凉凉，接种专用菌粉，置于专用发酵箱中，控制温度在 37℃ 左右发酵 24h，之后将发酵好的鹰嘴豆放在 4℃冰箱中后熟 24h，即可得到美味拉丝、营养丰富的鹰嘴纳豆。

　　7. 鹰嘴豆芽

　　鹰嘴豆发芽后得到鹰嘴豆芽，可以作为蔬菜食用，富含多种维生素、膳食纤维和黄酮等有益成分。

参 考 文 献

[1] Wood J A, Knights E J, Choct M. Morphology of chickpea seeds (Cicer arietinum L.): Comparison of desi and kabuli types. International Journal of Plant Sciences, 2011, 172(5): 632-643.

[2] Turrill W B. Studies on the origin of cultivated plants. Nature, 1926, 118: 392-393.

[3] 高文瑞. 鹰嘴豆耐旱种质的筛选、cDNA 文库构建、EST 数据分析及耐旱相关基因克隆. 南京: 南京农业大学, 2008.

[4] Kaur R, Prasad K. Technological, processing and nutritional aspects of chickpea (Cicer arietinum)-A review. Trends in Food Science & Technology, 2021, 109: 448-463.

[5] 陈晓露. 鹰嘴豆对 Ascochyta rabiei 的抗性评价及抗病材料苗期转录组差异表达分析. 乌鲁木齐: 新疆农业大学, 2018.

[6] 安馨, 鱼晓敏, 李层层, 等. 鹰嘴豆蛋白质的营养学评价. 食品科技, 2018, 43(6): 83-87.

[7] Sánchez-Vioque R, Clemente A, Vioque J, et al. Protein isolates from chickpea (Cicer arietinum L.): chemical composition, functional properties and protein characterization. Food Chemistry, 1999, 64(2): 237-243.

[8] 缪铭, 江波, 张涛, 等. 不同品种鹰嘴豆淀粉的理化性质研究. 食品科学, 2008, 29(6): 79-82.

[9] 张瑞. 鹰嘴豆膳食纤维对高脂大鼠脂代谢及肠道菌群的影响. 乌鲁木齐: 新疆医科大学, 2019.

[10] Wang N, Daun J K. The Chemical Composition and Nutritive Value of Canadian Pulses. Saskatoon: Canadian Grain Commission, 2004.

[11] Quinteros A, Farré R, Lagarda M J. Effect of cooking on oxalate content of pulses using an enzymatic procedure. International Journal of Food Sciences and Nutrition, 2003, 54(5): 373-377.

[12] Akhtar H M S, Abdin M, Hamed Y S, et al. Physicochemical, functional, structural, thermal characterization and α-amylase inhibition of polysaccharides from chickpea (Cicer arietinum L.) hulls. LWT-Food Science andTechnology, 2019, 113: 108265.

[13] Zhu Y Y, Dun B Q, Shi Z X, et al. Structural characterization and bioactivity evaluation of water-extractable polysaccharides from chickpeas (Cicer arietinum L.) seeds. Frontiers in Nutrition, 2022, 9: 946736.

[14] 胡爱军, 李杨, 李志, 等. 鹰嘴豆非淀粉多糖超声提取及其抗氧化活性研究. 中国食品添加剂, 2018, (8): 133-138.

[15] 张旭娜. 鹰嘴豆多糖结构及活性研究. 济南: 齐鲁工业大学, 2018.

[16] 贺晋艳. 鹰嘴豆 α-低聚半乳糖的制备、性质及其生理功能研究. 南京: 南京农业大学, 2010.

[17] 王佳. 鹰嘴豆异黄酮的分离纯化及其对人乳腺癌细胞抑制作用的转录组学研究. 长春: 吉林大学, 2020.

[18] Mazur W M, Duke J A, Wähälä K, et al. Isoflavonoids and lignans in legumes: Nutritional and health aspects in humans. Journal of Nutritional Biochemistry, 1998, 9(4): 193-200.

[19] Gao Y, Yao Y, Zhu Y Y, et al. Isoflavone content and composition in chickpea (*Cicer arietinum* L.) sprouts germinated under different conditions. Journal of Agricultural and Food Chemistry, 2015, 63(10): 2701-2707.

[20] 颜世达. 鹰嘴豆三萜皂苷类化学成分研究. 青岛: 青岛大学, 2017.

[21] 李燕. 鹰嘴豆异黄酮和皂苷的同步提取、分离纯化及其降糖调脂作用的研究. 乌鲁木齐: 新疆农业大学, 2007.

[22] Shirani G, Ganesharanee R. Extruded products with Fenugreek (*Trigonella foenum*-graecium) chickpea and rice: Physical properties, sensory acceptability and glycaemic index. Journal of Food Engineering, 2009, 90(1): 44-52.

[23] 黄煦杰, 朱雅琴, 冯杨洪, 等. 鹰嘴豆总皂苷制备及体外降血糖与抗氧化活性评价. 食品科技, 2019, 44(12): 253-259.

[24] 傅樱花, 张富春, 彭永玉. 鹰嘴豆制品对糖尿病小鼠降血糖作用的研究. 食品研究与开发, 2016, 37(4): 26-28.

[25] 刘金宝, 何桂香. 鹰嘴豆异黄酮提取物对高脂血症小鼠血脂的影响. 新疆医科大学学报, 2005, 28(6): 524-525.

[26] Wang N, Hatcher D W, Tyler R T, et al. Effect of cooking on the composition of beans (Phaseolus vulgaris L.) and chickpeas (Cicer arietinum L.). Food Research International, 2010, 43(2): 589-594.

[27] 孙清瑞, 张华伟, 张连富. 风味即食鹰嘴豆加工工艺的研究. 食品与机械, 2013, 29(2): 199-201.

[28] 程赞, 毛红艳, 赵晓燕, 等. 加工方式对鹰嘴豆中淀粉结构和消化特性影响的研究. 食品科技, 2022, 47(8): 235-242.

[29] 沈丹. 挤压膨化对鹰嘴豆淀粉理化特性及其品质的影响. 大庆: 黑龙江八一农垦大学, 2015.

[30] de Pasquale I, Verni M, Verardo V, et al. Nutritional and functional advantages of the use of fermented black chickpea flour for *Semolina*-pasta fortification. Foods, 2021, 10(1): 182.

第14章 豌 豆

14.1 豌豆概述

14.1.1 豌豆的植物学特性

豌豆又名青豆、麦豌豆、寒豆、雪豆、毕豆、荷兰豆、回鹘豆,是豆科一年生攀援草本。叶具有小叶 4～6 片,托叶心形,下缘具有细牙齿。小叶卵圆形;花于叶腋单生或数朵排列为总状花序;花萼钟状,裂片披针形;花冠颜色多样,随品种而异,但多为白色和紫色。子房无毛,花柱扁。荚果肿胀,长椭圆形;种子圆形,青绿色,干后变为黄色。花期为 6～7 月,果期为 7～9 月[1]。根据用途,豌豆可分为粮用豌豆和菜用豌豆两种;根据复叶叶型,豌豆分为无叶豌豆、普通豌豆、无须豌豆和簇生叶豌豆;根据荚果特性,豌豆可分为硬荚豌豆和软荚豌豆;根据种子形状,豌豆可分为圆粒豌豆、扁豆粒豌豆、凹圆粒豌豆、皱粒豌豆;根据种子大小,豌豆可分为大粒豌豆、中粒豌豆和小粒豌豆;根据花色,豌豆可分为白花豌豆和紫花豌豆;根据种皮颜色,豌豆可分为白豌豆、绿豌豆和褐麻豌豆。

14.1.2 豌豆的起源

人们普遍认为豌豆起源于亚洲西部、地中海地区、埃塞俄比亚、小亚细亚西部和外高加索。伊朗和土库曼斯坦是豌豆的次生起源中心;地中海沿岸是大粒豌豆的起源中心。在亚洲中部、地中海东部沿岸和非洲北部,还有豌豆属的野生种地中海豌豆分布,地中海豌豆与栽培豌豆杂交可育,可能是现代豌豆的原始类型[2]。

14.1.3 豌豆的分布

豌豆在全球范围内均有种植和分布,主要是在温带和亚热带地区,主要分布在欧洲、北美洲和亚洲。根据 FAO 的数据,加拿大豌豆的种植面积在全球豌豆种植面积中占据了相当大的比例,大约占全球豌豆种植面积的 35%。我国的豌豆种植主要分布在青海、四川、湖北、河南、新疆、甘肃等地,其中豌豆中的青豌豆因主要供应于大中城市，产区集中在江苏、浙江、福建地区。在一些主产区，如青海、甘肃、云南等地，豌豆的选种及其栽培技术比较成熟，单产可以达到 3750.3～5250.6kg·ha^{-1} [3]。

14.2　豌豆营养成分

豌豆具有较全面而均衡的营养，富含蛋白质、碳水化合物、膳食纤维、维生素以及多种矿物质（表 14.1）。

表 14.1　豌豆的营养成分含量（每 100g）

成分	含量	成分	含量
热量/kcal	313	维生素 E/mg	8.47
蛋白质/g	20.3	钾/mg	823
脂肪/g	1.1	磷/mg	259
碳水化合物/g	55.4	镁/mg	118
膳食纤维/g	10.4	钙/mg	97
维生素 A/μg	42	钠/mg	9.7
胡萝卜素/μg	2.4	铁/mg	4.9
视黄醇当量/μg	10.4	锌/mg	2.35
硫胺素/mg	0.49	硒/mg	1.69
核黄素/mg	0.14	锰/mg	1.15
烟酸/mg	2.4	铜/mg	0.47

14.2.1　蛋白质

豌豆籽粒总蛋白质含量为 17.58%～28.67%。豌豆蛋白质是由多种蛋白质组成的混合物，主要包括两种类型的蛋白质，即贮藏蛋白和代谢蛋白。贮藏蛋白是豌豆种子中主要的蛋白质，占豌豆种子蛋白质总量的 60%～80%，包括 2S、7S 和 11S 等多种类型的蛋白质，其中 7S 和 11S 蛋白质是豌豆种子中的主要贮藏蛋白。代谢蛋白包括酸性磷酸酶和转移酶等多种类型的蛋白质，其含量相对较低，但对豌豆蛋白的结构和功能有重要影响。豌豆蛋白质中含有人体所需的 8 种必需氨基酸（表 14.2），其中赖氨酸和异亮氨酸含量比其他豆类蛋白质更高，豌豆蛋白质的支链氨基酸含量也较高,尤其是亮氨酸和缬氨酸。蛋氨酸和组氨酸是豌豆蛋白质限制性氨基酸。豌豆蛋白质具有良好的乳化性,可以形成凝胶,可以作为肉制品、饼干、蛋糕等食品的凝胶剂,以提高其质地和口感。豌豆蛋白质具有良好的发泡性,可以作为蛋糕、面包等食品的发泡剂[4]。

表 14.2　豌豆蛋白质中 8 种必需氨基酸含量　　（单位：mg·g^{-1}）

氨基酸种类	赖氨酸	蛋氨酸	苏氨酸	亮氨酸	异亮氨酸	缬氨酸	苯丙氨酸	色氨酸
含量	460	80	240	520	350	350	320	70

14.2.2　淀粉

豌豆中的淀粉含量为 46.3%～61.4%,其中豌豆中直链淀粉含量占总淀粉含量的 45.64%。豌豆淀粉在 30℃和 50℃时溶解度较低,当超过 70℃后豌豆溶解度大幅提高,90℃时达到 13.6%,远高于小麦、大米;豌豆淀粉的膨润力随着温度的升高而显著提高[5]。淀粉中的直链淀粉居多、黏度高[6]。

14.2.3　膳食纤维

豌豆膳食纤维素一部分存在于豌豆皮壳中,含量为 75%～80%,另一部分存在于脱皮壳后的豌豆籽粒中。研究表明[7],豌豆中可溶性膳食纤维对脂肪、胆酸钠及胆固醇有较强的吸附能力,其清除自由基的抗氧化能力也较好,其功效可以改善糖代谢、降低血清胆固醇、促进酵解等,对糖尿病、心血管疾病、结肠癌等疾病有一定的预防作用。

14.2.4　脂肪

豌豆脂肪含量偏低,一般在 0.4%～2.0%,主要的脂肪酸是软脂酸、油酸、亚油酸和亚麻酸。另外,豌豆含有丰富的磷脂,提取的豌豆脂肪中通常还含有叶绿素等典型脂质伴随物。

14.2.5　维生素及矿物质

豌豆含有丰富的维生素 C 及亚硝胺分解酶,可以消除氧化自由基、分解亚硝胺,从而具有防癌、抗癌的功效。豌豆还含有丰富的维生素 A,可以在体内转化为维生素 A,具有滋润皮肤的作用。豌豆含有丰富的钙,经常食用豌豆可预防某些因缺钙引起的过敏性疾病[8]。

14.3　豌豆功能成分

14.3.1　多肽

豌豆多肽是指以豌豆蛋白质为原料，经酶水解、分离纯化后得到的与豌豆蛋白质氨基酸组成基本一致的多肽混合物。豌豆一般采用耐热菌产生的蛋白酶对原料进行酶解。通过酶解豌豆蛋白质制备的豌豆低聚肽类白色粉末具有抗氧化、降血压、免疫调节等功能活性。根据功能特性可以将其分为血管紧张素转换酶抑制肽、降胆固醇肽、抗氧化肽、免疫调节肽、抗癌活性多肽等。目前豌豆多肽的制备方法主要为酶解法，纯化方法主要有超滤、层析、色谱分离等技术。酶解法主要是利用植物中的蛋白酶或动物体中的消化酶对豌豆蛋白质进行水解，得到豌豆多肽[9]，常用的酶主要有木瓜蛋白酶、胰蛋白酶、中性蛋白酶、碱性蛋白酶、嗜热菌蛋白酶等[10]。

14.3.2　胰蛋白酶抑制剂

豌豆中的胰蛋白酶抑制剂为鲍曼-贝尔克胰蛋白酶抑制剂（Bowman-Birk type trypsin inhibitor，BBI）。BBI 的分子质量大约为 8kDa，富含半胱氨酸，包含 2 个反应位点及 7 个二硫键[11]。Ye 等[12]使用亲和色谱、离子交换色谱、快速蛋白质液相色谱从豌豆中分离纯化出 BBI 型蛋白酶抑制剂。研究表明[13]，采用超声波辅助水浸提取法提取豌豆胰蛋白酶抑制剂，在料液比为 1∶100（g·mL^{-1}）、超声波温度为 50℃、超声功率为 500W 的条件下，超声 16min 时所得豌豆胰蛋白酶抑制剂对胰蛋白酶的抑制活性最高。

14.3.3　酚类化合物

酚类化合物是指芳香烃中苯环上的氢原子被羟基取代所生成的化合物。Dueñas 等[14]使用甲醇-盐酸水溶液对 Fidelia 和 ZP-840 两种豌豆的种皮和子叶进行分析发现，两种豌豆中含有槲皮素、木犀草素、芹菜素苷、原花青素单体及原花青素二聚体、羟基苯甲酸、羟基肉桂酸、黄酮、黄酮醇苷、苹果酸及反式白藜芦醇-3-葡萄糖苷。可以使用丙酮-水（体积比为 7∶3）混合物对豌豆种皮进行萃取、柱层析馏分提取豌豆中的酚类化合物[15]。

14.3.4　凝集素

豌豆凝集素可以专一性地结合葡萄糖和甘露糖，对于豌豆凝集素的提取，通过 DEAE-纤维素柱层析、SP-Sepharose 阳离子交换层析、快速蛋白液相层析凝胶过滤法可从豌豆中分离纯化出甘露糖/葡萄糖特异性凝集素。Sitohy 等[16]采用 Tris-HCl-CaCl₂-MgCl₂-MnCl₂-NaN₃ 混合液对埃及豌豆种子进行浸提，依次使用乙酸、NaOH 对提取液进行蛋白质沉淀，得到豌豆凝集素粗提物，随后使用 DEAE-琼脂糖柱层析和 Sephadex G100 柱对粗提物进行纯化得到豌豆凝集素。

14.4　豌豆的健康效益

14.4.1　降血糖作用

豌豆由于其高纤维含量，在等量碳水化合物的低纤维食物中可能起到调节血糖反应的作用。Marinangeli 等[17]的一项随机对照研究采用整个黄豌豆粉制作的食品，其血糖指数低于用全麦粉制作的相似食品。结果表明，采用整个黄豌豆粉制作的食品能够减少个体的餐后血糖反应，因此可能在 2 型糖尿病管理中发挥作用。Marinangeli 和 Jones 比较了整个豌豆粉和分离豌豆粉对胰岛素抵抗性的影响。豌豆粉和分离豌豆粉使空腹胰岛素水平分别降低了 13.5%和 9.8%。采用用于量化胰岛素抵抗和 β 细胞功能的胰岛素抵抗指数，发现豌豆粉和分离豌豆粉组的胰岛素抵抗性均降低了 25%，而在各组之间未显示出 β 细胞功能的差异。

14.4.2　预防心脑血管疾病

豌豆膳食纤维是其预防心脑血管疾病的主要功效成分。人体试验研究发现，与低膳食纤维受试者相比，随着试验时间的延长，食用豌豆膳食纤维的受试者餐后三酰甘油反应呈下降趋势[18]。

14.4.3　胃肠健康效益

豌豆及其潜在的益生元组分对胃肠功能的改善作用已经得到验证。Swiatecka 等[19]的研究表明，糖基化的豌豆蛋白质可能逃脱小肠酶的分解，从而通过调节微生物群落的活动影响大肠的稳态。体外模拟发酵试验发现糖基化的豌豆蛋白质提高了菌群（拟杆菌属、乳酸杆菌属和双歧杆菌属）丰度，并促进短链脂肪酸的产生[20]。

14.4.4　抗氧化活性

酚类化合物被认为是天然抗氧化剂，可帮助保护人体免受癌症和各种与炎症相关的疾病。豌豆种皮和子叶中均含有酚类化合物，且彩色豌豆中游离酚酸和酯化酚酸的含量更高。目前豌豆抗氧化活性的研究仍局限于体外研究。

14.5 豌豆的加工利用

由于我国豌豆加工发展较晚，目前我国豌豆的加工方式仍以初加工方式为主，其中包括清选去杂、分级、脱壳、干燥、抛光等加工工序。绝大部分豌豆是以原料与初级加工产品的形式进行出口与消费的。我国传统的加工利用豌豆的主要途径是制取豌豆淀粉作为添加剂加入香肠、火腿肠等类物质，同时也可以用来制作冰淇淋。近年来，豌豆功能成分在食品中的应用也受到广泛关注，多种食品加工新技术也逐步被用于豌豆各类食品的加工中。

14.5.1 常见豌豆加工食品

1. 豌豆沙

将豌豆入水浸泡 6h 左右（室温），用水煮沸后，捞出豌豆，加水漂洗后再煮至可用手捏碎时移入制馅机（或用压面机代替）粉碎，加水漂去豆皮，豆泥过筛，入水槽沉淀，并将其装入布袋，经压榨脱水制得生馅，用热风干燥后即可得到成品豌豆沙。将其直接冲水饮用，不仅满足了人体的营养摄入，而且十分方便。

2. 豌豆粉

豌豆粉可以用作烘焙食品的添加配料，实践表明将磨细的豌豆粉按一定比例添加到面包（或蛋糕）、比萨饼等烘焙食品中，可以减少面团和面时间，并且能改善面包质量，使其内部结构均匀、细腻，还可以增加发酵时的芳香味，强化面制品的营养。

3. 豌豆芽苗菜

豌豆芽苗菜简称为豌豆苗，或者龙须菜，属于常见的一种芽苗蔬菜，富含多种营养物质，这是一种无污染、营养丰富、风味独特的绿色加工产品，属于一种健康的蔬菜。豌豆芽苗菜生产原料易得，适宜大规模培育，培育周期短，营养价值高，发展前景广阔。

4. 豌豆粉丝

豌豆淀粉是豌豆籽粒干物质中含量最多的成分，主要制作步骤如下：将得到的豌豆淀粉经预热加温、打糊、搅拌和面、真空排气、漏丝成型、熟制拉丝、冷却输送、冷冻脱水、热风烘干、检验以及包装入库。用豌豆制成的粉丝外观品相好且口感爽滑。

5. 油炸豌豆

将干豌豆清除杂质、水洗后，浸泡 6h（豆粒充分吸水膨胀为宜），用精炼植物油炸至水分约 2%，控油后加入盐、味素及胡椒粉，用塑料复合膜包装，即可制成酥脆可口、营养丰富的豌豆小食品。

6. 豌豆罐头

以豌豆为原料，采用先进的酸化罐藏食品工艺技术，经过智能化控制预处理、封口、高温高效杀菌等步骤，即可得到豌豆罐头食品。采用该质量安全方案生产的豌豆罐头食品，最大限度保留了豌豆特有的营养组分和纯天然性，保质期延长至 4 年。

14.5.2 豌豆功能成分在食品工业中的应用

1. 豌豆多肽在食品工业中的应用

经中性蛋白酶和碱性蛋白酶酶解得到的豌豆多肽，其乳化性和起泡性均有显著提高，可部分代替肉糜添加到肉制品中。豌豆多肽成分温和且口感好，可以应用到婴儿配方乳粉的加工与制作中；也可以用来制作一些特殊功能性食品、肽类药物和试剂等[21]。

2. 豌豆膳食纤维在食品工业中的应用

在面制品中，加入适量的豌豆膳食纤维可以增加面团持水力、延缓面包老化、减少面食的蒸煮损失率[22]。在酥性饼干中加入豌豆膳食纤维既可以改善酥性饼干的质构特性和感官品质，又可以增加饼干的保健功能[23]。将其加入面粉制作当中，可以加强面团筋力，适用于特殊风味的面点类食品的加工与制作；加入饮料和乳制品等流体类食品当中，以创新膳食纤维产品；加入调味品、酱汁当中，可以提升稠度，优化产品结构；加入油炸食品、膨化食品当中，可以增强风味和产品实际价值。

14.5.3 豌豆精深加工新技术

1. 物理分离法

物理分离法豌豆精深加工技术可以将豌豆中的淀粉、蛋白质及膳食纤维进行有效利用，提高产品的附加值[24]。该技术利用豌豆中各种有效成分的比重差异，采用非发酵干法分离，无需浸泡、发酵便可实现淀粉、蛋白质和膳食纤维的有效分离。使用该工艺生产的淀粉质量达到国家标准，在用于粉丝生产的同时还可用于制作凉皮、凉粉、菜肴勾芡等其他领域；所生产的蛋白保留了其原始的功能性，可完全替代大豆分离蛋白，口感好，适合不同年龄段的人群食用，膳食纤维达到食用级标准。

2. 冷冻干燥

冷冻干燥技术的应用推动了豌豆工业化生产进程。冷冻干燥豌豆制品在生产过程中实行了全封闭式的生产方式，与传统自然晾晒方式相比，不受气候和环境因素制约，可有效控制产品质量。冷冻干燥豌豆加工工艺采用了先缓冻、后速冻的冷冻工艺，冷冻时间保证在 12～16h，可消除低温状态下淀粉老化给产品质量带来的影响。此外，冷冻温度控制在适宜温度范围，可提高产品的柔韧性[25]。

参 考 文 献

[1] 中国科学院中国植物志委员会. 中国植物志. 第四十二卷第一分册, 被子植物门双子叶植物纲豆科(4). 北京: 科学出版社, 1993.

[2] 顾竟, 宗绪晓. 豌豆资源遗传多样性及核心种质研究进展. 植物遗传资源学报, 2009, 10(2): 334-337.

[3] 刘欣雨. 播期、密度和施肥量对寒地豌豆产量和生育的影响. 大庆: 黑龙江八一农垦大学, 2018.

[4] Lam A C Y, Karaca C A, Tyler R T, et al. Pea protein isolates: Structure, extraction, and functionality. Food Reviews International, 2018, 34(2): 126-147.

[5] 刘明. 豌豆淀粉主食加工适应性机制及其加工方式对小鼠餐后血糖的稳态化评价. 哈尔滨: 东北农业大学, 2017.

[6] Wang N, Shi N N, Fei H L, et al. Physicochemical, structural, and digestive properties of pea starch obtained via ultrasonic-assisted alkali extraction. Ultrasonics Sonochemistry, 2022, 89: 106136.

[7] 邵娟娟, 马晓军. 豌豆皮膳食纤维吸附性质和抗氧化性质的研究. 食品工业科技, 2011, 32(8): 157-159, 163.

[8] 杨梅, 杨秀燕, 鲜东锋, 等. 不同豌豆品种(系)的叶菜品质比较. 安徽农业科学, 2022, 50(10): 36-40.

[9] 孙婉. 大豆蛋白的酶法改性及其在猪肉肠中的应用研究. 武汉: 华中农业大学, 2008.

[10] 孙冬阳, 呼鑫荣, 薛文通. 豌豆功效成分及其生理活性的研究进展. 食品工业科技, 2019, 40(2): 316-320.

[11] 王荣春, 孙建华, 何述栋, 等. 胰蛋白酶抑制剂的结构与功能研究进展. 食品科学, 2013, 34(9): 364-368.

[12] Ye X Y, Ng T B, Rao P F. A Bowman-Birk-type trypsin-chymotrypsin inhibitor from broad beans. Biochemical and Biophysical Research Communications, 2001, 289(1): 91-96.

[13] 俞红恩, 刘红开, 康玉凡. 响应面试验优化豌豆胰蛋白酶抑制剂超声粗提工艺. 食品科学, 2017, 38(14): 227-232.

[14] Dueñas M, Estrella I, Hernández T. Occurrence of phenolic compounds in the seed coat and the cotyledon of peas (Pisum sativum L.). European Food Research and Technology, 2004, 219(2): 116-123.

[15] Troszyńska A, Estrella I, López-Amóres M L, et al. Antioxidant activity of pea (Pisum sativum L.) seed coat acetone extract. LWT - Food Science and Technology, 2002, 35(2): 158-164.

[16] Sitohy M, Doheim M, Badr H. Isolation and characterization of a lectin with antifungal activity from Egyptian Pisum sativum seeds. Food Chemistry, 2007, 104(3): 971-979.

[17] Marinangeli C P, Kassis A N, Jones P J. Glycemic responses and sensory characteristics of whole yellow pea flour added to novel functional foods. Journal of Food Science, 2009, 74(9): S385-S389.

[18] Sandström B, Hansen L T, Sørensen A. Pea fiber lowers fasting and postprandial blood triglyceride concentrations in humans. The Journal of Nutrition, 1994, 124(12): 2386-2396.

[19] Swiatecka D, Kostyra H, Swiatecki A. Impact of glycated pea proteins on the activity of free-swimming and immobilised bacteria. Journal of the Science of Food and Agriculture, 2010, 90(11): 1837-1845.

[20] Dahl W J, Whiting S J, Healey A, et al. Increased stool frequency occurs when finely processed pea hull fiber is added to usual foods consumed by elderly residents in long-term care. Journal of the American Dietetic Association, 2003, 103(9): 1199-1202.

[21] 汪阳. 豌豆的营养成分及在食品工业中的应用. 中国食品工业, 2021, (24): 117-118.

[22] 明建, 宋欢, 赵国华. 豌豆苗膳食纤维的添加对面团和面包物性的影响. 食品科学, 2008, 29(10): 67-70.

[23] 李素芬, 刘建福. 豌豆纤维对面团质构及酥性饼干品质的影响. 食品工业科技, 2015, 36(14): 131-133, 138.

[24] 韩文静, 吴延东, 张广昊, 等. 结合物理化学和生物酶法提取豌豆蛋白豌豆纤维和豌豆淀粉工艺探索. 农产品加工, 2023, (1): 49-53.

[25] 章晓文, 胡兴彪. 纯豌豆粉丝的制备方法. CN201010199627.6. 2013-07-10.